建筑信息化服务技术人员职业技术辅导教材

装配式建筑 BIM 技术概论

北京绿色建筑产业联盟
北京百高建筑科学研究院 组织编写

刘占省 主编

中国建筑工业出版社

图书在版编目(CIP)数据

装配式建筑BIM技术概论/刘占省主编. —北京：中国建筑工业出版社，2019.1

建筑信息化服务技术人员职业技术辅导教材

ISBN 978-7-112-23009-9

Ⅰ.①装… Ⅱ.①刘… Ⅲ.①建筑工程-装配式构件-工程管理-应用软件-教材 Ⅳ.①TU71-39

中国版本图书馆CIP数据核字(2018)第266501号

本书内容共分为6章：第1章主要介绍了装配式BIM工程师职业定义、岗位分类、各岗位能力素质要求、不同应用阶段装配式BIM工程师职业素质要求。第2章主要介绍了装配式建筑概念、发展历程、优劣势、常用软件体系以及对未来装配式建筑的预测。第3章本章节首先介绍了BIM的定义、国内外发展情况、特点、政策标准、各阶段作用与价值，然后介绍了传统技术下装配式建筑发展的制约因素以及BIM技术在装配式建筑应用的必要性。第4章内容主要将装配式BIM在各个阶段中的具体应用做统一介绍。讲解装配式建筑在结合BIM技术后怎样达到项目的协同应用管理。第5章内容是装配式设计阶段、预制构件生产阶段、施工阶段、运维阶应用BIM技术有哪些优势，能为装配式项目管理创造什么价值，以及开展项目管理中的BIM技术应用；最后以实际应用案例介绍整个项目的实施应用情况。第6章内容是BIM应用发展现状的市场性分析，介绍《建筑工程施工信息模型应用标准》的内容，加强读者对BIM标准与流程的理解。

* * *

责任编辑：封 毅 毕凤鸣 周方圆

责任校对：张 颖

建筑信息化服务技术人员职业技术辅导教材

装配式建筑BIM技术概论

北京绿色建筑产业联盟
北京百高建筑科学研究院 组织编写

刘占省 主编

*

中国建筑工业出版社出版、发行(北京海淀三里河路9号)

各地新华书店、建筑书店经销

北京红光制版公司制版

天津翔远印刷有限公司印刷

*

开本：787×1092毫米 1/16 印张：11½ 字数：278千字

2019年2月第一版 2019年2月第一次印刷

定价：**45.00**元

ISBN 978-7-112-23009-9

(33093)

《装配式建筑 BIM 技术概论》编审人员名单

主　　编：刘占省　北京工业大学

副 主 编：李　浩　中建一局集团建设发展有限公司

王其明　中国航天建设集团有限公司

王　琦　中交协交通科学研究院

刘红波　天津大学

陆泽荣　北京绿色建筑产业联盟

主　　审：刘若南　中建科技有限公司

编写人员：赵林林、黄　春　北京工业大学

郭彩霞　中冶建筑研究总院

马张永　甘肃建投钢结构有限公司

曾　涛　中国建筑集团有限公司

张　可、郑成龙　北京慧筑建筑科学研究院

智　鹏　中国铁道科学研究院集团有限公司

向　敏　天津建筑设计研究院

张建江　中电建建筑集团有限公司

王　唯　北京筑盈科技有限公司

线登洲　河北建工集团有限公司

张治国、张薇薇　北京立群建筑科学研究院

王泽强、卫启星　北京市建筑工程研究院有限责任公司

董　皓、苗卿亮、李　昊　天津广昊工程技术有限公司

乔文涛　石家庄铁道大学

巴盼峰　天津城建大学

曹少卫、陈会品　中铁建工集团有限公司

郭　伟　中铁建设集团有限公司

王　帅　中交水运规划设计院有限公司

赵士国　北京绿色建筑产业联盟

丛书总序

中共中央办公厅、国务院办公厅印发《关于促进建筑业持续健康发展的意见》（国发办〔2017〕19号），住房城乡建设部印发《2016－2020年建筑业信息化发展纲要》（建质函〔2016〕183号），《关于推进建筑信息模型应用的指导意见》（建质函〔2015〕159号），国务院印发《国家中长期人才发展规划纲要（2010—2020年）》《国家中长期教育改革和发展规划纲要（2010—2020年）》，教育部等六部委联合印发的《关于进一步加强职业教育工作的若干意见》等文件，以及全国各地方政府相继出台多项政策措施，为我国建筑信息化BIM技术广泛应用和人才培养创造了良好的发展环境。

当前，我国的建筑业面临着转型升级，BIM技术将会在这场变革中起到关键作用；也必定成为建筑领域实现技术创新、转型升级的突破口。围绕住房和城乡建设部印发的《推进建筑信息模型应用指导意见》，在建设工程项目规划设计、施工项目管理、绿色建筑等方面，更是把推动建筑信息化建设作为行业发展总目标之一。国内各省市行业行政主管部门已相继出台关于推进BIM技术推广应用的指导意见，标志着我国工程项目建设、绿色节能环保、装配式建筑、3D打印、建筑工业化生产等要全面进入信息化时代。

如何高效利用网络化、信息化为建筑业服务，是我们面临的重要问题；尽管BIM技术进入我国已经有很长时间，所创造的经济效益和社会效益只是星星之火。不少具有前瞻性与战略眼光的企业领导者，开始思考如何应用BIM技术来提升项目管理水平与企业核心竞争力，却面临诸如专业技术人才、数据共享、协同管理、战略分析决策等难以解决的问题。

在“政府有要求，市场有需求”的背景下，如何顺应BIM技术在我国运用的发展趋势，是建筑人应该积极参与和认真思考的问题。推进建筑信息模型（BIM）等信息技术在工程设计、施工和运行维护全过程的应用，提高综合效益，是当前建筑人的首要工作任务之一，也是促进绿色建筑发展、提高建筑产业信息化水平、推进智慧城市建设和实现建筑业转型升级的基础性技术。普及和掌握BIM技术（建筑信息化技术）在建筑工程技术领域应用的专业技术与技能，实现建筑技术利用信息技术转型升级，同样是现代建筑人职业生涯可持续发展的重要节点。

为此，北京绿色建筑产业联盟特邀请国际国内BIM技术研究、教学、开发、应用等方面的专家，组成BIM技术应用型人才培养丛书编写委员会；针对BIM技术应用领域，组织编写了这套BIM工程师专业技能培训与考试指导用书，为我国建筑业培养和输送优秀的建筑信息化BIM技术实用性人才，为各高等院校、企事业单位、职业教育、行业从业人员等机构和个人，提供BIM专业技能培训与考试的技术支持。这套丛书阐述了BIM技术在建筑全生命周期中相关工作的操作标准、流程、技巧、方法；介绍了相关BIM建模软件工具的使用功能和工程项目各阶段、各环节、各系统建模的关键技术。说明了BIM技术在项目管理各阶段协同应用关键要素、数据分析、战略决策依据和解决方案。提出了推动BIM在设计、施工等阶段应用的关键技术的发展和整体应用策略。

我们将努力使本套丛书成为现代建筑人在日常工作中较为系统、深入、贴近实践的工具型丛书，促进建筑业的施工技术和管理人员、BIM技术中心的实操建模人员、战略规划和项目管理人员，以及参加BIM工程师专业技能考评认证的备考人员等理论知识升级和专业技能提升。本丛书还可以作为高等院校的建筑工程、土木工程、工程管理、建筑信息化等专业教学课程用书。

本套丛书包括四本基础分册，分别为《BIM技术概论》《BIM应用与项目管理》《BIM建模应用技术》《BIM应用案例分析》，为学员培训和考试指导用书。另外，应广大设计院、施工企业的要求，我们还出版了《BIM设计施工综合技能与实务》《BIM快速标准化建模》等应用型图书，并且方便学员掌握知识点的《BIM技术知识点练习题及详解（基础知识篇）》《BIM技术知识点练习题及详解（操作实务篇）》。2018年我们还将陆续推出面向BIM造价工程师、BIM装饰工程师、BIM电力工程师、BIM机电工程师、BIM铁路工程师、BIM轨道交通工程师、BIM工程设计工程师、BIM路桥工程师、BIM成本管控、装配式BIM技术人员等专业方向的培训与考试指导用书，覆盖专业基础和操作实务全知识领域，进一步完善BIM专业类岗位能力培训与考试指导用书体系。

为了适应BIM技术应用新知识快速更新迭代的要求，充分发挥建筑业新技术的经济价值和社会价值，本套丛书原则上每两年修订一次；根据《教学大纲》和《考评体系》的知识结构，在丛书各章节中的关键知识点、难点、考点后面植入了讲解视频和实例视频等增值服务内容，让读者更加直观易懂，以扫二维码的方式进入观看，从而满足广大读者的学习需求。

感谢各位编委们在极其繁忙的日常工作中抽出时间撰写书稿。感谢清华大学、北京建筑大学、北京工业大学、华北电力大学、云南农业大学、四川建筑职业技术学院、黄河科技学院、湖南交通职业技术学院、中国建筑科学研究院、中国建筑设计研究院、中国智慧科学技术研究院、中国建筑西北设计研究院、中国建筑股份有限公司、中国铁建电气化局集团、北京城建集团、北京建工集团、上海建工集团、北京中外联合建筑装饰工程有限公司、北京市第三建筑工程有限公司、北京百高教育集团、北京中智时代信息技术公司、天津市建筑设计院、上海BIM工程中心、鸿业科技公司、广联达软件、橄榄山软件、麦格天宝集团、成都孺子牛工程项目管理有限公司、山东中永信工程咨询有限公司、海航地产集团有限公司、T-Solutions、上海开艺设计集团、江苏国泰新点软件、浙江亚厦装饰股份有限公司、文凯职业教育学校等单位，对本套丛书编写的大力支持和帮助，感谢中国建筑工业出版社为丛书的出版所做出的大量的工作。

北京绿色建筑产业联盟执行主席　陆泽荣

2019年1月

前　　言

自2015年以来，有关装配式建筑的规划政策文件密集出台。2015年末，住房城乡建设部发布《工业化建筑评价标准》，决定于2016年全国全面推广装配式建筑，并取得突破性进展；2015年11月14日，住房城乡建设部出台《建筑产业现代化发展纲要》，计划到2020年装配式建筑占新建建筑的比例达到20%以上，到2025年装配式建筑占新建筑的比例达到50%以上；2016年7月5日，住房城乡建设部出台《住房城乡建设部2016年科学技术项目计划装配式建筑科技示范项目名单》，公布了2016年科学技术项目建设装配式建筑科技示范项目名单。目前，国家明确了大力发展装配式建筑和钢结构重点区域、未来装配式建筑占比新建筑目标、重点发展城市。

相比较于传统的装配式施工技术，装配式建筑BIM具有充分利用BIM技术的高度可视化、一体化、参数化、仿真性、协调性、可出图性和信息完备性等特点，可将BIM技术很好地应用于装配式项目建设方案策划、投标招标管理、设计、施工、竣工交付和运维管理等全生命周期各阶段中。有效地保障了资源的合理控制、数据信息的高效传递共享和各人员间的准确及时沟通，有利于项目实施效率和安全质量的提高，从而实现装配式工程项目的全生命周期一体化和协同化管理。

2016年，住房城乡建设部发布了“十三五”纲要——《2016—2020年建筑业信息化发展纲要》，相比于“十二五”纲要，引入了“互联网+”概念，以BIM技术与建筑业发展深度融合、塑造建筑业新业态为指导思想，实现企业信息化、行业监管与服务信息化、专项信息技术应用及信息化标准体系的建立，达到基于“互联网+”的建筑业信息化水平升级的目标。

本书针对装配式建筑、BIM技术及“BIM+物联网”技术在目前市场的需求情况，将装配式建筑、BIM技术在装配式建筑中的应用价值做了简单的阐述。随后，介绍了BIM技术在装配式建筑中的具体应用内容，以及BIM技术在装配式建筑的应用所产生的作用。最后，向读者详细解读了《建筑工程施工信息模型应用标准》。

本书在编写过程中参考了大量宝贵的文献，吸取了行业专家的经验，参考和借鉴了有关专业书籍内容以及BIM中国网、筑龙BIM网、中国BIM门户等论坛上相关网友的BIM应用心得体会。在此，向这部分文献的作者表示衷心的感谢!

由于本书编者水平有限，加之时间仓促，书中难免有疏漏之处，恳请广大读者批评指正。

《装配式建筑BIM技术概论》编写组
2018年9月

目　　录

第 1 章　装配式 BIM 工程师职业概述 …… 1
1.1　装配式 BIM 工程师职业定义 …… 2
1.1.1　装配式 BIM 工程师职业定义 …… 2
1.1.2　装配式 BIM 工程师岗位分类 …… 2
1.2　BIM 工程师职业素质要求 …… 3
1.2.1　装配式 BIM 工程师基本素质要求 …… 3
1.2.2　不同应用阶段装配式 BIM 工程师职业素质要求 …… 4
课后习题 …… 5
第 2 章　装配式建筑 …… 7
2.1　装配式建筑概述 …… 8
2.1.1　装配式建筑概念 …… 8
2.1.2　装配式建筑分类 …… 8
2.2　装配式建筑国内外发展情况 …… 10
2.2.1　装配式建筑总体发展情况 …… 10
2.2.2　装配式混凝土结构国内外发展情况 …… 13
2.2.3　装配式钢结构国内外发展情况 …… 14
2.2.4　装配式木结构国内外发展情况 …… 15
2.2.5　国内外装配式建筑工程建设现状 …… 16
2.2.6　国内外装配式建造技术对比分析 …… 18
2.3　装配式技术特点与优劣势 …… 19
2.3.1　装配式建筑的特点 …… 19
2.3.2　装配式建筑在各方面的优势 …… 19
2.3.3　装配式建筑的不足 …… 22
2.4　装配式建筑常用软件体系 …… 22
2.4.1　装配式建筑软件的发展 …… 22
2.4.2　按照装配式建筑用途划分 …… 24
2.4.3　按照软件公司划分 …… 25
2.4.4　常用软件介绍 …… 26
2.5　装配式建筑发展前景 …… 28
课后习题 …… 29
第 3 章　BIM 技术在装配式建筑中的应用价值 …… 31
3.1　BIM 技术概述 …… 32
3.1.1　BIM 的由来 …… 32
3.1.2　BIM 技术概念 …… 32

3.1.3 BIM 的优势 …… 32
3.1.4 BIM 常用术语 …… 33
3.2 BIM 技术国内外发展状况 …… 35
3.2.1 BIM 技术的发展沿革 …… 35
3.2.2 BIM 在国外的发展状况 …… 36
3.2.3 BIM 在国内的发展状况 …… 41
3.3 BIM 技术政策及标准 …… 43
3.3.1 BIM 技术在中国推广现状 …… 43
3.3.2 相关 BIM 文件标准及实施指南 …… 54
3.4 BIM 的特点 …… 58
3.4.1 可视化…… 58
3.4.2 一体化…… 61
3.4.3 参数化…… 61
3.4.4 仿真性…… 62
3.4.5 协调性…… 63
3.4.6 优化性…… 65
3.4.7 可出图性…… 65
3.4.8 信息完备性…… 67
3.5 BIM 的作用与价值 …… 67
3.5.1 BIM 在勘察设计阶段的作用与价值 …… 67
3.5.2 BIM 在施工阶段的作用与价值 …… 69
3.5.3 BIM 在运营维护阶段的作用与价值 …… 70
3.5.4 BIM 在项目全生命周期的作用与价值 …… 70
3.5.5 BIM 技术给工程建设带来的变化 …… 72
3.6 装配式建筑发展制约因素…… 73
3.6.1 装配式建筑行业内存在不完善的法规政策…… 73
3.6.2 经济支撑政策不完善…… 73
3.6.3 技术水平不足…… 73
3.6.4 经济成本高…… 74
3.6.5 监管体系不健全…… 74
3.7 BIM 技术在装配式建筑应用必要性 …… 75
课后习题 …… 76
第 4 章 BIM 在装配式建筑中的应用内容 …… 81
4.1 装配式 BIM 应用总流程 …… 82
4.2 装配式 BIM 在设计阶段应用 …… 82
4.2.1 BIM 构件库建立 …… 82
4.2.2 BIM 建模与设计 …… 83
4.2.3 建筑性能分析…… 86
4.2.4 经济算量分析…… 87

4.3 装配式 BIM 在深化设计中的应用 …… 87
4.3.1 基于模型的深化设计 …… 88
4.3.2 钢筋与预埋碰撞检查 …… 88
4.3.3 专业间碰撞检查 …… 88
4.3.4 基于模型协同与沟通 …… 91
4.3.5 调整优化设计 …… 91
4.3.6 校核出图 …… 92
4.4 装配式 BIM 在构件生产中的应用 …… 92
4.4.1 构件加工图设计 …… 93
4.4.2 构件生产指导 …… 93
4.4.3 通过 CAM 实现预制构件的数字化制造 …… 93
4.5 装配式 BIM 在物流运输中的应用 …… 96
4.5.1 出厂管理 …… 96
4.5.2 运输管理 …… 97
4.5.3 进场管理 …… 98
4.5.4 吊装管理 …… 99
4.6 装配式 BIM 在现场施工中的应用 …… 99
4.6.1 施工现场组织及工序模拟 …… 99
4.6.2 施工模拟碰撞检测 …… 99
4.6.3 复杂节点施工模拟 …… 100
4.7 装配式 BIM 在装饰装修中的应用 …… 101
4.7.1 装修部品产品库的建设 …… 101
4.7.2 可视化装修设计 …… 102
4.7.3 产品信息集成应用 …… 102
4.7.4 装配式装修 …… 102
4.8 装配式 BIM 在装配式运维阶段的应用 …… 103
4.8.1 空间管理 …… 104
4.8.2 设备管理 …… 104
4.8.3 资产管理 …… 105
4.8.4 能耗管理 …… 106
4.8.5 物业管理 …… 107
4.8.6 建筑物改建拆除 …… 107
4.8.7 灾害应急处理 …… 107
4.9 基于 BIM 的协同应用 …… 108
4.9.1 协同的概念 …… 108
4.9.2 协同的平台 …… 109
4.9.3 装配式 BIM 的协同应用 …… 110
课后习题 …… 112

第5章　BIM在装配式建筑中的作用 …… 116
5.1　BIM在装配式建筑设计阶段的作用 …… 117
5.1.1　提高装配式建筑设计效率 …… 117
5.1.2　实现装配式预制构件的标准化设计 …… 117
5.1.3　降低装配式建筑的设计误差 …… 118
5.1.4　调整进展与计划 …… 119
5.2　BIM在预制构件生产阶段的作用 …… 119
5.2.1　优化整合预制构件生产流程 …… 119
5.2.2　加快装配式建筑模型试制过程 …… 119
5.2.3　运输跟踪管理 …… 120
5.3　BIM在装配式建筑施工阶段的作用 …… 120
5.3.1　预制构件现场管理 …… 120
5.3.2　施工模拟仿真 …… 120
5.3.3　施工质量进度成本控制 …… 121
5.3.4　构件现场吊装办理及长期可视化监控 …… 121
5.3.5　清单式质量控制 …… 121
5.4　BIM在装配式建筑运维阶段的作用 …… 122
5.4.1　提高运维阶段的设备维护管理水平 …… 122
5.4.2　加强运维阶段的质量和能耗管理 …… 122
5.5　BIM＋装配式应用案例 …… 123
课后习题 …… 127
第6章　BIM技术与装配式建筑标准与流程 …… 129
6.1　BIM应用现状政策分析 …… 130
6.2　《建筑工程施工信息模型应用标准》 …… 131
6.2.1　总则 …… 131
6.2.2　术语 …… 131
6.2.3　基本规定 …… 132
6.2.4　施工BIM应用策划与管理 …… 132
6.2.5　施工模型 …… 133
6.2.6　深化设计BIM应用 …… 135
6.2.7　施工模拟BIM应用 …… 140
6.2.8　预制加工BIM应用 …… 144
6.2.9　进度管理BIM应用 …… 149
6.2.10　预算与成本管理BIM应用 …… 152
6.2.11　质量与安全管理BIM应用 …… 155
6.2.12　施工监理BIM应用 …… 159
6.2.13　付竣工验收与交付BIM应用 …… 162
课后习题 …… 163
参考文献 …… 166
附件　建筑信息化BIM技术系列岗位职业技术考试管理办法 …… 170

第 1 章　装配式 BIM 工程师职业概述

本章导读

本章节主要介绍了装配式 BIM 工程师职业定义、装配式 BIM 工程师岗位分类、装配式 BIM 工程师各岗位能力素质要求、不同应用阶段装配式 BIM 工程师职业素质要求。首先重点从应用领域、应用程度两方面对装配式 BIM 工程师岗位进行定义及分类，并进一步对相应岗位的职责及能力素质作出具体要求，以便读者对装配式 BIM 工程师有较全面的了解。最后根据装配式 BIM 应用各阶段，对装配式 BIM 工程师的职业素质要求具体介绍。

1.1　装配式BIM工程师职业定义

1.1.1　装配式BIM工程师职业定义

建筑信息模型（Building Information Modeling，简称BIM），是一种应用于工程设计建造管理的数据化工具。建筑信息模型（BIM）系列专业技能岗位是指工程建模、BIM管理咨询和战略分析方面的相关岗位。由预制部品部件在工地装配而成的建筑，称为装配式建筑。装配式BIM工程师是从事和BIM装配式技术相关工作的专业人员和BIM项目管理的统称。结合BIM技术实现：装配式预制构件的标准化设计；优化整合预制构件生产流程；提高施工现场管理效率；进行5D模拟优化施工和成本计划；提高运维阶段运维管理水平等。

1.1.2　装配式BIM工程师岗位分类

1. 根据应用领域分类

根据应用领域不同可将装配式BIM工程师主要分为装配式BIM标准管理类、装配式BIM工具研发类、装配式BIM工程应用类及装配式BIM教育类四类。

（1）装配式BIM标准管理类：即主要负责BIM标准和装配式标准研究管理的相关工作人员，可分为基础理论研究人员及标准研究人员等。

（2）装配式BIM工具研发类：即主要负责BIM工具的设计开发工作人员，可分为BIM产品设计人员及装配式软件开发人员等。

（3）装配式BIM工程应用类：即应用BIM支持和完成装配式工程项目生命周期过程中各种专业任务的专业人员，包括业主和开发商里面的设计、施工、成本、采购、营销管理人员；设计机构里面的建筑、结构、给水排水、暖通空调、电气、消防、技术经济等设计人员；施工企业里面的项目管理、施工计划、施工技术、工程造价人员；物业运维机构里面的运营、维护人员，以及各类相关组织里面的专业装配式BIM应用人员等。

（4）装配式BIM教育类：即在高校或培训机构从事装配式＋BIM教育及培训工作的相关人员，主要可分为高校教师及培训机构讲师等。

2. 根据应用程度分类

根据装配式BIM应用程度可将装配式BIM工程师主要分为装配式BIM操作人员、装配式BIM技术主管、装配式BIM项目经理、装配式BIM战略总监四类。

（1）装配式BIM操作人员：即进行实际装配式BIM建模及分析人员，属于装配式BIM工程师职业发展的初级阶段。

（2）装配式BIM技术主管：即在装配式BIM项目实施过程中负责技术指导及监督人员，属于装配式BIM工程师职业发展的中级阶段。

（3）装配式BIM项目经理：即负责装配式BIM项目实施管理人员，属于项目级的职位，是装配式BIM工程师职业发展的高级阶段。

（4）BIM战略总监：即负责BIM发展及应用战略制定人员，属于企业级的职位，可以是部门或专业级的BIM专业应用人才或企业各类技术主管等，是BIM工程师职业发展的高级阶段。

3. 根据应用阶段分类

根据应用阶段的不同可将装配式 BIM 工程师主要分为装配式 BIM 设计工程师、装配式 BIM 深化设计工程师、装配式 BIM 构件加工工程师、装配式 BIM 施工阶段工程师。各个工程师的岗位职责后文将会讲到。

1.2 BIM 工程师职业素质要求

1.2.1 装配式 BIM 工程师基本素质要求

装配式 BIM 工程师基本素质是职业发展的基本要求，同时也是装配式 BIM 工程师专业素质的基础。专业素质构成了工程师的主要竞争实力，而基本素质奠定了工程师的发展潜力与空间。装配式 BIM 工程师基本素质主要体现在职业道德、健康素质、团队协作及沟通协调等方面（图 1.2.1-1）。

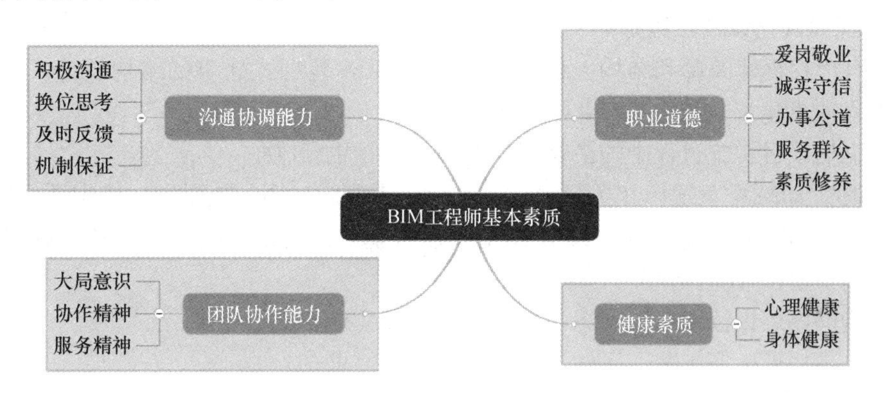

图 1.2.1-1 装配式 BIM 工程师基本素质要求图

1. 职业道德

职业道德是指人们在职业生活中应遵循的基本道德，即一般社会道德在职业生活中的具体体现。它是职业品德、职业纪律、专业胜任能力及职业责任等的总称，属于自律范围，通过公约、守则等对职业生活中的某些方面加以规范。职业道德素质对其职业行为产生重大的影响，是职业素质的基础。

2. 健康素质

健康素质主要体现在心理健康及身体健康两方面。装配式 BIM 工程师在心理健康方面应具有一定的情绪的稳定性与协调性、较好的社会适应性、和谐的人际关系、心理自控能力、心理耐受力以及具有健全的个性特征等。在身体健康方面装配式 BIM 工程师应满足个人各主要系统、器官功能正常的要求，体质及体力水平良好等。

3. 团队协作能力

团队协作能力，是指建立在团队的基础之上，发挥团队精神、互补互助以达到团队最大工作效率的能力。对于团队的成员来说，不仅要有个人能力，更需要有在不同的位置上各尽所能、与其他成员协调合作的能力。

4. 沟通协调能力

沟通协调能力是指管理者在日常工作中妥善处理好上级、同级、下级等各种关系，使其减少摩擦，能够调动各方面的工作积极性的能力。

上述基本素质对装配式BIM工程师职业发展具有重要意义：有利于工程师更好地融入职业环境及团队工作中；有利于工程师更加高效、高标准地完成工作任务；有利于工程师在工作中学习、成长及进一步发展，同时为装配式BIM工程师的更高层次的发展奠定基础。

1.2.2　不同应用阶段装配式BIM工程师职业素质要求

1. 装配式设计工程师

（1）装配式建筑的设计工作；

（2）组织或负责编制相关工程技术标准；

（3）负责日常的设计工作联系及协调工作；

（4）配合项目现场施工技术问题的解决。

2. 装配式深化设计工程师

（1）可以根据建筑师和结构工程师要求进行BIM装配式建筑的结构设计。负责装配式房屋工程项目建筑、结构等专业模型制作；

（2）根据项目实施过程中的最新信息对模型进行更新维护；

（3）根据BIM模型输出相关成果，如“材料表、施工图、效果图、成本数据”等；

（4）根据项目需求提供基于BIM模型的建筑全生命周期解决方案服务，碰撞检测一施工图一施工模拟-数据支持；

（5）能够熟练识读图纸，熟悉各类构件的构造要求、材料要求；

（6）熟悉构件生产工艺、运输条件限制、吊装要求；

（7）熟练掌握PKPM、装配式结构深化设计软件等。

3. 装配式构件加工工程师

（1）负责建筑装配式构件图纸的审查、材料统计；

（2）装配式构件的模具设计，指导工人制作模具；

（3）PC构件生产过程中，负责土建施工质量、进度和成本的控制，解决施工中出现的具体专业技术问题；

（4）协调业主、施工单位和监理单位之间以及与其他各专业之间的关系；

（5）编制PC构件相关的交工资料；

（6）了解装配式混凝土结构工程施工前的准备工作；

（7）掌握主要构件的吊装施工工艺及相关知识；

（8）熟悉水电安装及安全管理的相关知识。

4. 装配式施工阶段工程师

（1）监督、指导各施工班组按设计图纸、施工规范、操作规程、工程标准及施工组织设计的要求进行施工，下达并实施对各作业班组的各类技术交底工作；

（2）负责督促落实施工技术方案，对各个工序质量的控制；

（3）参与编写施工组织设计，负责编写分部分项工程施工方案，并组织实施；

（4）参与对设计院、业主、监理公司等的部分技术交涉、管理工作，起草须交请上述单位的技术核定、设计变更、技术签证等资料；

（5）参与设计交底及图纸会审，整理交底及会审纪要；

（6）参与分部分项工程验收及工程竣工验收工作，参与日常工程质量、安全及文明施工的检查、评比工作；

（7）施工生产前准备工作；

（8）施工机械的选用和准备；

（9）预制混凝土构件现场安装技术措施与控制能力；

（10）安全用电管理能力；

（11）现场安全文明施工和环境保护管理能力；

（12）施工安全事故应急救援能力。

课 后 习 题

一、单项选择题

1. 应用 BIM 支持和完成装配式工程项目生命周期过程中各种专业任务的专业人员指的是（　　）。

A. 装配式 BIM 标准研究类人员

B. 装配式 BIM 工具开发类人员

C. 装配式 BIM 工程应用类人员

D. 装配式 BIM 教育类人员

2. 下列选项中主要负责组件 BIM 团队、研究 BIM 对企业的质量效益和经济效益以及制定 BIM 实施宏观计划的是（　　）。

A. 装配式 BIM 战略总监　　B. 装配式 BIM 执行经理

C. 装配式 BIM 技术顾问　　D. 装配式 BIM 操作人员

3. 下列选项进行实际 BIM 建模及分析人员，属于 BIM 工程师职业发展的初级阶段的是（　　）。

A. 装配式 BIM 操作人员　　B. 装配式 BIM 技术主管

C. 装配式 BIM 标准研究类人员　　D. 装配式 BIM 工程应用类人员

4. 负责 BIM 应用系统、数据协同及存储系统、构件库管理系统的日常维护、备份等工作的人员属于 BIM 工程应用类中的（　　）。

A. BIM 模型生产工程师　　B. BIM 专业分析工程师

C. BIM 信息应用工程师　　D. BIM 系统管理工程师

5. BIM 的中文全称是（　　）。

A. 建设信息模型　　B. 建筑信息模型

C. 建筑数据信息　　D. 建设数据信息

二、多项选择题

1. 装配式 BIM 工程师根据应用领域可分为哪几类（　　）？

A. 装配式 BIM 标准管理类　　B. 装配式 BIM 工具研发类

C. 装配式 BIM 工程应用类　　D. 装配式 BIM 教育类

2. 根据装配式 BIM 应用程度可将装配式 BIM 工程师职业岗位分为(　　)。

A. 装配式 BIM 战略总监　　B. 装配式 BIM 项目经理

C. 装配式 BIM 技术主管　　D. 装配式 BIM 操作人员

E. 装配式 BIM 系统管理人员

3. 装配式 BIM 工程师基本素质主要体现在(　　)。

A. 职业规划　　B. 职业道德

C. 健康素质　　D. 团队协作能力

E. 沟通协调能力

4. 下列选项是装配式设计工程师职业素质要求的是(　　)。

A. 装配式建筑的设计工作

B. 组织或负责编制相关工程技术标准

C. 负责日常的设计工作联系及协调工作

D. 配合项目现场施工技术问题的解决

E. BIM 与造价多软件协调

参考答案

一、单项选择题

1. C　2. A　3. A　4. D　5. B

二、多项选择题

1. ABCD　2. ABCD　3. BCDE　4. ABCD

第 2 章　装配式建筑

本章导读

本章主要介绍了装配式建筑概念、装配式建筑发展、装配式建筑的优劣势、装配式建筑常用软件体系以及对未来装配式建筑的预测。首先，重点从装配式建筑的概念以及国内外发展状况对装配式建筑进行初步的介绍，并进一步针对装配式建筑的特点与其在建筑领域独特的优势，使读者对装配式建筑这个新型建筑有进一步的认识。然后，介绍了装配式建筑常用软件体系。最后，根据建筑行业的发展趋势，对装配式建筑的发展做了简单的阐述。

2.1　装配式建筑概述

2.1.1　装配式建筑概念

预制装配式建筑即集成房屋是将建筑的部分或全部构件在工厂预制完成，然后运输到施工现场将构件通过可靠的连接方式组装而建成的房屋。在欧美及日本被称作产业化住宅或工业化住宅。

2.1.2　装配式建筑分类

1. 按结构形式和施工方法分类

按结构形式和施工方法的不同，装配式建筑一般分为砌块建筑、板材建筑、盒式建筑、骨架板材建筑及升板和升层建筑 5 种。

（1）砌块建筑

用预制的块状材料砌成墙体的装配式建筑，适于建造 3～5 层建筑。砌块建筑适应性强，生产工艺简单，施工简便，造价较低，还可利用地方材料和工业废料。建筑砌块有小型、中型、大型之分。小型砌块适于人工搬运和砌筑，工业化程度较低，灵活方便，使用较广；中型砌块可用小型机械吊装，可节省砌筑劳动力；大型砌块现已被预制大型板材所代替。

（2）板材建筑

又称大板建筑，是由预制的大型内外墙板、楼板和屋面板等板材装配而成。它是工业化体系建筑中全装配式建筑的主要类型。板材建筑的内墙板多为钢筋混凝土的实心板或空心板；外墙板多为带有保温层的钢筋混凝土复合板，也可用轻骨料混凝土、泡沫混凝土或大孔混凝土等制成带有外饰面的墙板。建筑内的设备常采用集中的室内管道配件或盒式卫生间等，以提高装配化的程度。大板建筑的主要缺点是对建筑物造型和布局有较大的制约性；小开间横向承重的大板建筑内部分隔缺少灵活性。

（3）盒式建筑

从板材建筑的基础上发展起来的一种装配式建筑。这种建筑工厂化的程度很高，现场安装快。一般不但在工厂完成盒子的结构部分，而且内部装修和设备也都安装好，甚至连家具、地毯等一概安装齐全。盒子吊装完成、接好管线后即可使用。

（4）骨架板材建筑

由预制的骨架和板材组成。承重骨架一般多为重型的钢筋混凝土结构，也有采用钢和木做成骨架和板材组合，常用于轻型装配式建筑中。骨架板材建筑结构合理，可以减轻建筑物的自重，内部分隔灵活，适用于多层和高层的建筑。

（5）升板和升层建筑

板柱结构体系的一种，但施工方法则有所不同。这种建筑是在底层混凝土地面上重复浇筑各层楼板和屋面板，竖立预制钢筋混凝土柱子，以柱为导杆，用放在柱子上的油压千斤顶把楼板和屋面板提升到设计高度，加以固定。外墙可用砖墙、砌块墙、预制外墙板、轻质组合墙板或幕墙等；也可以在提升楼板时提升滑动模板、浇筑外墙。升板建筑施工时大量操作在地面进行，减少高空作业和垂直运输，节约模板和脚手架，并可减少施工现场面积。

2. 按主要材料分类

根据目前制作构件的主要材料，可大致分为木结构、钢结构和钢筋混凝土结构三大类。

（1）木结构

关于现代木结构的分类方式层出不穷，根据住房城乡建设部最新批准的国家建筑标准设计图集《木结构建筑》14J924，木结构分为3种房屋体系，即轻型木结构房屋体系、胶合木结构房屋体系和原木结构房屋体系。装配式木结构是指将木结构建筑的构件通过标准化设计、计算机控制，再进行工厂化生产和装配化施工。当然，对于较复杂的结构形式，如今也可以利用SAP等软件建模，并辅以概念设计。目前，通过科技手段可以解决木结构的防火、防腐、防白蚁、防潮、防水等问题，不同的地区、不同的建筑可采用不同的木结构类型。2018年6月住房城乡建设部发布的《木结构设计标准》GB 50005—2017，也对新型木结构的设计提供了技术保障。装配式木结构拼装而成的整体结构通过钢板、螺栓等连接件牢固地和基础连接起来，使房屋的竖向荷载通过屋架和梁柱有效传至地基，水平荷载也可通过水平构面进行连续传递；全楼组装木结构还具有冗余度、抗震性能好、施工现场不用大型机械、防火方式简单的优势。随着科学技术的不断发展，将一些不影响建筑质量的新型建材应用在装配式木结构中，可根据建筑自身所处环境和功能要求适当选取材料，使得资源配置更加优化。

（2）钢结构

随着制造业水平的不断进步和建筑行业对新型建筑形式的迫切需求，装配式钢结构建筑应运而生。这种新型的建筑形式的特点是采用装配化的生产工艺进行结构构件的制作和生产，用工业化制造的生产方式来代替传统现场湿作业的施工方法。从而缩短整体建设进度，降低材料浪费和工程造价，保障施工质量安全。装配式钢结构建筑通过工厂化的形式进行结构构件生产，因此能够涵盖结构构件的设计、生产、施工安装的全部周期，而且通过工程信息化平台进行建造设计，将传统的“现场建造”形式转变为“工厂制造”形式，这种建筑形式充分体现了“绿色建筑”的概念。

在国内，最早的钢结构建筑是二十世纪二三十年代出现的，装配式钢结构建筑的推广和应用却是在20世纪90年代才开始，早期的装配式钢结构主要应用在民用住宅方面。住宅的结构形式可分为低层轻钢住宅、中高层轻钢住宅两类。在中高层轻钢结构住宅体系方面，结构形式较为多样，按照受力体系进行划分的主要形式有：框架—支撑体系、纯框架体系、交错桁架体系、框架—核心筒体系、框架剪力墙体系等。按照型钢截面形式又可划分为：H型钢柱体系、钢管混凝土柱体系、内藏加劲肋C型钢柱体系等。轻钢房屋具有自重轻、跨度大、抗风抗震性能好、保温隔热、隔声等各项指标卓越的特点，是一种高效、节能、环保、符合可持续发展方针的绿色建筑体系。适用于别墅、多层住宅、度假村等民用建筑及建筑加层、屋顶平改坡等。可预拼装墙体包括事先安装好的外墙围护、保温和窗户。

装配式钢结构特点有以下几点：

① 可以借助工程设计软件进行设计建模和分析，合理缩短设计周期。由于可以借助

工程建模软件和结构分析软件进行构件内力分析和几何尺寸设计，这种信息化设计技术有利于修改（变更）的快速实现。在构件制作时，通过三维模型和数控机床结合，使得设计完成后可以直接投入生产线进行产品制作，具有极高的效率和精确度，可以大大缩短项目建设周期。

② 将设计和施工紧密结合，提高生产率。由于钢构件和预制墙板能够在工厂进行制作、在施工现场进行安装，因此可以将设计和安装紧密结合起来，合理协调各工序之间搭接，提高整体工作效率。

③ 构件的标准化生产可以提供施工的工业化程度。采用构件工厂化生产的制作方式比传统工艺更为先进，更能保证产品的质量和性能。生产后钢结构预制构件可以直接运输到施工现场通过焊接或螺栓进行配套安装，对于天气的敏感度不高，更容易实现全天候作业。

(3) 钢筋混凝土结构

预制装配式混凝土结构是以预制混凝土构件为主要构件，经装配、连接，结合部分现浇而形成的混凝土结构。构件装配的主要方法有现场后浇叠合层混凝土、钢筋锚固后浇混凝土连接等；钢筋连接的主要方法有套筒灌浆连接、焊接、机械连接及预留孔洞搭接连接等。

装配式混凝土结构是由预制混凝土构件或部件装配、连接而成的结构，简称装配式结构。近 10 年来装配式结构在我国逐渐升温，并在建筑设计、构件生产、安装施工及构件连接构造等方面均有明显的改进和发展。

3. 按装配化程度分类

根据其装配化的程度可将装配式建筑分为两大类：半装配式建筑和全装配式建筑。

(1) 半装配式建筑

这类建筑，部分结构构件在工厂预制，预制构件运至现场后，与主要竖向承重构件（梁柱、剪力墙）一起浇筑。它的主要优点是所需生产基地一次投资比全装配式少，适应性大，节省运输费用，便于推广。在一定条件下也可以缩短工期，实现大面积流水施工，可以取得较好的经济效果及结构整体性好。

(2) 全装配式建筑

这类建筑的全部构件如同积木房屋一样，在工厂里成批生产各个构件，然后到现场拼装。主要包括装配式墙板、板柱结构、盒子结构、框架结构等。全装配式建筑的维护结构可以采用现场砌筑或浇筑，也可以采用预制墙板。它的主要优点是生产效率高，施工速度快，构件质量好，受季节性影响小，在建设量较大而又相对稳定的地区，采用工厂化生产可以取得较好的效果。

2.2 装配式建筑国内外发展情况

2.2.1 装配式建筑总体发展情况

1. 国外发展情况（表 2.2.1-1）

国外装配式建筑发展情况表　　表 2.2.1-1

国家	发展状况
美国	美国在20世纪70年代能源危机期间开始实施配件化施工和机械化生产。美国城市发展部出台了一系列严格的行业标准规范，一直沿用至今，并与后来的美国建筑体系逐步融合。美国城市住宅结构基本上以工厂化、混凝土装配式和钢结构装配式为主，降低了建设成本，提高了工厂通用性，增加了施工的可操作性
法国	法国1891年就已实施了装配式混凝土的构建，迄今已有130年的历史。法国建筑工业化以混凝土体系为主，钢、木结构体系为辅，多采用框架或板柱体系，并逐步向大跨度发展。近年来，法国建筑工业化呈现的特点是： （1）焊接连接等干法作业流行； （2）结构构件与设备、装修工程分开，减少预埋，使得生产和施工质量提高； （3）主要采用预应力混凝土装配式框架结构体系，装配率达到80%，脚手架用量减少50%，节能可达到70%
德国	德国的装配式住宅主要采取叠合板、混凝土、剪力墙结构体系，剪力墙板、梁、柱、楼板、内隔墙板、外挂板、阳台板等构件采用构件装配式与混凝土结构，耐久性较好。 德国是世界上建筑能耗降低幅度发展最快的国家，直至近几年提出零能耗的被动式建筑。从大幅度的节能到被动式建筑，德国都采取了装配式的住宅来实施，这就需要装配式住宅与节能标准相互之间充分融合
瑞典、丹麦	瑞典和丹麦早在20世纪50年代开始就已有大量企业开发了混凝土、板墙装配的部件。目前，新建住宅之中通用部件占到了80%，既满足多样性的需求，又达到了50%以上的节能率，这种新建建筑比传统建筑的能耗有大幅度的下降。丹麦是一个将模数法制化应用在装配式住宅的国家，国际标准化组织ISO模数协调标准即以丹麦的标准为蓝本编制。故丹麦推行建筑工程化的途径实际上是以产品目录设计为标准的体系，使部件达到标准化，然后在此基础上，实现多元化的需求，所以丹麦建筑实现了多元化与标准化的和谐统一
日本	日本1968年提出装配式住宅的概念。在1990年的时候，他们采用部件化、工厂化生产方式，高生产效率，住宅内部结构可变，适应多样化的需求。而且日本有一个非常鲜明的特点，从一开始就追求中高层住宅的配件化生产体系。这种生产体系能满足日本的人口比较密集的住宅市场的需求，更重要的是，日本通过立法来保证混凝土构件的质量，在装配式住宅方面制定了一系列的方针政策和标准，同时也形成了统一的模数标准，解决了标准化、大批量生产和多样化需求这三者之间的矛盾
新加坡	新加坡开发出15～30层的单元化的装配式住宅，占全国总住宅数量的80%以上。通过平面的布局，部件尺寸和安装节点的重复性来实现标准化以设计为核心设计和施工过程的工业化，相互之间配套融合，装配率达到70%

2. 国内发展情况

预制装配式建筑技术是一种工业化的生产工艺方法，运用该技术建造的建筑，其包括内外墙板、空调板、叠合板、预制梁柱等在内的全部构件均由工厂预制生产加工完成，并运输到施工现场通过组装成型。较之传统的施工技术，采用预制装配技术生产可以减少六成的材料损耗和八成的建筑垃圾，将工期缩短为传统方式建造工期的75%左右，同时实现65%以上的建筑节能。另外，通过装配作业代替了大量的现浇作业，提高住宅的整体质量，促进设计的标准化提升，提高构建的生产效率，降低成本，从而实现整个建筑性价比的提升。

根据不同的预制程度，装配式建筑的预制单元一般可分为：杆件单元、板体单元和模块单元三种，对应建筑结构体系即为：直接装配式结构体系、预制大板结构体系与模块化建筑结构体系（图 2.2.1-1）。

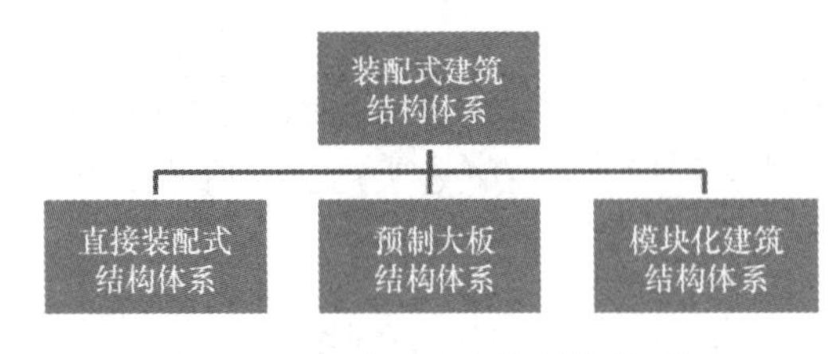

图 2.2.1-1　装配式建筑结构体系图

（1）直接装配式结构体系

结构中所有的杆件按设计尺寸切割，主要的开洞也在工厂完成，并以单根杆件形式运至现场，采用螺栓或自攻螺钉连接，均在现场完成。优点是现场可进行一定修改对工厂设备要求低可用集装箱运输，经济适用于体形复杂的建筑，缺点是现场劳动量相对较大。

（2）预制大板结构体系

结构中带骨架的墙板、屋面板及屋架均在工厂用专用模具预制成型，并运输至现场进行组装。这种体系的优点是建造速度快，质量易于控制，自动化程度较高，现场工作量小，但相对运输费用高，现场需要提升设备。

（3）模块化建筑结构体系

结构以单个房间作为一个模块均在工厂进行预制，并可在工厂对模块内部空间进行布置与装修。然后运输至现场通过吊装将模块可靠的连接为建筑整体。模块化建筑结构体系预制化比例高，可节约人力、物力，减少工期，绿色环保。

据统计，预制大板结构体系的预制比例可达到 60％左右，而模块化建筑结构体系的预制比例一般可达 85％以上，其中完全工厂制造的模块化建筑的预制比例可高达 95％，仅剩余的 5％作为现场基础施工与模块安装的连接工作。

其实我们国家很早就开始推广新型建造方式，其推广发展经历了四个历程，如表 2.2.1-2 所示。

我国装配式建造技术发展历程　　**表 2.2.1-2**

时间	历程
20 世纪 50 年代	我国从苏联等国家学习引入新型建造方式，推行标准化、工业化、机械化，发展预制构件和装配式建筑，在构件工厂化、中小型建筑施工机械、预制装配式工业厂房等方面取得一定的进展，但到了二十世纪六七十年代，受各种因素影响，装配式建筑发展缓慢，基本处于停滞状态
改革开放后	在总结前 20 年发展的基础上，又呈现了新一轮发展装配式建筑的热潮，很多城市建设了一批大板建筑，但由于当时在建筑防水、冷桥、隔声等方面的关键技术问题未得到很好解决，出现了一些质量问题。后来，现浇施工技术水平快速提升，农民工廉价劳动力大量进入建筑行业，使得一度红火的装配式建筑发展逐渐放缓
1999 年以后	国家发布了《关于推进住宅产业现代化提高住宅质量的若干意见》，装配式建筑发展进入一个新的阶段，但总体来说，21 世纪前 10 年发展相对缓慢

续表

时间	历程
2011年开始	近几年来，随着人们对建筑工程质量和建筑品质需求的提升、环保意识的提高，加上建筑行业劳动力成本上升，我国的建筑产业现代化又呈现出快速发展局面。尤其是中央城市工作会议时隔37年再次召开，会后印发的《中共中央国务院关于进一步加强城市规划建设管理工作的若干意见》，明确指出“发展新型建造方式，大力推广装配式建筑”，建筑产业现代化发展到了前所未有的历史机遇期

2.2.2 装配式混凝土结构国内外发展情况

1. 北美地区

总部位于美国的预制与预应力混凝土协会PCI编制的《PCI设计手册》，其中就包括了装配式结构相关的部分。该手册不仅在美国，而且整个国际上也是具有非常广泛的影响力的。从1971年的第一版开始，PCI手册已经编制到了第7版，该版手册与IBC2006、ACI318-05、ASCE7-05等标准协调。除了PCI手册外，PCI还编制了一系列的技术文件，包括设计方法、施工技术和施工质量控制等方面。所以，在预制混凝土建筑方面的标准体系已经相当完善，装配式建筑的发展已经日趋成熟。北美地区的装配式建筑主要包括装配式建筑外墙和结构预制构件两部分。它们的共同点是通过大型化和预应力的结合，使结构配筋和连接构造得到优化，使制作和安装工作量得以减少，施工工期大大缩短，体现了工业化、标准化和经济技术优势。在20世纪，北美地区的装配式建筑主要应用于低层非抗震设防的地区。后期受到加州地区地震的影响，近些年来已经非常重视中高层预制结构及抗震方面的技术研究。

2. 欧洲地区

欧洲是装配式建筑的发源地，早在17世纪就走上了装配式建筑工业化发展之路。第二次世界大战以后，在劳动力资源极其紧缺的情况下，由于建筑行业的发展需求，欧洲便开始研究和探索了装配式建筑工业化模式，在这个漫长的过程中，他们积累了相当多的装配式建筑设计施工经验，形成了多项装配式建筑标准化体系，并编制了一系列的装配式建筑施工标准及应用手册，对推动装配式建筑在全世界的广泛应用起到了非常重要的促进作用。

1975年，欧洲共同体委员会决定在土建领域实施一个联合行动项目。项目的目的是消除对贸易的技术障碍，协调各国的技术规范。在该联合行动项目中，委员会采取一系列措施来建立一套协调的用于土建工程设计的技术规范，最终将取代国家规范。1980年产生了第一代欧洲规范，包括EN1990-EN1999（欧洲规范0—欧洲规范9）等。1989年，委员会将欧洲规范的出版交予欧洲标准化委员会，使之与欧洲标准具有同等地位。其中EN1992-1-1（欧洲规范2）的第一部分为混凝土结构设计的一般规则和对建筑结构的规则，是由代表处设在英国标准化协会的《欧洲规范》技术委员会编制的，另外还有预制构件质量控制相关的标准，如《预制混凝土构件质量统一标准》EN13369等。总部位于瑞士的国际结构混凝土协会FIB于2012年发布了新版的《模式规范》MC2010。模式规范MC90在国际上有非常大的影响，经历20年，汇集了5大洲44个国家和地区的专家的成果，修订完成了MC2010。相较于MC90，MC2010的体系更为完善和系统，反映了混凝土结构材料的最新进展及性能优化设计的新思路，将会起到引领的作用，为今后的混凝土结构规范的修订提供一个模式。MC2010 建立了完整的混凝土结构全寿命设计方法，包括结构设计、施工、运行及拆除等阶段。此外，FIB 还出版了大量的技术报告，为理解模式规范 MC2010 提供了参考，其中与装配式混凝土结构相关的技术报告，涉及了结构、构件、连接节点等设计的内容。

3. 日韩地区

日本和韩国借鉴了欧美国家的成功经验，再结合自身的实际情况和发展需求，在预制结构体系的抗震性和隔震设计方面取得了突破性进展。日本在这方面的成绩尤为突出，预制混凝土建筑体系的设计、制作和施工的标准规范都已经发展得十分完善。最具有代表性的是在 2008 年采用装配结构建成的两栋 58 层的东京塔，可谓是成功的典范。

日本的标准包括建筑标准法、建筑标准法实施令、国土交通省告示及通令、协会（学会）标准、企业标准等，涵盖了设计、施工等内容，其中由日本建筑学会 AIJ 制定的装配式结构相关技术标准和指南。1963 年成立的日本预制建筑协会在推进日本预制技术的发展方面作出了巨大贡献，该协会先后建立 PC 工法焊接技术资格认证制度、预制装配住宅装潢设计师资格认证制度、PC 构件质量认证制度、PC 结构审查制度等，编写了《预制建筑技术集成》丛书，包括剪力墙预制混凝土（W－PC）、剪力墙式框架预制钢筋混凝土（WR-PC）及现浇同等型框架预制钢筋混凝土（R－PC）等。

4. 中国大陆地区

自 20 世纪 50 年代以来，我国便开始对装配式建筑的设计及施工技术展开了专项研究，并形成了一套适合自身发展的装配式建筑体系，较具代表性的装配式建筑体系有单层工业厂房建筑体系、多层框架建筑体系以及大板建筑体系等。直至 20 世纪 80 年代，在我国装配式建筑的应用已经达到全盛时期，全国各地都已经形成了设计、制作、施工、安装一体化的发展模式，装配式建筑和预制空心楼板砌体建筑在当时已经成为我国两大主要建筑体系。但是，我国装配式建筑的发展水平较发达国家还存在着很大的差距，装配式建筑自身的发展速度与整个建筑行业的需求之间也存着很大的落差。20 世纪 90 年代中期，现浇混凝土建筑体系已经逐步取代了装配式建筑体系。目前，除了一些单层工业厂房应用到装配式建筑以外，在其他建筑领域中应用得较少。

5. 中国香港、台湾地区

由于在施工场地、环境保护等方面的需要，装配式建筑在中国香港和台湾地区的应用非常普遍。中国香港具有非常完善的装配式建筑设计和施工规范体系，多数高层住宅都采用叠合楼板、预制楼梯和预制外墙等建筑模式，厂房一般也都采用装配式框架结构或钢结构进行建造；装配式建筑在中国台湾地区的应用也较为普及，其建筑体系和日韩地区比较接近，随着抗震、隔震技术的研究与应用，装配式框架梁柱、预制外墙挂板等构件也得到了广泛应用。所以，在我国香港、台湾地区的装配式建筑专业化施工具有很高的发展水平，装配式建筑的技术优势在这一地区得到了充分体现。

2.2.3 装配式钢结构国内外发展情况

1. 国外的应用现状

国外的钢结构住宅产业化主要集中在低层装配式钢结构。法国是世界上推行建筑工业化早的国家，1978年他们便制定了尺寸协调规则，并提出工业化建筑体系，主体结构为工具式大型组合模板现浇。意大利BSAIS工业化建筑体系适用建造1～8层钢结构住宅，具有造型新颖、结构受力合理、抗震性能好、施工速度快、居住办公舒适方便，在欧洲、非洲、中东等国家（地区）大量推广应用。德国的装配式住宅主要采取叠合板、混凝土、剪力墙结构体系，剪力墙板、梁、柱、楼板、内隔墙板、外挂板、阳台板等构件采用构件装配式与混凝土结构，耐久性较好。瑞典是世界上住宅工业化发达的国家，其轻钢结构住宅预制构件达到95%。此外，较为典型的装配式住宅体系还有：美国的LSFB轻型钢框架建筑体系，日本给水住宅株式会社的Sekisui和Toyota Homes住宅体系等。

美国的钢结构住宅技术是一项综合技术，集结构主体、建筑节能、建筑防火、隔声、型材及设计施工一体化的集成化技术，社会分工明确，生产效率高，依靠统一的设计施工标准，使建筑产品供应各方能相互协调，使得钢结构房屋建设数量发展迅速，钢结构住宅占比在25%以上，且以装配式住宅为主。

日本，根据日本预制装配建筑协会的统计，到20世纪90年代末，日本预制装配住宅中木材结构占18%，预制混凝土结构占11%，而钢材结构系列比例已经多达71%。

2. 国内的应用现状

我国住宅产业化的正式提出，始于1999年国务院办公厅转发建设部等八部委《关于推进住宅产业现代化提高住宅质量若干意见》国办发〔1999〕72号，要求加快住宅建设从粗放型向集约型转变，推进住宅产业现代化，提高住宅质量，具体提出了发展钢结构的要求。国务院〔1999〕72号文件更是为预制装配式钢结构住宅及其产业化的发展提供了前所未有的政策支持，该文件明确提出：发展预制装配式钢结构住宅，扩大预制装配式钢结构住宅的市场占有率，将会加速住宅产业化过程，对我国建筑、冶金及相关产业的发展具有重大意义。

与发达国家相比，中国的钢结构建筑比例仍然非常低，我国钢结构用钢量仅为钢产量的20%，纯钢结构的用钢量（板材、型钢等）大约只占建筑用钢量的1.5%～2%，占到建筑竣工面积60%～70%的住宅建筑几乎全部是钢筋混凝土建筑，采用钢结构的比例很低。

装配式住宅是以标准化、系列化和工业化为前提，可以提高住宅质量，目前国内各大城市都积极进行住宅产业化研究，上海是推进住宅产业化建设的先锋，河北、江苏、陕西、内蒙古、合肥、大连和济南等省份、城市也已成立了住宅产业化促进中心，深圳也于2006年成为全国首个住宅产业化综合试点城市。

“十二五”期间我国计划五年建设3600万套保障性住房，其中2011年新建和改造1000万套，这一艰巨而紧迫的任务恰恰为装配式钢结构住宅的发展创造了良好的基础条件。

2.2.4 装配式木结构国内外发展情况

1. 国外

近些年，随着木材这种建筑材料全新发展，除天然木材外，诸如结构胶合材、层板胶合材、木“工”字形梁和木桁架等新型木产品也随之出现，木结构建筑也经历着惊人的转变，一系列现代木结构的建筑方法和建筑体系应运而生，并且突破了传统木结构的桎梏，甚至已经形成产业化的发展格局。日本的第一个预制框架胶合木结构建筑已经有近 50 年的历史，日本预制装配式框板胶合木结构的技术特点主要是钉、胶连接相结合、预制体系一体化和硬壳式构造，并经过剪力墙水平抗震对比试验、三层房屋结构拟静力试验、足尺三层房屋振动台试验等一系列房屋工作性能的试验，经受住了南极极地气候和风速 60m/s 的考验。除此之外，轻型木结构体系、现代梁柱木结构体系和一些其他的木结构体系也被广泛采用。

2. 国内

目前，我国正处于木结构建筑的全面复苏阶段，一大批专家、学者已经投入到装配式木结构的探索研究中，装配式木结构用于实际工程的实例也接踵而至。例如，某论坛服务中心的 7 个国际会所均采用了木结构整体装配技术，该项目结构形式主要为轻型木结构和胶合木结构，且各单体建筑风格多样、形式丰富、生产标准、安装高效、环保低碳、融入自然，同时实现了施工过程中的节能低碳，是一种生产规范标准化、节能环保可持续的结构体系。

2.2.5　国内外装配式建筑工程建设现状

1. 美国

美国装配式住宅盛行于 20 世纪 70 年代。1976 年，美国国会通过了国家工业化住宅建造及安全法案，同年出台一系列严格的行业规范标准，一直沿用至今。除注重质量，现在的装配式住宅更加注重美观、舒适性及个性化。

据美国工业化住宅协会统计，2001 年，美国的装配式住宅已经达到了 100 万套，占美国住宅总量的 7%。在美国、加拿大，大城市住宅的结构类型以混凝土装配式和钢结构装配式住宅为主，在小城镇多以轻钢结构、木结构住宅体系为主。

美国住宅用构件和部品的标准化、系列化、专业化、商品化、社会化程度很高，几乎达到 100%。用户可通过产品目录，买到所需的产品。这些构件结构性能好，有很大通用性，也易于机械化生产。

钢-木结构别墅，钢结构公寓。建材产品和部品部件种类齐全。构件通用化水平高、商品化供应。BL 质量认证制度。部品部件品质保证年限。

2. 英国

英国政府积极引导装配式建筑发展。明确提出英国建筑生产领域需要通过新产品开发、集约化组织、工业化生产以实现“成本降低 10%，时间缩短 10%，缺陷率降低 20%，事故发生率降低 20%，劳动生产率提高 10%，最终实现产值利润率提高 10%”的具体目标。同时，政府出台一系列鼓励政策和措施，大力推行绿色节能建筑，以对建筑品质、性能的严格要求促进行业向新型建造模式转变。

英国装配式建筑的发展需要政府主管部门与行业协会等紧密合作，完善技术体系和标准体系，促进装配式建筑项目实践。可根据装配式建筑行业的专业技能要求，建立专业水平和技能的认定体系，推进全产业链人才队伍的形成。除了关注开发、设计、生产与施工外，还应注重扶持材料供应和物流等全产业链的发展。

钢结构建筑、模块化建筑，新建占比 70%以上。设计、制作到供应的成套技术及有效的供应链管理。

3. 德国

德国的装配式住宅主要采取叠合板、混凝土、剪力墙结构体系，采用构件装配式与混凝土结构，耐久性较好。德国是世界上建筑能耗降低幅度最快的国家，近几年更是提出发展零能耗的被动式建筑。从大幅度的节能到被动式建筑，德国都采取了装配式住宅来实施，装配式住宅与节能标准相互之间充分融合。

第二次世界大战后多层板式装配式住宅，20 世纪 70 年代东德工业化水平 90%。新建别墅等建筑基本为全装配式钢（木）结构。强大的预制装配式建筑产业链。高校、研究机构和企业研发提供技术支持。建筑、结构、水暖电协作配套。施工企业与机械设备供应商合作密切。机械设备、材料和物流先进，摆脱了固定模数尺寸限制。

4. 日本

日本于 1968 年就提出了装配式住宅的概念。1990 年推出采用部件化、工业化生产方式、高生产效率、住宅内部结构可变、适应居民多种不同需求的中高层住宅生产体系。在推进规模化和产业化结构调整进程中，住宅产业经历了从标准化、多样化、工业化到集约化、信息化的不断演变和完善过程。

日本每五年都颁布住宅建设五年计划，每一个五年计划都有明确的促进住宅产业发展和性能品质提高方面的政策和措施。政府强有力的干预和支持对住宅产业的发展起到了重要作用：通过立法来确保预制混凝土结构的质量；坚持技术创新，制定了一系列住宅建设工业化的方针、政策，建立统一的模数标准，解决了标准化、大批量生产和住宅多样化之间的矛盾。

木结构占比超过 40%。多高层集合住宅主要为钢筋混凝土框架（PCA 技术）。工厂化水平高，集成装修、保温门窗等。立法来保证混凝土构件的质量。地震烈度高，装配式混凝土减震隔震技术。

5. 法国

法国是世界上推行装配式建筑最早的国家之一，法国装配式建筑的特点是以预制装配式混凝土结构为主，钢结构、木结构为辅。法国的装配式住宅多采用框架或者板柱体系，焊接、螺栓连接等干法作业，结构构件与设备、装修工程分开，减少预埋，生产和施工质量高。法国主要采用的预应力混凝土装配式框架结构体系，装配率可达 80%。

1959～1970 年开始，1980 年后成体系。绝大多数为预制混凝土。构造体系，尺寸模数化，构件标准化。少量钢结构和木结构。装配式链接多采用焊接和螺栓链接。

6. 中国

我国的装配式建筑在 20 世纪 80 年代后期突然停滞并很快走向消亡，PC 技术沉寂了 30 多年之后又重新在我国兴起，这是一件令人鼓舞和值得期待的事件。时隔 30 年的断档期，无论是技术还是人员都非常匮乏，短期之内无法从根本上解决人员、技术、管理、工程经验等软件方面的问题。

从市场占有率来说，我国装配式建筑市场尚处于初级阶段，全国各地基本上集中在住宅工业化领域，尤其是保障性住房这一狭小地带，前期投入较大，生产规模很小，且短期之内还无法和传统现浇结构市场竞争。

但随着国家和行业陆续出台相关发展目标和方针政策的指导，面对全国各地向建筑产业现代化发展转型升级的迫切需求，我国各地 20 多个省市陆续出台扶持相关建筑产业发展政策，推进产业化基地和试点示范工程建设。相信随着技术的提高，管理水平的进步，装配式建筑将有广阔的市场与空间。

沉寂了30多年之后又重新在我国兴起。尚处于初级阶段。国家、行业及地方主要标准规范已基本编制完成并颁布实施，满足建筑产业现代化发展转型升级需求。国内装配式建筑发展较好的城市如表2.2.5-1所示。

国内装配式建筑发展较好的城市　　表2.2.5-1

城市	发展条件及状况
北京、上海	有政府出台配套优惠政策作保证，标准配套基本齐全，部分装配的剪力墙结构的技术成熟。北京出台了混凝土结构产业化住宅的设计、质量验收等11项标准和技术管理文件；上海已出台5项且正在编制4项地方标准和技术管理文件
沈阳	标准配套齐全，引进的技术论证严谨，结构类型品种较多，构件厂设备自动化程度高。完成了《预制混凝土构件制作与验收规程》等9部省级和市级地方技术标准
深圳	工作开展得较早，装配式建筑面积较多，构件质量高，编制了产业化住宅模数协调等11项标准和规范
南京	结构体系品种齐全，部品的工业化工作同时开展
合肥	近年来政府推动力度较大

2.2.6　国内外装配式建造技术对比分析

目前与国外发达国家的成熟技术相比，我国装配式住宅还处于落后状态，装配式建筑还存在以下几个方面的问题。

1. 技术体系仍不完备

目前行业发展热点主要集中在装配式混凝土剪力墙住宅，框架结构及其他房屋类型的装配式结构发展并不均衡，无法支撑整个预制混凝土行业的健康发展。目前国内装配式剪力墙住宅大多采用底部竖向钢筋套筒灌浆或浆锚搭接连接，边缘构件现浇的技术处理，其他技术体系研究尚少，应进一步加强研究。

2. 装配式结构基础性研究不足

国内装配式剪力墙，钢筋竖向连接、夹心墙板连接件两个核心应用技术仍不完善。作为主流的装配剪力墙竖向钢筋连接方式，套筒灌浆连接相当长一段时间内作为一种机械连接形式应用，但在接头受力机理与性能指标要求、施工控制、质量验收等方面对三种材料（钢筋、灌浆套筒、灌浆料）共同作用考虑不周全。夹心墙板连接件是保证“三明治”夹心保温墙板内外层共同受力的关键配件。连接件产品设计不仅要考虑单向抗拉力，还要承受夹心墙板在重力、风力、地震力、温度等作用下传来的复杂受力，且长期老化、热膨胀收缩等性能要求很高，还需进一步加强研究。

3. 标准规范支撑不够

标准规范在建筑预制装配化发展的初期阶段其重要性已被全行业所认同。但由于建筑预制装配化技术标准缺乏基础性研究与足够的工程实践，使得很多技术标准仍处于空白，亟须补充完善。

2.3 装配式技术特点与优劣势

2.3.1 装配式建筑的特点

在我国，现阶段我们所研究的装配式建筑指的是由钢筋混凝土预制构件装配而成，在现场进行浇铸养护成型的建筑。其特点是：

1. 建设周期短

装配式建筑，其主要构件是由工厂预制完成的，在施工现场施工方只需要采用机械设备将其组装，大大减少了原始的现浇作业。组装施工与其他专业施工同时开展，进而可以不受传统施工过程中的混凝土现浇、养护等工序的影响。同时也不受雨雪等不良天气的影响，尽量保证了工期。

2. 耐火性好

低导热性是装配式建筑构配件的一个重要特点，它使得装配式建筑的墙体保温要求得以满足。同时，热能得以节约，增加居住者的生活舒适度。另一方面，低导热性的直接体现为建筑耐火性好，安全性更高。

3. 质量轻

在相同条件下，装配式建筑的质量仅仅为相同体积混凝土建筑重量的50%左右，甚至更轻。这便减少了建筑的基础荷载，降低了对地基承载力的要求，节约了建筑基础建设的投资，缩减了运输量以及运费，降低了建筑工人的劳动强度，加快了施工速度，进而最终节约了建筑成本。

4. 施工精确

和传统建筑相比，建筑构配件在工厂预制完成运输到施工现场后，施工者根据建筑的结构设计现场进行组装。由于工业生产过程更加精确，构配件的精度是以毫米为单位，同时以厘米为精度单位的大规模湿作业量大大减少。所以，装配式建筑的施工精度更高，更加安全环保。

5. 绿色环保

装配式建筑可以采用建筑、装修一体化设计、施工，理想状态是装修可随主体施工同步进行。这就减少了二次施工带来的资源和材料浪费。同时，传统建筑在使用过程中不论内外均更易受到破坏和损耗，包括涂料、装饰、结构面墙等等。而装配式建筑可以有效避免这个问题，因为组成装配式建筑的构配件是用定型模板制作的，通常采用一次成型工艺，保证了房屋质量，同时降低了后期维护的成本和资金耗损，符合绿色建筑的要求。

6. 标准化信息化

装配式建筑在设计过程中，要求构配件的制作标准化、模数化，从而满足其高精度的要求，提高了生产效率。在施工管理的过程中，信息化、数字化管理，可以有效升级建筑产业，使其向更专业更好的方向发展。

2.3.2 装配式建筑在各方面的优势

相较于传统建筑，装配式建筑具有以下特点：首先是设计多样化，设计师可以根据住房要求进行设计；功能现代化，可以采用多种节能环保等新型材料；制造工厂化，可以使得建筑构配件统一工厂化生产，一气呵成；施工装配化，可以大大减少劳动力，减少材料浪费；时间最优化，使施工周期明显加快。具体体现在以下几个方面：

1. 设计方面

目前，住宅设计和住房要求严重脱节，承重墙多、开间小、分隔死、房间的空间无法灵活分割。而装配式房屋则采用大开间，用户根据需要可灵活地利用组合式墙体分割成“随心所欲”的空间环境。住宅采用灵活大开间，其核心问题之一是要具备配套的轻质隔墙，这不但满足了用户的个性要求，同时还可缩短工期、降低成本、改善建筑功能，为人类提供安全、舒适、方便的生活与工作环境。

2. 功能方面

随着科学技术不断提升，人们生活质量不断改善，住房现代化的概念不再仅仅停留在有水、有电、有良好通风了。而现代化预制建筑大多具备以下特点：

（1）节能：传统的建筑能源利用率很低。装配式建筑的地面、屋顶、墙体、门窗框架等都采用各种新型保温、隔热材料，房屋采用新型的供热、制冷技术，如太阳能的储存和利用；

（2）隔声：工厂化的建筑构件精确度高，可以提高墙体和门窗的密封功能。采用好的吸声环保材料，使室内有一个安静的环境，避免外来噪声的干扰；

（3）抗震：大量使用轻质材料，降低了结构的自重。采用框架式框剪体系，增加装配式的柔性连接，提高了抗震能力；

（4）外观：不求奢华，但外观应清晰而有特色。长期使用不开裂，不变形，不褪色；

（5）为厨房、卫生间配备各种卫生设施提供更方便有利的条件；

（6）智能化：新的施工方法可应用住宅信息传输及接收技术，住宅安全防火系统，设备自动控制系统及智能化控制和综合布线系统。

3. 生产方面

智能化的住宅应该无论是墙体结构材料，还是内部装饰材料都选用绿色的优质材料，而工厂化的生产正是住宅现代化的最优生产方式。如传统的建筑物要使其美丽的外表面涂料久不褪色是十分困难的。但工厂化生产的建筑外墙板不但质轻、高强，而且在工厂经过模具、机构化喷涂、烘烤等工艺就可使建筑物美丽的色彩久不褪色。

工厂化生产还可使散装保温材料完全被板、毡状材料替代；屋架、轻钢龙骨、各种金属吊挂及连接件，尺寸精确，便于组装；工厂制造的最大优点是既保证了各种材料构件的个性，又考虑了房屋各种材料间的相互关系。特别是对材料的性能，如强度、耐火性、抗冻性、防水性、隔声保温等，可以得到很好的控制，从而确保构件的质量。把房屋看成是一个大设备，现代化的建筑材料是这台设备的零部件，这些零件经过严格的工厂生产，组装出来的房屋才能达到功能要求和满足用户的各种需要。相比之下，采用水泥、砖瓦、砂石、钢筋、木材等材料，用人工砌筑，现场堆积建造的房屋，就相形见绌了。

4. 施工方面

预制建筑最大的特点是大幅度缩短了现场施工的时间，且对工期有更高的可预测性。

预制建筑的项目能够节省时间源自工厂制造和现场施工可以同时进行。在建筑工程中很少使用预制基础，因此现场在建造基础的同时工厂加工生产结构、构造构件以及服务系统和室内集成模块。而传统的现场施工方法是一个线性过程，各阶段分包商需要等前面的工作完成后再进行他们的部分，而在工厂生产，整个项目的过程可以允许同时由多个分包商团队进行不同的工作。此外，多个制造商可以分别制造组件，完成后汇集到现场进行安装。这对工期压力大的项目来说是很有意义的一个因素。

通过预制能够提高一个项目在施工过程中的安全性。在预制建筑项目中，大部分工人的工作地点从现场转移工厂内，降低了工人发生意外事故的概率，减少了开发商和承包商的损失，节约了时间。工人在施工现场工作的危险系数高，是因为现场条件总是不断变化，高空作业以及人数太多造成的人员混杂、操作空间小。然而在工厂预制建筑构件再到现场安装，可以减少施工现场的人数和工作量，有效地避免了这些不利影响，提供一个安全、高效的工作环境。

5. 质量方面

由于我国建筑业迅速发展，大批农民工进入建筑行业从事施工生产，他们受到的培训往往得不到保证，因此建筑工人素质参差不齐，导致传统的现场施工方式中，安全和质量事故时有发生。而预制装配式建筑中，可以将这些人为因素的影响降到最低。大量的预制构件都是在预制工厂生产，而构件预制工厂车间中的温度、湿度、专业工人的操作熟练操作程度以及模板、工具的质量都优于现场施工方式，因此构件质量更容易得到保证，现场结构的安装连接则遵循固定的流程，采用专业的工作安装队更能有效保证工程质量的稳定性。

6. 成本方面

采用装配式建筑施工较常规施工可以缩短工期 1/3 以上，降低管理成本，加快资金周转、提高资金使用效率；大幅度减少现场施工中的模板、钢筋、混凝土工程量及浪费；质量提高了，使用过程中的维修成本大幅度减少。

7. 劳动力方面

我国逐步步入老龄化，劳动力今后将成为稀缺资源，劳动力成本逐年增加，影响到建筑业企业的生存，制约行业的发展。装配式建筑施工采取工厂化生产、流水线作业，运到现场预制拼装，不需要传统建筑业那样大量的劳动力，可以应对即将到来的劳动力稀缺的窘境，确保国民经济的正常发展。

8. 能源方面

因为在工厂内就完成大部分预制构件的生产，这就降低了现场作业量，使得生产过程中的建筑垃圾大量减少，生产用水和模板可以做到循环利用，能大量减少施工现场的湿作业，降低资源和能源消耗，由于湿作业产生的诸如废水污水、建筑噪声、粉尘污染等也会随之大幅度地降低。在建筑材料的运输、装卸以及堆放等过程中，选用装配式建筑的房屋，可以大量地减少扬尘污染。在现场预制构件不仅可以去掉泵送混凝土的环节，有效减少固定泵产生的噪声污染，而且装配式施工高效的施工速度、夜间施工的时间的缩短可以有效减少光污染。根据第三方评估显示，采用装配式建筑在结构建造阶段节能 20％，节水 63％，节材 81％，减少建筑垃圾 91％，节约砂浆和粘接材料 83％。

2.3.3 装配式建筑的不足

1. 前期一次性成本高

在大规模工业化的基础上，工业化生产能够极大程度地提升劳动效率，同时节约经济成本。就目前我国工业化程度不高的现状来看，装配式建筑建造前期的一次性投入普遍较传统建筑高。第一，在工业化研究之前，需要投入大量的资金来进行研究开发、流水线建设等项目，必须确保资金的充足；第二，按制造业纳税的情况来看，在我国，建筑工业化产品的增值税税率是很高的，高达 17%，这与建筑企业按工程造价 3%的纳税相比，相去甚远；第三，对未来收益存在不确定性。综上所述，即便是从长远的发展来看，绝大多数的开发商认为对工业化的投入性价比偏低。

2. 技术水平要求高且高度注重专业协作

装配式建筑适用于精细化的生产方式，工厂化的生产方式和机械化的施工建造，必须确保构件的精确性，同时建筑从头脑中的三维到图纸中的二维再到建筑实体中的三维的转换离不开现代信息技术的支持。然而，我国现在的构件生产工艺落后，管理及安装技术、检测手段不能满足要求，另外，我国建筑业的信息化水平较低，国际的 IFC 标准并不符合我国的建设标准，通用的标准体系尚未构建；各部门缺乏专业协作，各专业间的信息不能流通，容易形成信息孤岛。

3. 需制定相关标准与构造图集

现在建筑结构形式多种多样，千篇一律的建筑形式已经不能满足人们对于建筑设计的需求，但我国目前装配式建筑构件生产能力低下，产品类型单一，设备工艺落后，构件标准不能满足大规模生产，现在主要用于商品房、经济性住房以及保障性住房建设。虽然很多省份已经出台了一系列的地方性标准体系及技术规程，然而大部分的技术规程多数只适用于特定的施工工法和结构，通用性不好，所以制定通用性较强的相关标准势在必行。

4. 社会认可程度有待提升

由于装配式建筑相比传统现浇建筑高额的税负落差和一系列其他相关因素，加大了企业的一次性投入成本，这使得建筑部品企业的生产积极性极大地降低，同时在开发商心目中对装配式建筑的认可度比较低，不愿意开发装配式住宅。另外即便个别开发商愿意开发装配式住宅，消费者也会因为普及率不高，对装配式建筑的概念和优势含糊不清，大多对其采取保守态度，不愿意购入。研究发现，装配式建筑的各个相关因素是相互制约的关系，工业化程度低会影响装配式建筑的一次性投入成本，一次性投入成本又会制约装配式建筑的公众认可度。

2.4 装配式建筑常用软件体系

2.4.1 装配式建筑软件的发展

BIM 与装配式建筑的发展是一个相互促进的过程。BIM 是建筑行业的三维辅助软件，是实现三维建筑“所见即所得”与各参与方“协同工作”的重要工具。BIM 软件与装配式建筑的发展较为同步，一方面发展时间较为同步，另一方面发展政策同步：住房城乡建设部规定，到 2025 年装配式建筑占新建筑的比例 50%以上；到 2020 年末，国有资金投资为主的大中型建筑、申报绿色建筑的公共建筑和绿色生态示范小区建设过程中集成应用 BIM 的项目比率达到 90%。

1. 发展的起点

BIM 软件的发展离不开计算机辅助建筑设计（Computer-Aided Architectural Design，CAAD）软件的发展。1958 年，美国的埃勒贝建筑师联合事务所（Ellerbe Associaties）装置了一台 Bendix G15 的电子计算机，进行了将电子计算机运用于建筑设计的首次尝试。1963 年，美国麻省理工学院的博士研究生伊凡·萨瑟兰（Ivan Sutherland）发表了他的博士学位论文《Sketchpad：一个人机通信的图形系统》，并在计算机的图形终端上实现了用光笔绘制、修改图形和图形的缩放。这项工作被公认为计算机图形学方面的开创性工作，也为以后计算机辅助设计技术的发展奠定了理论基础。

2. 20 世纪 60 年代

20 世纪 60 年代是信息技术应用在建筑设计领域的起步阶段。当时比较有名的 CAAD 系统首推 Souder 和 Clark 研制的 Coplanner 系统，该系统可用于估算医院的交通问题，以改进医院的平面布局。当时的 CAAD 系统应用的计算机为大型机，体积庞大，图形显示以刷新式显示器为基础，绘图和数据库管理的软件比较原始，功能有限，价格也十分昂贵，应用者很少，整个建筑界仍然使用“趴图板”方式搞建筑设计。

3. 20 世纪 70 年代

随着 DEC 公司的 PDP 系列 16 位计算机问世，计算机的性能价格比大幅度提高，这大大推动了计算机辅助建筑设计的发展。美国波士顿出现了第一个商业化的 CAAD 系统——ARK－2，该系统运行在 PDP15/20 计算机上，可以进行建筑方面的可行性研究、规划设计、平面图及施工图设计、技术指标及设计说明的编制等。这时出现的 CAAD 系统以专用型的系统为多，同时还有一些通用性的 CAAD 系统，例如 COMPUTERVISION、CADAM 等，被用作计算机制图。

这一时期 CAAD 的图形技术还是以二维为主，用传统的平面图、立面图、剖面图来表达建筑设计，以图纸为媒介进行技术交流。

4. 20 世纪 80 年代

20 世纪 80 年代对信息技术发展影响最大的是微型计算机的出现，微型计算机价格比较让人接受，建筑师们将设计工作由大型机转移到微机上。基于 16 位微机开发的一系列设计软件系统就是在这样的环境下出现的，AutoCAD、MicroStation、ArchiCAD 等软件都是应用于 16 位微机上具有代表性的软件。

5. 20 世纪 90 年代

20 世纪 90 年代以来是计算机技术高速发展的年代，其特征技术包括：高速而且功能强大的 CPU 芯片、高质量的光栅图形显示器、海量存储器、因特网、多媒体、面向对象技术等。随着计算机技术的快速发展，计算机技术在建筑业得到了空前的发展和广泛的应用，开始涌现出大量的建筑类软件。随着建筑业的发展趋势以及项目各参与方对工程项目新的更高的需求日益增加，BIM 技术应用已然成为建筑行业发展的趋势，各种 BIM 应用软件应运而生。

2.4.2 按照装配式建筑用途划分

将装配式软件按照装配式建筑用途划分，如表 2.4.2-1 所示。

按照装配式建筑用途划分的软件 **表 2.4.2-1**

装配式软件分类	举例	功能
装配式建模软件	Revit 系列	AutodeskRevit 提供支持建筑设计、MEP 工程设计和结构工程的工具
	AllPLAN	Allplan 是一款面向全球建筑师和工程师的设计系统软件，是个开放的 BIM 平台，兼容超过 50 多种格式，比如 DXF、DWG、PDF、IFC 等，确保了不同系统之间的数据交换和跨界合作。Allplan Precast 是为预制件厂量身定制的设计软件，从 CAD 建筑设计到 BIM、到深化构件拆分设计等一应俱全
	Bentley 系列	Bentley 软件能够实现各类民用建筑工业建筑的设计、建造和运维。它拥有完整的软件体系、统一的数据平台，并能进行项目相关文档的管理，能较好地解决建筑全生命周期 BIM 实施遇到的难题
	Vector works	Vector works 以设计为本，提供二维及三维建模功能，其三维导览模组以即时预览的方式直接在工作视窗中呈现旋转各种透视角度
	Archi CAD	ArchiCAD 提供独一无二的、基于 BIM 的施工文档解决方案。ArchiCAD 简化了建筑的建模和文档过程，即使模型达到前所未有的详细程度。ArchiCAD 自始至终的 BIM 工作流程，使得模型可以一直使用到项目结束
	Digital Project	强大 3D 建筑信息建模（BIM）和管理工具，是全新的数字化建筑学软件平台，从设计、项目管理到实施现场，为工程项目提供完整的生命周期数字化环境
	CATIA	作为 PLM 协同解决方案的一个重要组成部分，它可以通过建模帮助制造厂商设计他们未来的产品，并支持从项目前阶段、具体的设计、分析、模拟、组装到维护在内的全部工业设计流程
装配式深化设计软件	BoCAD	三维建模，双向关联，可以进行较为复杂的节点、构件的建模
	Tekla（Xsteel）	三维钢结构建模，进行零件、安装、总体布置图及各构件参数，零件数据、施工详图自动生成，具备校正检查的功能
	Strucad	三维构件建模，进行详图布置等。复杂空间结构建模困难，复杂节点、特殊构件难以实现
	SDS/2	三维构件建模，按照美国标准设计的节点库
	STS 钢结构设计软件	PKPM 钢结构设计软件（STS）主要面向的市场是设计院客户
装配式结构分析软件	ETABS	系统利用图形化的用户界面来建立一个建筑结构的实体模型对象，通过先进的有限元模型和自定义标准规范接口技术来进行结构分析与设计，实现了精确的计算分析过程和用户可自定义的（选择不同国家和地区）设计规范来进行结构设计工作
	STAAD	STAAD 本身具有强大的三维建模系统及丰富的结构模板，用户可方便快捷地直接建立各种复杂三维模型。用户亦可通过导入其他软件（例如 AUTOCAD）生成的标准 DXF 文件在 STAAD 中生成模型
	PKPM	是一套集建筑设计、结构设计、设备设计、节能设计于一体的大型建筑工程综合 CAD 系统

续表

装配式软件分类	举例	功能
装配式施工阶段软件	广联达三维场地布置软件 3D-GCP	支持二维图纸识别建模，内置施工现场的常用构件，如板房、料场、塔吊、施工电梯、道路、大门、围栏、标语牌、旗杆等，建模效率高
	斯维尔平面图制作系统	基于CAD平台开发，属于二维平面图绘制工具，不是严格意义上的BIM工具软件
	PKPM 三维现场平面软件	PKPM三维现场平面图软件支持二维图纸识别建模，内置施工现场的常用构件和图库，可以通过拉伸、翻样支持较复杂的现场形状，如复杂基坑的建模，包括贴图、视频制作功能
	广联达 BIM5D	以BIM平台为核心，集成土建、机电、钢构、幕墙等各专业模型，并以集成模型为载体，关联施工过程中的进度、合同、成本、质量、安全、图纸、物料等信息，利用BIM模型的形象直观、可计算分析的特性，为项目的进度、成本管控、物料管理等提供数据支撑，协助管理人员有效决策和精细管理，从而达到减少施工变更，缩短工期、控制成本、提升质量的目的
	鲁班 BIM 软件	鲁班软件围绕工程项目基础数据的创建、管理和应用共享，基于BIM技术和互联网技术为行业用户提供了业内领先的从工具级、项目级到企业级的完整解决方案
	Bentley Project-Wise	Bentley软件能够实现各类民用建筑工业建筑的设计、建造和运维。它拥有完整的软件体系、统一的数据平台，并能进行项目相关文档的管理，能较好地解决建筑全生命周期BIM实施遇到的难题
装配式施工管理软件	广联达 BIM5D 软件	具有流水段划分、浏览任意时间点施工工况，提供各个施工期间的施工模型、进度计划、资源消耗量等功能；支持建造过程模拟，包括资金及主要资源模拟；可以跟踪过程进度、质量、安全问题记录。支持revit等软件
	RIB iTWO	旨在建立BIM工具软件与管理软件ERP之间的桥梁，将基于BIM技术的算量、计价、施工过程成本管理融为一体。支持Revit等建模工具
	Vico 办公室套装	具有流水段划分、流线图进度管理等特色功能；支持Revit、ArchiCAD、MagiCAD、Tekla等软件
	易达 5D-BIM 软件	可以按照进度浏览构件的基础属性、工程量等信息。支持IFC标准

2.4.3 按照软件公司划分

将装配式软件按照软件公司划分，如表2.4.3-1所示。

按照软件公司划分的装配式软件分类 **表 2.4.3-1**

软件分类	举例	功　能
Revit 插件软件	鸿业 BIMSpace	基于Revit平台，涵盖了建筑、给水排水、暖通等常用功能，结合基于AutoCAD平台向用户提供完整的施工图解决方案
	橄榄山软件	将现在产业链中的工程语言——施工DWG图——直接转换成Revit BIM模型的软件

续表

软件分类	举例	功　　能
Revit 插件软件	MagiCAD	机电专业的 BIM 深化设计软件，运用于工程前期的设计阶段，项目招投标阶段，机电施工过程深化设计阶段，后期过程竣工交付运维管理阶段
	isBIM	用于建筑、结构、水电暖通、装饰装修等专业中，提高了用户创建模型的效率，同时提高了建模的精度和标准化
鸿业 civil 行业 BIM 软件	鸿业 BIM 软件	可以直接通过模型生成施工图及工程量、可为暴雨模拟及海绵城市计算分析提供地形，排水低影响措施等提供数据、可与 iTwo-5D 等施工阶段 BIM 软件进行衔接、可支持市场上主流的 3D-GIS 平台
Trimble 系列工具软件	SketchUp	将平面的图形立起来，先进行体块的研究，再不断推敲深化一直到建筑的每个细部
	Tekla	交互式建模、结构分析、设计和自动创建图纸等
	Vico Office	以实现用一个软件，实现对项目全过程控制，进而实现提高效率，缩短工期，节约成本的目标
	Field Link	为总承包商设计的施工放样解决方案
	Real Works	空间成像传感器导入丰富的数据，并转换为夺目的三维成果
达索软件		为建筑行业的项目全过程管理提供整体解决方案、倡导建筑市政施工及工程建造行业高端三维应用平台
盈建科软件	盈建科建筑结构计算软件（YJK-A）	集成化建筑结构辅助设计系统，立足于解决当前设计应用中的难点热点问题，为减少配筋量、节省工程造价做了大量改进
	盈建科基础设计软件（YJK-F）	
	盈建科砌体结构设计软件（YJK-M）	
	盈建科结构施工图辅助设计软件（YJK-D）	
BIM 协同平台软件	iTwo	运用设计和建造阶段流通下来的 BIM 模型及信息数据、将 BIM 模型及全生命周期的信息数据完美的结合，利用虚拟模型进行智能管控
	广联达 BIM5D	为项目的进度、成本管控、物料管理等提供数据支撑，协助管理人员有效决策和精细管理
	鲁班 BIM 软件	适应建筑业移动办公特性强的特点、实现了施工项目管理的协同，实现了模型信息的集成，授权机制实现了企业级的管控、项目级管理协同

2.4.4　常用软件介绍

（1）Autodesk 公司的 Revit 是运用不同的代码库及文件结构区别于 AutoCAD 的独立

软件平台。Revit 采用全面创新的 BIM 概念，可进行自由形状建模和参数化设计，并且还能够对早期设计进行分析。借助这些功能可以自由绘制草图，快速创建三维形状，交互地处理各个形状。可以利用内置的工具进行复杂形状的概念澄清，为建造和施工准备模型。随着设计的持续推进，软件能够围绕最复杂的形状自动构建参数化框架，提供更高的创建控制能力、精确性和灵活性。从概念模型到施工文档的整个设计流程都在一个直观环境中完成。并且该软件还包含了绿色建筑可扩展标记语言模式（Ureen Building XML，即 gbXML），为能耗模拟、荷载分析等提供了工程分析工具，并且与结构分析软件 ROBOT、RISA 等具有互用性，与此同时，Revit 还能利用其他概念设计软件、建模软件（如 Sketch－up）等导出的 DXF 文件格式的模型或图纸输出为 BIM 模型。

（2）Bentley 公司的 Bentley Architecture 是集直觉式用户体验交互界面、概念及方案设计功能、灵活便捷的 2D/3D 工作流建模及制图工具、宽泛的数据组及标准组件库定制技术于一身的 BIM 建模软件，是 BIM 应用程序集成套件的一部分，可针对设施的整个生命周期提供设计、工程管理、分析、施工与运营之间的无缝集成。在设计过程中，不但能让建筑师直接使用许多国际或地区性的工程业界的规范标准进行工作，更能通过简单的自定义或扩充，以满足实际工作中不同项目的需求，让建筑师能拥有进行项目设计、文件管理及展现设计所需的所有工具。目前在一些大型复杂的建筑项目、基础设施和工业项目中应用广泛。

（3）ArchiCAD 是 GraphiSoft 公司的产品，其基于全三维的模型设计，拥有强大的平、立、剖面施工图设计、参数计算等自动生成功能，以及便捷的方案演示和图形渲染，为建筑师提供了一个无与伦比的“所见即所得”的图形设计工具。它的工作流是集中的，其他软件同样可以参与虚拟建筑数据的创建和分析。ArchiCAD 拥有开放的架构并支持 IFC 标准，它可以轻松地与多种软件连接并协同工作。以 ArchiCAD 为基础的建筑方案可以广泛地利用虚拟建筑数据并覆盖建筑工作流程的各个方面。作为一个面向全球市场的产品，ArchiCAD 可以说是最早的一个具有市场影响力的 BIM 核心建模软件之一。

（4）Digital Project 是 Gery Technology 公司在 CATIA 基础上开发的一个面向工程建设行业的应用软件（二次开发软件），它能够设计任何几何造型的模型且支持导入特制的复杂参数模型构件，如支持基于规则的设计复核的 Knowledge Expert 构件；根据所需功能要求优化参数设计的 Project Engineer-ing Optimizer 构件；跟踪管理模型的 Project Man-ager 构件。另外，Digital Project 软件支持强大的应用程序接口；对于建立了本国建筑业建设工程项目编码体系的许多发达国家，如美国、加拿大等，可以将建设工程项目编码如美国所采用的 Uniformat 和 Mas-terformat 体系导入 Digital Project 软件，以方便工程预算。

（5）以 Tekla 为例，钢结构深化设计的主要步骤如下：

① 确定结构整体定位轴线。建立结构的所有重要定位轴线，帮助后续的构件建模进行快速定位。同工程所有的深化设计必须使用同一个定位轴线。

② 建立构件模型。每个构件在截面库中选取钢柱或钢梁截面，进行柱、梁等构件的建模。

③ 进行节点设计。钢梁及钢柱创建好后，在节点库中选择钢结构常用节点，采用软件参数化节点能快速、准确地建立构件节点。当节点库中无该节点类型，而在该工程中又

存在大量的该类型节点，可在软件中创建人工智能参数化节点，以达到设计要求。

④ 进行构件编号。软件可以自动根据预先给定的构件编号规则，按照构件的不同截面类型对各构件及节点进行整体编号命名及组合，相同构件及板件所命名称相同。

⑤ 出构件深化图纸。软件能根据所建的三维实体模型导出图纸，图纸与三维模型保持一致，当模型中构件有所变更时，图纸将自动进行调整，保证了图纸的正确性。

2.5 装配式建筑发展前景

1. 我国新型建造方式总体趋势

建筑业旧业态具有“高增速、大规模、多机会、低利润、旧模式、恒盈利”的特征，过去，一直有大量企业和人员涌入建筑业。但是，未来随着装配式建筑的发展，建筑行业内分化将变得激烈，不可避免地会有大量企业和从业人员退出。

据不完全统计，我国目前建筑业从业人员至少 5000 万，队伍非常庞大。这些年多为传统“人海战术”式的建筑生产组织方式，因其对人工劳动严重依赖、简单重复劳动多、科技含量低，使得建筑施工行业作业效率普遍低下，原材料消耗大，环境污染问题突出，这种现场施工、现场砌筑、人随项目走的习惯性做法已经难以适应当今世界“节能减碳”“绿色环保”的发展要求。而“建筑业走向工厂化”的装配式建造方式，是弥补现阶段建筑业高技能劳动力短缺的有效途径。工厂化通过工厂预制和现场装配相结合的生产方式，不但缩短了建造周期，而且减少了对手工劳动和劳动技能的依赖。这意味着，随着装配式建筑的发展，今后建筑业将不再流行“人海战术”。

建筑业有很多岗位，就土建一块来说，就有木工、泥工、水电工、焊工、钢筋工、架子工、抹灰工、腻子工、幕墙工、管道工、混凝土工等岗位。做装配式建筑后，一些墙体、楼梯、阳台等部品构件在工厂中就已经制作好，工人的现场操作就仅是定位、就位、安装等步骤，所以木工、泥工、混凝土工等岗位需求将大大减少。同时，采用装配式工法施工后，多采用吊车等大型机械代替原来的外墙脚手架，所以架子工也将无用武之地。

逐步升级传统的建造方式，降低施工现场工作量、湿作业和人力物料消耗。加强大型智能顶升模架，工具化大型模板、脚手架，预拌砂浆，施工现场小型机械设备，工具化施工现场临建，钢筋集中加工、配送，预制叠合楼板，楼梯、阳台或墙板，数字化测量和检验技术等技术的研究、推广应用和标准化工作。

装配式建筑将给行业带来变革，同样也会带来新气象。其中，以装配式建筑为特点的建筑产业现代化示范基地或成为一道独特的风景线。

近年来，我国积极探索发展装配式建筑，装配式建筑代表新一轮建筑业的科技革命和产业变革方向，既是建造方式的重大变革，也是推进供给侧结构性改革和新城镇化发展的重要举措，有利于节约资源能源、提升劳动生产效率和质量安全水平，有利于促进建筑业与信息化、工业化深度融合，培育新产业新动能。

经过“十三五”的大力推动，截至 2016 年，全国已建立超过 50 个国家住宅产业化基地，行业整体呈现出蓬勃发展的态势。此外，零碳建筑、3D 打印建筑等新生事物将不断涌现。零碳建筑、3D 打印建筑以及机器人等新型建造技术、新生事物的不断涌现，将为装配式建筑的发展起到推波助澜的作用。

在我国大规模快速推进“新四化”的时代背景下，发展装配式建筑，一方面为加快新型城镇化进程提供了良好的技术支持；另一方面，有利于促进建筑业的工业化进程，促进建筑业与现代制造业的融合发展。

在“转方式、调结构、降速度”经济新常态下，作为建筑产业化重要载体的装配式建筑即将全面进入新的发展机遇期。一方面，装配式建筑备受政府和行业关注，各项相关政策不断出台，各地全面推进；另一方面，经济下行压力加大、房地产投资持续低迷、建筑业增速创下新低，面对“喜忧参半”的现实，装配式建筑的前进之路注定不会一马平川，但有一点可以坚信，装配式建筑未来必将撑起中国新型建造的一片天。

2. 装配式建筑的问题解决

（1）加大政府扶持力度，可以有效地解决装配式建筑成本高，建筑开发商以及消费者不愿意开发和消费的问题。

（2）政府以及各建筑商、房地产开发商应对装配式建筑大力宣传，强调装配式建筑能为社会和消费者带来哪些好处，以此提高社会公众认可度。

（3）各建筑类高校及专业应开展有关装配式建筑的课程，让大学生了解、熟悉什么是装配式建筑、装配式建筑与传统建筑相比建造方式有什么不同，等等，用此方法进行对装配式建筑方面的人才培养及锻炼。

3. 装配式建筑发展前景分析

我国未来的发展离不开科技发展、绿色环境发展、全球化经济发展、城市化进程发展等，而科技发展必然带动建筑业的发展，装配式建筑由于绿色环保的优势，必然会在未来的中国占建筑业主导地位。2017 年 3 月，国家明确到 2020 年，全国装配式建筑产量占新建建筑产量比例达到 15%以上，其中重点推进地区要达到 20%以上。在“十三五”规划中，国家推出的政策鼓励大力推行装配式建筑，支持绿色建筑。从 2017 年起，湖南省加速装配式建筑的建造，山东省威海市的新建公租房已经全部使用“装配式”建造，占新建建筑面积比例的 10%，以上数据表明了装配式建筑有很大的发展空间。

目前，中国的建筑领域不断引进国际上通用的建筑施工技能，但是要想创造出更好的效果，就必须要在造价控价、技术体系、模式管理方面有所突破改进，只有整个领域的整体改动，才能使创新效果更明显。

课 后 习 题

一、单项选择题

1. 下列不属于装配式建筑特点的是（　　）。

A. 建设周期短　　B. 耐火性好

C. 质量轻、绿色环保　　D. 施工精确度不高

2. 新的施工方法可应用于住宅信息传输及接收技术，体现出了装配式的哪一项特点（　　）。

A. 节能　　B. 抗震

C. 智能化　　D. 隔声

3. 下列选项哪一项不属于装配式建筑存在的不足（　　）？

A. 前期一次性成本高

B. 技术水平要求高且高度注重专业协作

C. 需制定相关标准与构造图集

D. 房屋采用新型的供热、制冷技术

4. 为协助管理人员有效决策和精细管理施工现场的进度、成本、质量等信息资料，需要用装配式哪个系列软件（ ）？

A. 装配式 BIM 结构分析软件　　B. 装配式 BIM 协同平台软件

C. 装配式 BIM 深化设计软件　　D. 装配式 BIM 建模软件

5. 由预制的大型内外墙板、楼板和屋面板等板材装配而成的建筑属于装配式的哪一类建筑（ ）？

A. 板材建筑　　B. 砌块建筑

C. 盒式建筑　　D. 骨架板材建筑

二、多项选择题

1. 装配式建筑按照结构形式和施工方法可分为哪几类（ ）？

A. 砌块建筑　　B. 板材建筑

C. 盒式建筑　　D. 骨架板材建筑

E. 升板和升层建筑

2. 装配式建筑按照材料形式可分为哪几类（ ）？

A. 木结构　　B. 砌块结构

C. 钢结构　　D. 钢筋混凝土结构

E. 板结构

3. 装配式钢结构的特点主要体现在（ ）。

A. 合理缩短设计周期　　B. 提高生产率

C. 更容易实现全天候作业　　D. 更能保证产品的质量和性能

E. 美化外观形状

4. 属于全装配式建筑优点的是（ ）。

A. 生产效率高

B. 构件质量好

C. 生产基地一次投资比半装配式少

D. 相比较于板装配式，更加便于推广

E. 受季节性影响小

5. 根据不同的预制程度，装配式建筑的预制单元一般可分为（ ）。

A. 杆件单元　　B. 板体单元

C. 模块单元　　D. 砌块单元

E. 墙体单元

参考答案

一、单项选择题

1. D　2. C　3. D　4. B　5. A

二、多项选择题

1. ABCDE　2. ACD　3. ABCD　4. ABD　5. ABC

第 3 章　BIM 技术在装配式建筑中的应用价值

本章导读

近年来 BIM 技术在国内建筑业形成一股热潮，除了前期软件厂商的大声呼吁外，政府相关单位、各行业协会与专家、设计单位、施工企业、科研院校等也开始重视并推广 BIM。本章节首先介绍了 BIM 的定义、国内外发展情况、特点、政策标准、各阶段作用与价值，然后介绍了传统技术下装配式建筑发展的制约因素，以及 BIM 技术在装配式建筑应用的必要性。使读者对 BIM 技术在装配式建筑中的应用价值有更全面的了解。

3.1　BIM技术概述

3.1.1　BIM的由来

BIM的全称是“建筑信息模型（Building Information Modeling）”，这项技术被称之为“革命性”的技术，源于美国佐治亚技术学院（Georgia Tech College）建筑与计算机专业的查克伊斯曼（Chuck Eastman）博士提出的一个概念：建筑信息模型包含了不同专业的所有的信息、功能要求和性能，把一个工程项目的所有信息，包括在设计过程、施工过程、运营管理过程的信息全部整合到一个建筑模型中（图3.1.1-1）。

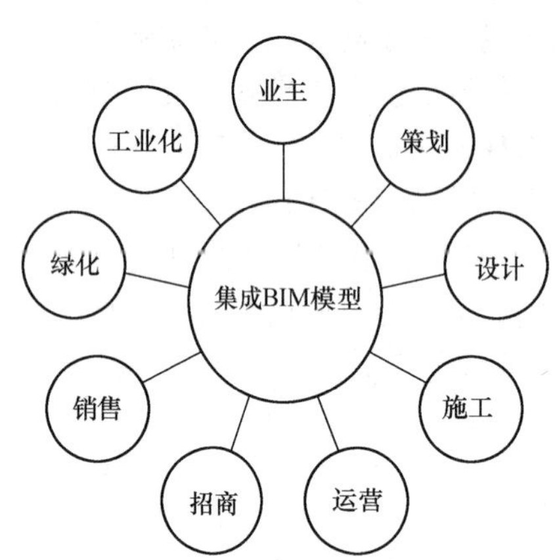

图3.1.1-1　各专业集成BIM模型图

3.1.2　BIM技术概念

在《建筑信息模型应用统一标准》中，将BIM定义为：建筑信息模型（Building Information Modeling，Building Information Model，BIM），是指在建设工程及设施全生命期内，对其物理和功能特性进行数字化表达，并依此设计、施工、运营的过程和结果的总称。简称模型。

BIM技术是一种多维（三维空间、四维时间、五维成本、N维更多应用）模型信息集成技术，可以使建设项目的所有参与方（包括政府主管部门、业主、设计、施工、监理、造价、运营管理、项目用户等）在项目从概念产生到完全拆除的整个生命周期内都能够在模型中操作信息和在信息中操作模型，从而从根本上改变从业人员依靠符号文字形式图纸进行项目建设和运营管理的工作方式，实现在建设项目全生命周期内提高工作效率、质量以及减少错误、风险的目标。

BIM的含义总结为以下三点：

（1）BIM是以三维数字技术为基础，集成了建筑工程项目各种相关信息的工程数据模型，是对工程项目设施实体与功能特性的数字化表达。

（2）BIM是一个完善的信息模型，能够连接建筑项目生命期不同阶段的数据、过程和资源，是对工程对象的完整描述，提供可自动计算、查询、组合拆分的实时工程数据，可被建设项目各参与方普遍使用。

（3）BIM具有单一工程数据源，可解决分布式、异构工程数据之间的一致性和全局共享问题，支持建设项目生命期中动态的工程信息创建、管理和共享，是项目实时的共享数据平台。

3.1.3　BIM的优势

CAD技术将建筑师、工程师们从手工绘图推向计算机辅助制图，实现了工程设计领域的第一次信息革命。但是此信息技术对产业链的支撑作用是断点的，各个领域和环节之间没有关联，从整个产业整体来看，信息化的综合应用明显不足。BIM是一种技术、一种方法、一种过程，它既包括建筑物全生命周期的信息模型，同时又包括建筑工程管理行为的模型，它将两者进行完美的结合来实现集成管理，它的出现将可能引发整个A/E/C (Architecture/Engineering/Construction) 领域的第二次革命。

BIM技术较二维CAD技术的优势见表3.1.3-1。

BIM技术较二维CAD技术的优势表　　表3.1.3-1

类别 面向对象	CAD技术	BIM技术
基本元素	基本元素为点、线、面，无专业意义	基本元素如：墙、窗、门等，不但具有几何特性，同时还具有建筑物理特征和功能特征
修改图元位置或大小	需要再次画图，或者通过拉伸命令调整大小	所有图元均为参数化建筑构件，附有建筑属性；在“族”的概念下，只需要更改属性，就可以调节构件的尺寸、样式、材质、颜色等
各建筑元素间的关联性	各个建筑元素之间没有相关性	各个构件是相互关联的，例如删除一面墙，墙上的窗和门跟着自动删除；删除一扇窗，墙上原来窗的位置会自动恢复为完整的墙
建筑物整体修改	需要对建筑物各投影面依次进行人工修改	只需进行一次修改，则与之相关的平面、立面、剖面、三维视图、明细表等都自动修改
建筑信息的表达	提供的建筑信息非常有限，只能将纸质图纸电子化	包含了建筑的全部信息，不仅提供形象可视的二维和三维图纸，而且提供工程量清单、施工管理、虚拟建造、造价估算等更加丰富的信息

3.1.4 BIM常用术语

1. BIM

BIM是指在建设工程及设施全生命期内，对其物理和功能特性进行数字化表达，并依此设计、施工、运营的过程和结果的总称。前期定义为“Building Information Model”，之后将BIM中的“Model”替换为“Modeling”，即“Building Information Modeling”，前者指的是静态的“模型”，后者指的是动态的“过程”，可以直译为“建筑信息建模”“建筑信息模型方法”或“建筑信息模型过程”，但约定俗成，目前国内业界仍然称之为“建筑信息模型”。

2. PAS 1192

PAS 1192即使用建筑信息模型设置信息管理运营阶段的规范。该纲要规定了level of model（图形信息）、model information（非图形内容，比如具体的数据）、model definition（模型的意义）和模型信息交换（model information exchanges）。PAS 1192－2提出BIM实施计划（BEP）是为了管理项目的交付过程，有效地将BIM引入项目交付流程，对项目团队在项目早期发展BIM实施计划很重要。它概述了全局视角和实施细节，帮助项目团队贯穿项目实践。它经常在项目启动时被定义，并当新项目成员被委派时调节他们的参与。

3. CIC BIM protocol

CIC BIM protocol 即 CIC BIM 协议。CIC BIM 协议是建设单位和承包商之间的一个补充性的具有法律效益的协议，已被并入专业服务条约和建设合同之中，是对标准项目的补充。它规定了雇主和承包商的额外权利和义务，从而促进相互之间的合作，同时有对知识产权的保护和对项目参与各方的责任划分。

4. Clash rendition

Clash rendition 即碰撞再现。专门用于空间协调的过程，实现不同学科建立的 BIM 模型之间的碰撞规避或者碰撞检查。

5. CDE

CDE 即公共数据环境。这是一个中心信息库，所有项目相关者可以访问。同时对所有 CDE 中的数据访问都是随时的，所有权仍旧由创始者持有。

6. COBie

COBie 即施工运营建筑信息交换（Construction Operations Building Information Exchange）。COBie 是一种以电子表单呈现的用于交付的数据形式，为了调频交接包含了建筑模型中的一部分信息（除了图形数据）。

7. Data Exchange Specification

Data Exchange Specification 即数据交换规范。不同 BIM 应用软件之间数据文件交换的一种电子文件格式的规范，从而提高相互间的可操作性。

8. Federated mode

Federated mode 即联邦模式。本质上这是一个合并了的建筑信息模型，将不同的模型合并成一个模型，是多方合作的结果。

9. GSL

GSL 即 Government Soft Landings 。这是一个由英国政府开始的交付仪式，它的目的是为了减少成本（资产和运行成本）、提高资产交付和运作的效果，同时受助于建筑信息模型。

10. IFC

IFC 即 Industry Foundation Class 。IFC 是一个包含各种建设项目设计、施工、运营各个阶段所需要的全部信息的一种基于对象的、公开的标准文件交换格式。

11. IDM

IDM 即 Information Delivery Manual 。IDM 是对某个指定项目以及项目阶段、某个特定项目成员、某个特定业务流程所需要交换的信息以及由该流程产生的信息的定义。每个项目成员通过信息交换得到完成他的工作所需要的信息，同时把他在工作中收集或更新的信息通过信息交换给其他需要的项目成员使用。

12. Information Manager

Information Manager 即为雇主提供一个“信息管理者”的角色，本质上就是一个负责 BIM 程序下资产交付的项目管理者。

13. Level0、Level1、Level2 、Level3

Levels：表示BIM等级从不同阶段到完全合作被认可的里程碑阶段的过程，是BIM成熟度的划分。这个过程被分为0～3共4个阶段，目前对于每个阶段的定义还有争论，最广为认可的定义如下：

① Level0：没有合作，只有二维的CAD图纸，通过纸张和电子文本输出结果。

② Level1：含有一点三维CAD的概念设计工作，法定批准文件和生产信息都是2D图输出。不同学科之间没有合作，每个参与者只含有它自己的数据。

③ Level2：合作性工作，所有参与方都使用他们自己的3D CAD模型，设计信息共享是通过普通文件格式（common file format）。各个组织都能将共享数据和自己的数据结合，从而发现矛盾。因此各方使用的CAD软件必须能够以普通文件格式输出。

④ Level3：所有学科整合性合作，使用一个在CDE环境中的共享性的项目模型。各参与方都可以访问和修改同一个模型，解决了最后一层信息冲突的风险，这就是所谓的“Open BIM”。

14. LOD：BIM模型的发展程度或细致程度（Level of Detail），LOD描述了一个BIM模型构件单元从最低级的近似概念化的程度发展到最高级的演示级精度的步骤。LOD的定义主要运用于确定模型阶段输出结果及分配建模任务这两方面。

15. LoI

LoI即Level of Information。LoI定义了每个阶段需要细节的多少。比如，是空间信息、性能，还是标准、工况、证明等。

16. LCA

LCA即全生命周期评估（Life-Cycle Assessment）或全生命周期分析（life-Cycle Analysis），是对建筑资产从建成到退出使用整个过程中对环境影响的评估，主要是对能量和材料消耗、废物和废气排放的评估。

17. Open BIM

Open BIM即一种在建筑的合作性设计施工和运营中基于公共标准和公共工作流程的开放资源的工作方式。

18. BEP

BEP即BIM实施计划（BIM Execution Plan）。BIM实施计划分为“合同前”BEP及“合作运作期”BEP，“合同前”BEP主要负责雇主的信息要求，即在设计和建设中纳入承包商的建议，“合作运作期”BEP主要负责合同交付细节。

19. Uniclass

Uniclass即英国政府使用的分类系统，将对象分类到各个数值标头，使事物有序。在资产的全生命过程中根据类型和种类将各相关元素整理和分类，有可能作为BIM模型的类别。

3.2 BIM技术国内外发展状况

3.2.1 BIM技术的发展沿革

BIM作为对包括工程建设行业在内的多个行业的工作流程、工作方法的一次重大思索和变革，其雏形最早可追溯到 20 世纪 70 年代。如前文所述，查克伊士曼博士（Chuck Eastman，Ph. D.）在 1975 年提出了 BIM 的概念；在 20 世纪 70 年代末至 80 年代初，英国也在进行类似 BIM 的研究与开发工作，当时，欧洲习惯把它被称为“产品信息模型（Product Information Model）”而美国通常称之为“建筑产品模型（Building Product Model）”。

1986 年罗伯特·艾什（Robert Aish）发表的一篇论文中，第一次使用“Building Information Modeling”一词，他在这篇论文描述了今天我们所知的 BIM 论点和实施的相关技术，并在该论文中应用 RUCAPS 建筑模型系统分析了一个案例来表达了他的概念。

21 世纪前的 BIM 研究由于受到计算机硬件与软件水平的限制，BIM 仅能作为学术研究的对象，很难在工程实际应用中发挥作用。

21 世纪以后，计算机软硬件水平的迅速发展以及对建筑生命周期的深入理解，推动了 BIM 技术的不断前进。自 2002 年，BIM 这一方法和理念被提出并推广之后，BIM 技术变革风潮便在全球范围内席卷开来。

3.2.2　BIM 在国外的发展状况

1. BIM 在美国的发展现状

美国是较早启动建筑业信息化研究的国家，发展至今，BIM 研究与应用都走在世界前列。BIM 在美国的应用趋势如图 3.2.2-1 所示。将 BIM 技术在美国的应用点做整理，如图 3.2.2-2 所示。

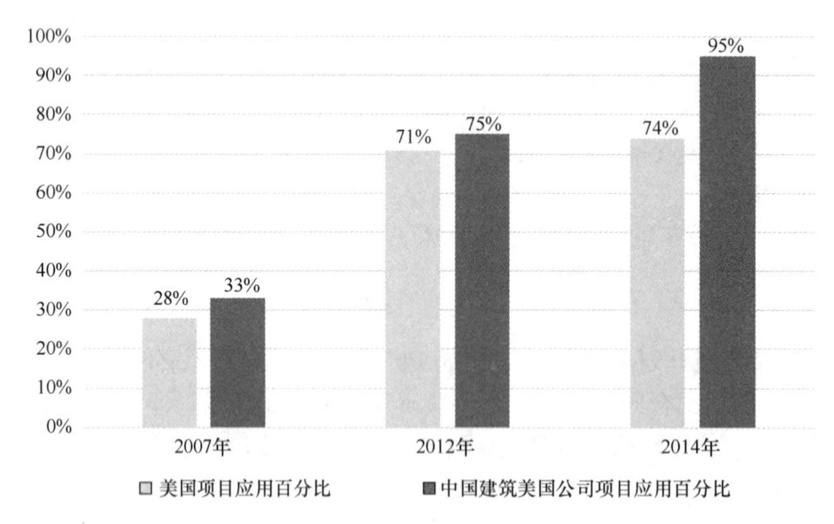

图 3.2.2-1　美国 BIM 应用趋势

目前，美国大多建筑项目已经开始应用 BIM，BIM 的应用点种类繁多，而且存在各种 BIM 协会，也出台了各种 BIM 标准。政府自 2003 年起，实行国家级 3D-4D-BIM 计划；自 2007 年起，规定所有重要项目通过 BIM 进行空间规划。关于美国 BIM 的发展，有以下几个 BIM 的相关机构。

（1）GSA

2003 年，为了提高建筑领域的生产效率、提升建筑业信息化水平，美国总务署

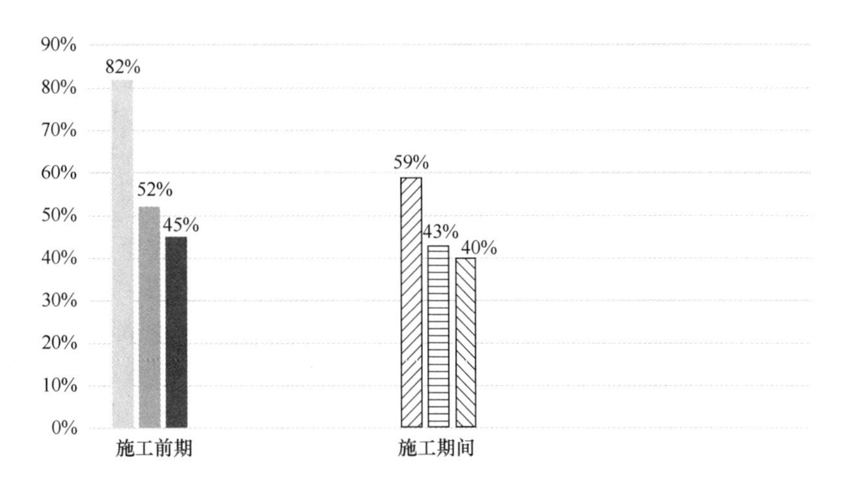

图 3.2.2-2 美国 BIM 应用点

(General Service Administration，GSA）下属的公共建筑服务（Public Building Service）部门的首席设计师办公室（Office of the Chief Architect，OCA）推出了全国 3D-4D-BIM 计划。从 2007 年起，GSA 要求所有大型项目（招标级别）都需要应用 BIM，最低要求是空间规划验证和最终概念展示都需要提交 BIM 模型。所有 GSA 的项目都被鼓励采用 3D-4D-BIM 技术，并且根据采用这些技术的项目承包商的应用程序不同，给予不同程度的资金支持。目前 GSA 正在探讨在项目生命周期中应用 BIM 技术，包括空间规划验证、4D 模拟，激光扫描、能耗和可持续发展模拟、安全验证等，并陆续发布各领域的系列 BIM 指南，在官网可供下载，对于规范和 BIM 在实际项目中的应用起到了重要作用。

（2）USACE

2006 年 10 月，美国陆军工程兵团（the U. S. Army Corpsof Engineers，USACE）发布了为期 15 年的 BIM 发展路线规划，为 USACE 采用和实施 BIM 技术制定战略规划，以提升规划、设计和施工质量及效率（图 3.2.2-3）。规划中，USACE 承诺未来所有军事建筑项目都将使用 BIM 技术。

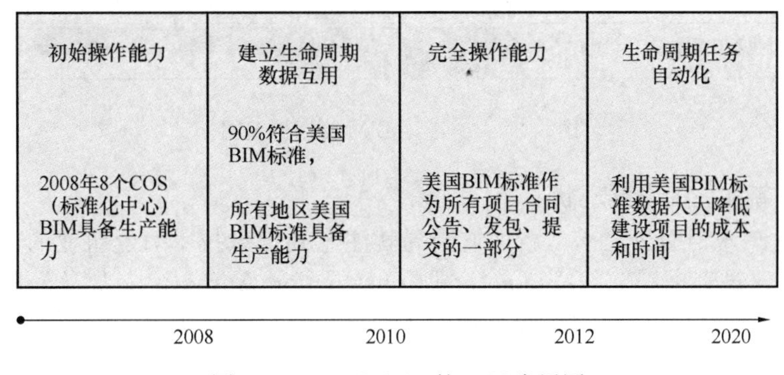

图 3.2.2-3 USACE 的 BIM 发展图

（3）bSa

Building SMART 联盟（building SMART alliance，bSa）致力于 BIM 的推广与研

究，使项目所有参与者在项目生命周期阶段能共享准确的项目信息。通过BIM收集和共享项目信息与数据，可以有效地节约成本、减少浪费。美国bSa的目标是在2020年之前，帮助建设部门节约31%的浪费或者节约4亿美元。bSa下属的美国国家BIM标准项目委员会（the National Building Information Model Standard Project Committee-United States，NBIMS-US），专门负责美国国家BIM标准（National Building Information Model Standard，NBIMS）的研究与制定。2007年12月，NBIMS-US发布了NBIMS的第一版的第一部分，主要包括了关于信息交换和开发过程等方面的内容，明确了BIM过程和工具的各方定义、相互之间数据交换要求的明细和编码，使不同部门可以开发充分协商一致的BIM标准，更好地实现协同。2012年5月，NBIMS-US发布NBIMS的第二版的内容。NBIMS第二版的编写过程采用了一个开放投稿（各专业BIM标准）、民主投票决定标准的内容（Open Consensus Process），因此，也被称为是第一份基于共识的BIM标准。

2. BIM在英国的发展现状

与大多数国家不同，英国政府要求强制使用BIM。2011年5月，英国内阁办公室发布了政府建设战略（Government Construction Strategy）文件，明确要求：到2016年，政府要求全面协同的3D·BIM，并将全部的文件以信息化管理。

政府要求强制使用BIM的文件得到了英国建筑业BIM标准委员会［AEC（UK）BIM Standard Committee］的支持。迄今为止，英国建筑业BIM标准委员会已发布了英国建筑业BIM标准［AEC（UK）BIM Standard］、适用于Revit的英国建筑业BIM标准［AEC（UK）BIM Standard for Revit］、适用于Bentley的英国建筑业BIM标准［AEC（UK）BIM Standard for Bentley Product］，并还在制定适用于ArchiACD、Vectorworks的BIM标准，这些标准的制定为英国的AEC企业从CAD过渡到BIM提供切实可行的方案和程序。

英国目前BIM技术的使用情况如图3.2.2-4所示。

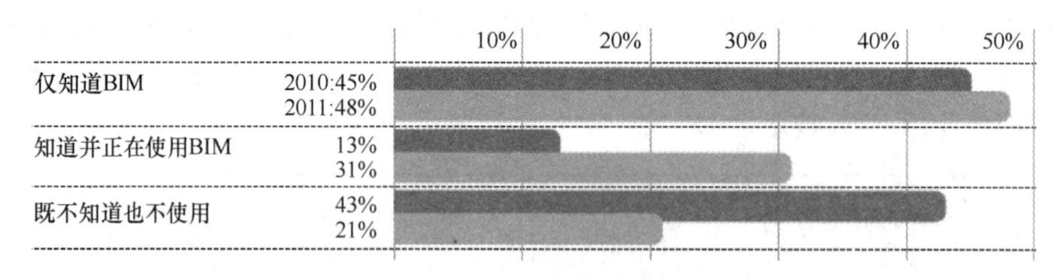

图3.2.2-4　英国BIM使用情况图

3. BIM在新加坡的发展现状

在BIM这一术语引进之前，新加坡当局就注意到信息技术对建筑业的重要作用。早在1982年，“建筑管理署”（Building and Construction Authority，BCA）就有了人工智能规划审批（Artificial Intelligence Plan Checking）的想法，2000～2004年，发展CORENET（Construction and Real Estate NETwork）项目，用于电子规划的自动审批和在线提交，是世界首创的自动化审批系统。2011年，BCA发布了新加坡BIM发展路线规划（BCA's Building Information Modeling Roadmap），规划明确推动整个建筑业在2015年前广泛使用BIM技术。为了实现这一目标，BCA分析了面临的挑战，并制定了相关策略（图3.2.2-5）。

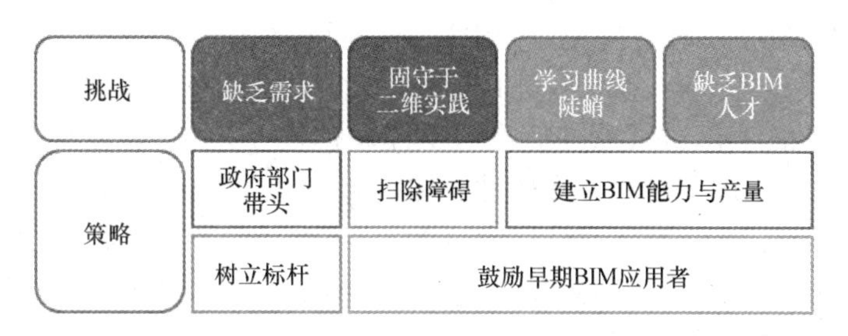

图3.2.2-5 新加坡BIM发展策略图

在创造需求方面，新加坡政府部门带头在所有新建项目中明确提出BIM需求。2011年，BCA与一些政府部门合作确立了示范项目。BCA将强制要求提交建筑BIM模型（2013年起）、结构与机电BIM模型（2014年起），并且最终在2015年前实现所有建筑面积大于5000m^2的项目都必须提交BIM模型的目标。

在建立BIM能力与产量方面，BCA鼓励新加坡的大学开设BIM的课程，为毕业学生组织密集的BIM培训课程，为行业专业人士建立了BIM专业学位。

4. BIM在北欧国家的发展现状

北欧国家如挪威、丹麦、瑞典和芬兰，是一些主要的建筑业信息技术的软件厂商所在地，因此，这些国家是全球最先一批采用基于模型的设计的国家，也在推动建筑信息技术的互用性和开放标准。北欧国家冬天漫长多雪，这使得建筑的预制化非常重要，这也促进了包含丰富数据、基于模型的BIM技术的发展，并导致了这些国家及早地进行了BIM的部署。

北欧四国政府并未强制要求全部使用BIM，由于当地气候的要求以及先进建筑信息技术软件的推动，BIM技术的发展主要是企业的自觉行为。如2007年，Senate Properties发布了一份建筑设计的BIM要求（Senate Properties'BIM Requirements for Architectural Design，2007），自2007年10月1日起，Senate Properties的项目仅强制要求建筑设计部分使用BIM，其他设计部分可根据项目情况自行决定是否采用BIM技术，但目标将是全面使用BIM。该报告还提出，在设计招标将有强制的BIM要求，这些BIM要求将成为项目合同的一部分，具有法律约束力；建议在项目协作时，建模任务需创建通用的视图，需要准确地定义；需要提交最终BIM模型，且建筑结构与模型内部的碰撞需要进行存档；建模流程分为四个阶段：Spatial Group BIM、Spatial BIM、Preliminary Building Element BIM和Building Element BIM。

5. BIM在日本的发展现状

在日本，2009年是日本的BIM元年之说。大量的日本设计公司、施工企业开始应用BIM，而日本国土交通省也在2010年3月表示，已选择一项政府建设项目作为试点，探索BIM在设计可视化、信息整合方面的价值及实施流程。

2010年，日经BP社2010年调研了517位设计院、施工企业及相关建筑行业从业人士，了解他们对于BIM的认知度与应用情况。结果显示，BIM的知晓度从2007年的30％提升至2010年的76％。2008年的调研显示，采用BIM的最主要原因是BIM绝佳的展示效果，而2010年人们采用BIM主要用于提升工作效率，仅有7％的业主要求施工企业应用BIM，这也表明日本企业应用BIM更多是企业的自身选择与需求。日本33%的施工企业已经应用BIM了，在这些企业当中近90%是在2009年之前开始实施的。

日本BIM相关软件厂商认识到，BIM是需要多个软件来互相配合，这是数据集成的基本前提，因此多家日本BIM软件商在IAI日本分会的支持下，以福井计算机株式会社为主导，成立了日本国国产解决方案软件联盟。此外，日本建筑学会于2012年7月发布了日本BIM指南，从BIM团队建设、BIM数据处理、BIM设计流程、应用BIM进行预算、模拟等多方面为日本的设计院和施工企业应用BIM提供了指导。

6. BIM在韩国的发展现状

韩国在运用BIM技术上十分领先，多个政府部门都致力于制定BIM的标准。2010年4月，韩国公共采购服务中心（Public Procurement Service，PPS）发布了BIM路线图（图3.2.2-6），内容包括：2010年，在1～2个大型工程项目中应用BIM；2011年，在3～4个大型工程项目中应用BIM；2012～2015年，超过50亿韩元大型工程项目都采用4D·BIM技术（3D+成本管理）；2016年前，全部公共工程应用BIM技术。2010年12月，PPS发布了《设施管理BIM应用指南》，针对设计、施工图设计、施工等阶段中的BIM应用进行指导，并于2012年4月对其进行了更新。

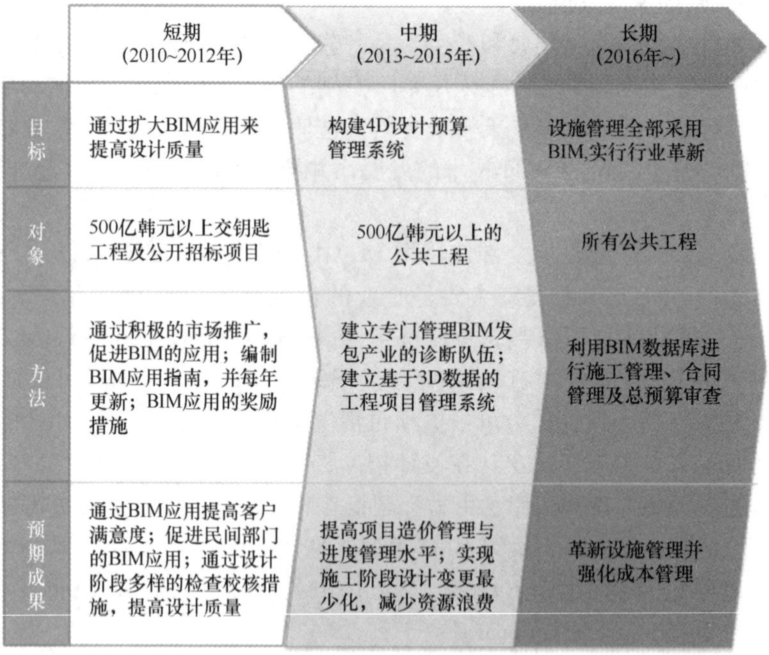

	短期 (2010~2012年)	中期 (2013~2015年)	长期 (2016年~)
目标	通过扩大BIM应用来提高设计质量	构建4D设计预算管理系统	设施管理全部采用BIM,实行行业革新
对象	500亿韩元以上交钥匙工程及公开招标项目	500亿韩元以上的公共工程	所有公共工程
方法	通过积极的市场推广，促进BIM的应用；编制BIM应用指南，并每年更新；BIM应用的奖励措施	建立专门管理BIM发包产业的诊断队伍；建立基于3D数据的工程项目管理系统	利用BIM数据库进行施工管理、合同管理及总预算审查
预期成果	通过BIM应用提高客户满意度；促进民间部门的BIM应用；通过设计阶段多样的检查校核措施，提高设计质量	提高项目造价管理与进度管理水平；实现施工阶段设计变更最少化，减少资源浪费	革新设施管理并强化成本管理

图3.2.2-6　BIM路线图

2010年1月，韩国国土交通海洋部发布了《建筑领域BIM应用指南》，该指南为开发商、建筑师和工程师在申请四大行政部门、16个都市以及6个公共机构的项目时，提供采用BIM技术时必须注意的方法及要素的指导。指南应该能在公共项目中系统地实施BIM，同时也为企业建立实用的BIM实施标准。

综上，BIM技术在国外的发展情况如表3.2.2-1所示：

BIM国外发展情况 表3.2.2-1

国家	BIM应用现状
英国	政府明确要求2016年前企业实现3D—BIM的全面协同
美国	政府自2003年起，实行国家级3D-4D-BIM计划；自2007年起，规定所有重要项目通过BIM进行空间规划
韩国	政府于2016年前实现全部公共工程的BIM应用
新加坡	政府成立BIM基金；于2015年前，超八成建筑业企业广泛应用BIM
北欧国家	已经孕育Tekla、Solibri等主要的建筑业信息技术软件厂商
日本	建筑信息技术软件产业成立国家级国产解决方案软件联盟

3.2.3 BIM在国内的发展状况

1. BIM在中国香港

中国香港的BIM发展也主要靠行业自身的推动。早在2009年，香港便成立了香港BIM学会。2010年，香港的BIM技术应用目前已经完成从概念到实用的转变，处于全面推广的最初阶段。香港房屋署自2006年起，已率先试用建筑信息模型；为了成功地推行BIM，自行订立BIM标准、用户指南、组建资料库等设计指引和参考。这些资料有效地为模型建立、管理档案以及用户之间的沟通创造了良好的环境。2009年11月，香港房屋署发布了BIM应用标准。香港房屋署提出，在2014年、2015年该项技术将覆盖香港房屋署的所有项目。

2. BIM在中国台湾

在科研方面，2007年台湾大学与Autodesk签订了产学合作协议，重点研究建筑信息模型（BIM）及动态工程模型设计。2009年，台湾大学土木工程系成立了工程信息仿真与管理研究中心，促进了BIM相关技术与应用的经验交流、成果分享、人才培训与产学研合作。2011年11月，BIM中心与淡江大学工程法律研究发展中心合作，出版了《工程项目应用建筑信息模型之契约模板》一书，并特别提供合同范本与说明，补充了现有合同内容在应用BIM上之不足。高雄应用科技大学土木系也于2011年成立了工程资讯整合与模拟（BIM）研究中心。此外，台湾交通大学、台湾科技大学等对BIM进行了广泛的研究，推动了台湾对于BIM的认知与应用。

中国台湾的政府层级对BIM的推动有两个方向。首先，对于建筑产业界，政府希望其自行引进BIM应用。对于新建的公共建筑和公有建筑，其拥有者为政府单位，工程发包监督都受政府管辖，则要求在设计阶段与施工阶段都采用BIM。其次，一些直辖市也在积极学习国外的BIM模式，为BIM发展打下基础；另外，政府也举办了一些关于BIM的座谈会和研讨会，共同推动了BIM的发展。

3. BIM在中国大陆

近来BIM在国内建筑业形成一股热潮，除了前期软件厂商的大声呼吁外，政府相关单位、各行业协会与专家、设计单位、施工企业、科研院校等也开始重视并推广BIM。2010年、2011年，中国房地产业协会商业地产专业委员会、中国建筑业协会工程建设质量管理分会、中国建筑学会工程管理研究分会、中国土木工程学会计算机应用分会组织并发布了《中国商业地产BIM应用研究报告2010》和《中国工程建设BIM应用研究报告

2011》，一定程度上反映了BIM在我国工程建设行业的发展现状（图3.2.3-1）。根据两届的报告，关于BIM的知晓程度从2010年的60%提升至2011年的87%。2011年，共有39%的单位表示已经使用了BIM相关软件，而其中以设计单位居多。

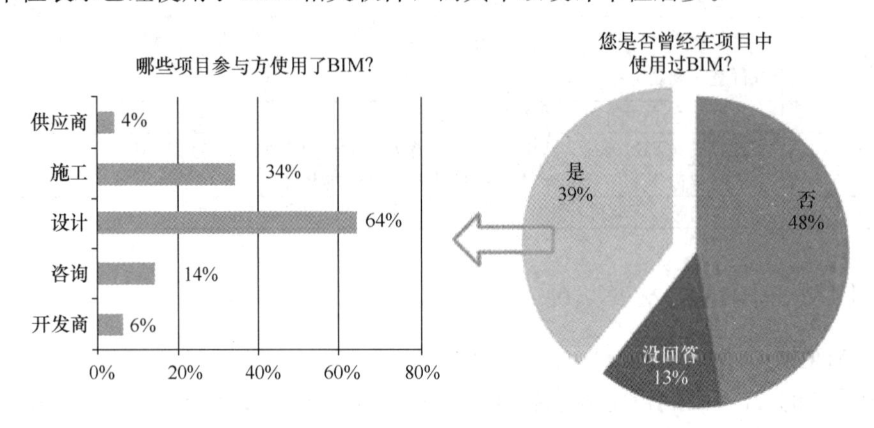

图3.2.3-1　BIM使用调查图

2011年5月，住房城乡建设部发布的《2011－2015建筑业信息化发展纲要》中，明确指出：在施工阶段开展BIM技术的研究与应用，推进BIM技术从设计阶段向施工阶段的应用延伸，降低信息在传递过程中的衰减；研究基于BIM技术的4D项目管理信息系统在大型复杂工程施工过程中的应用，实现对建筑工程有效的可视化管理等。加快建筑信息化建设及促进建筑业技术进步、管理水平提升的指导思想，达到普及BIM技术概念和应用的目标，使BIM技术初步应用到工程项目中去，并通过住房城乡建设部和各行业协会的引导作用来保障BIM技术的推广。这些拉开了BIM在中国应用的序幕。

2012年1月，住房城乡建设部《关于印发2012年工程建设标准规范制订修订计划的通知》，对中国BIM标准制定工作正式启动，其中包含5项BIM相关标准：即《建筑工程信息模型应用统一标准》《建筑工程信息模型存储标准》《建筑工程设计信息模型交付标准》《建筑工程设计信息模型分类和编码标准》《制造工业工程设计信息模型应用标准》。其中，《建筑工程信息模型应用统一标准》的编制采取"千人千标准"的模式，邀请行业内相关软件厂商、设计院、施工单位、科研院所等近百家单位参与标准研究项目、课题、子课题的研究。至此，工程建设行业的BIM热度日益高涨。

2013年8月，住房城乡建设部发布了《关于征求关于推荐BIM技术在建筑领域应用的指导意见（征求意见稿）意见的函》，首次提出了工程项目全生命期质量安全和工作效率的思想，并要求确保工程建设安全、优质、经济、环保，确立了近期（至2016年）和中长期（至2020年）的目标，明确指出，2016年以前政府投资的2万m^2以上大型公共建筑以及申报绿色建筑项目的设计、施工采用BIM技术；截至2020年，完善BIM技术应用标准、实施指南，形成BIM技术应用标准和政策体系。

2014年度，《关于推进建筑业发展和改革的若干意见》再次强调了BIM技术工程设计、施工和运行维护等全过程应用重要性。各地方政府关于BIM的讨论与关注更加活跃，上海、北京、广东、山东、陕西等各地区相继出台了各类具体的政策推动和指导BIM的应用与发展。

2015年6月，住房城乡建设部《关于推进建筑信息模型应用的指导意见》中，明确发展目标：到2020年末，建筑行业甲级勘察、设计单位以及特级、一级房屋建筑工程施工企业应掌握并实现BIM与企业管理系统和其他信息技术的一体化集成应用。并首次引入全寿命期集成应用BIM的项目比例，要求以国有资金投资为主的大中型建筑、申报绿色建筑的公共建筑和绿色生态示范小区的比率达到90%，该项目标在后期成为地方政策的参照目标；保障措施方面添加了市场化应用BIM费用标准，搭建公共建筑构件资源数据中心、服务平台以及BIM应用水平考核评价机制，使得BIM技术的应用更加规范化，做到有据可依，不再是空泛的技术推广。

2016年，住房城乡建设部发布了“十三五”纲要——《2016～2020年建筑业信息化发展纲要》，相比于“十二五”纲要，引入了“互联网+”概念，以BIM技术与建筑业发展深度融合，塑造建筑业新业态为指导思想，实现企业信息化、行业监管与服务信息化、专项信息技术应用及信息化标准体系的建立，达到基于“互联网+”的建筑业信息化水平升级。

总的来说，国家政策是一个逐步深化、细化的过程，从普及概念、到工程项目全过程的深度应用、再到相关标准体系的建立完善，由点到面，逐渐完成BIM技术应用的推广工作，硬性要求应用比例以及和其他信息技术的一体化集成应用，同时开始上升到管理层面，开发集成、协同工作系统及云平台，提出BIM的深层次应用价值，如与绿色建筑、装配式及物联网的结合，“BIM+”时代到来，使BIM技术得以深入建筑业的各个方面。

3.3 BIM技术政策及标准

3.3.1 BIM技术在中国推广现状

1. 政策推广

将近期国内及地方的政策推广做统计，如表3.3.1-1所示

BIM技术政策 **表3.3.1-1**

国家、地区	年份	政策名称	政策目标
国家	2013年	《关于征求关于推荐BIM技术在建筑领域应用的指导意见（征求意见稿）意见的函》	**近期（至2016年）：** 1. 基本完成BIM系列标准的前期研究工作，为初步建立勘察设计、施工BIM技术以及相应的配套政策和措施奠定基础； 2. 研发本土化BIM应用软件； 3. 建设BIM技术应用示范工程； 4. 政府投资的2万m^2以上大型公共建筑以及申报绿色建筑项目的设计、施工采用BIM技术。 **中长期（至2020年）：** 1. 形成BIM技术应用标准和政策体系； 2. 解决大数据时代基于BIM技术信息产生的重大问题，形成具有我国自主知识产权的BIM应用软件； 3. 在甲级设计企业以及特级、一级房屋建筑工程施工企业中普遍实现BIM技术与企业管理系统和其他信息技术的集成应用； 4. 在政府投资大中型建筑项目以及申报绿色建筑项目中全面实现BIM技术的集成应用

续表

国家、地区	年份	政策名称	政策目标
国家	2015年	《住房城乡建设部关于印发推进建筑信息模型应用指导意见的通知》	1. 2020年末 建筑行业甲级勘察、设计单位以及特级、一级房屋建筑工程施工企业应掌握并实现BIM与企业管理系统和其他信息技术的一体化集成应用； 2. 2020年末 以下新立项项目勘察设计、施工、运营维护中，集成应用BIM的项目比率达到90%：以国有资金投资为主的大中型建筑；申报绿色建筑的公共建筑和绿色生态示范小区
	2016年	《2016～2020年建筑业信息化发展纲要》	1. 企业信息化 建筑企业应积极探索“互联网＋”形势下管理、生产的新模式，深入研究BIM、物联网等技术的创新应用，创新商业模式； 2. 行业监管与服务信息化 积极探索“互联网＋”形势下建筑行业格局和资源整合的新模式，促进建筑业行业新业态，支持“互联网＋”形势下企业创新发展； 3. 专项信息技术应用 积极开展BIM技术与大数据技术、云计算技术、物联网技术、3D打印技术、智能化技术的结合研究； 4. 信息化标准 重点完善建筑工程勘察设计、施工、运维全生命期的信息化标准体系，结合物联网、云计算、大数据等新技术在建筑行业的应用，研究制定相关标准
上海	2015年	关于印发《上海市推进建筑信息模型技术应用三年行动计划（2015—2017）》的通知	为贯彻创新驱动发展战略，推进本市“科技创新中心”建设，按照指导意见的目标、原则和任务，通过2105年至2017年三年分阶段、分步骤推进建筑信息模型（以下简称“BIM”）技术应用，建立符合上海市实际的BIM技术应用配套政策、标准规范和应用环境，构建基于BIM技术的政府监管模式，到2017年在一定规模的工程建设中全面应用BIM技术
	2016年	《2016上海市建筑信息模型技术应用与发展报告》	是上海第一本由政府部门权威发布的关于BIM技术应用与发展的报告，通过数据形式直观地对上海工程项目BIM技术应用比率、模式、应用点、应用能力等方面进行了分析，并通过对上海BIM技术应用成熟度进行总结，提出未来BIM技术应用推广的机遇、挑战，给出对策建议。同时，对上海重大项目案例进行了解析，从项目的特点、管理机制、BIM技术应用亮点等方面总结经验，为其他项目提供借鉴与参考
		《关于进一步加强上海市建筑信息模型技术推广应用的通知（征求意见稿）》	按项目的规模、投资性质和区域分类、分阶段全面推广BIM技术应用，自2016年10月1日起，下列范围新立项的工程项目应当在设计和施工阶段应用BIM技术，鼓励运营等其他阶段应用BIN技术；已立项尚未开工的工程项目，应当根据当前实施阶段，从设计或施工招标投标或发承包中明确应用BIM技术要求；已开工项目鼓励在竣工验收归档和运营阶段应用BIM技术

续表

国家、地区	年份	政策名称	政策目标
广东	2014年	《关于开展建筑信息模型BIM技术推广应用工作的通知》	到2014年年底。启动10项以上BIM技术推广项目建设；到2015年年底，基本建立广东省BIM技术推广应用的标准体系及技术共享平台；到2016年年底，政府投资的2万m^2以上的大型公共建筑，以及申报绿色建筑项目的设计、施工应当采用BIM技术，省优良样板工程、省新技术示范工程、省优秀勘察设计项目在设计、施工、运营管理等环节普遍应用BIM技术；到2020年年底，广东省建筑面积2万m^2及以上的工程普遍应用BIM技术
	2015年	《广东省住房和城乡建设厅关于发布2015年度城市轨道交通领域BIM技术标准制订计划的通知》	为推进广东省城市轨道交通领域BIM技术应用，根据《中华人民共和国标准化法实施条例》和住房城乡建设部《工程建设地方标准化工作管理规定》的有关规定，经研究，广东省住房和城乡建设厅确定了2015年度城市轨道交通领域BIM技术标准制订计划分为，基于BIM的设备管理编码规范和城市轨道交通BIM建模与交付标准
深圳	2015年	《深圳市建筑工务署政府公共工程BIM应用实施纲要》	深圳建筑工务署发布《深圳市建筑工务署政府公共工程BIM应用实施纲要》和《深圳市建筑工务署BIM实施管理标准》。《BIM应用实施纲要》对BIM应用的形势与需求、政府工程项目实施BIM的必要性、BIM应用的指导思想、BIM应用需求分析、BIM应用目标、BIM应用实施内容、BIM应用保障措施和BIM技术应用的成效预测等做了重要分析，同时还提出了市建筑工务署BIM应用的阶段性目标
湖南	2017年	《城乡建设领域BIM技术应用“十三五”发展规划》	“十三五”期间，在完成湖南省人民政府办公厅发布的《关于开展建筑信息模型应用工作的指导意见》的目标的基础上，结合《2016—2020年建筑业信息化发展纲要》的工作要求，到2020年年底，建立BIM技术应用的相关政策、技术标准和应用服务标准；湖南省城乡建设领域建设工程项目全面应用BIM技术；规划、勘察设计、监理、施工、工程总承包、房地产开发、咨询服务、运维管理等企业全面普及BIM技术；以BIM为主要技术手段，增强基于BIM的“建筑+互联网”与大数据、智能化、移动通信、云计算、物联网等信息技术集成应用能力，全面提高湖南省城乡建设领域信息化水平，应用和管理水平进入全国先进行列
山东	2016年	《关于加快推进建筑信息模型（BIM）技术应用的意见》	到2017年年底，济南市基本形成满足BIM技术应用的配套政策、地方标准和市场环境，开展应用试点、示范。培育主要的建筑行业甲级勘察、设计单位以及特级、一级房屋建筑工程施工企业、构件生产企业、咨询服务企业等应掌握BIM技术应用能力，建立相应技术团队并能够协同工作。 到2020年年底，济南市建筑行业勘察、设计、施工、房地产开发、咨询服务、构件生产等企业应全面掌握BIM技术。形成比较完善的BIM应用市场，形成较成熟的技术标准及扶持政策，形成较为完整的BIM应用产业链条，具备BIM应用全面推广市场条件。以国有资金投资为主的大中型建筑、申报绿色建筑的公共建筑和绿色生态示范小区新立项项目勘察设计、施工、运营维护中集成应用BIM的项目比率达到90%

（1）国家政策分析

住房城乡建设部从2011年开始出台推广BIM技术的相关政策，截至2016年共出台了5项政策。

2011年国家意识到BIM技术对建筑行业的重要性，开始着手BIM技术在相关建筑企业中的推广，印发了《2011～2015年建筑业信息化发展纲要》，通过政策导向，加快建筑信息化建设及促进建筑业技术进步、管理水平提升的指导思想，达到普及BIM技术概念和应用的目标，使BIM技术初步应用到工程项目中去，并通过住房城乡建设部和各行业协会的引导作用来保障BIM技术的推广。

2013年在“十二五”发展纲要初见成效后，发布了《关于征求关于推荐BIM技术在建筑领域应用的指导意见（征求意见稿）意见的函》，首次提出了工程项目全生命期质量安全和工作效率的思想，并要求确保工程建设安全、优质、经济、环保，确立了近期（至2016年）和中长期（至2020年）的目标，近期目标对工程项目勘察设计和施工阶段的BIM应用提出了要求，并且要开展BIM软件的研究和建设示范工程，同时对需要应用BIM技术的工程类型做出了规定，要求政府投资的2万m^2以上大型公共建筑以及申报绿色建筑项目要在设计和施工两个阶段中应用BIM技术；中长期目标在近期目标的基础上进行了深化，要达到形成BIM技术标准和政策体系及具有我国自主知识产权的BIM应用软件的目标，强调了与企业管理系统的集成应用，并将应用BIM技术的工程类型扩大到政府投资的大中型建筑项目；保障措施更加细化，提出了与GIS、物联网技术的融合研究，通过制定企业BIM应用水平评价标准，加强对企业管理者的BIM知识培训，在各奖项评比中加设应用BIM技术条件来保证目标的达成，2014年的《关于推进建筑业发展和改革的若干意见》再次强调了BIM技术工程设计、施工和运行维护等全过程应用重要性。

2015年住房城乡建设部发布了《住房城乡建设部关于印发推进建筑信息模型应用指导意见的通知》，不仅要普及更要深化BIM技术应用，同时将节能的概念引入指导思想中，针对2020年末制定了详细的目标，强调了一体化集成应用，并首次引入全寿命期集成应用BIM的项目比例，要求以国有资金投资为主的大中型建筑以、申报绿色建筑的公共建筑和绿色生态示范小区的比率达到90%，该项目标在后期成为地方政策的参照目标；保障措施方面添加了市场化应用BIM费用标准，搭建公共建筑构件资源数据中心及服务平台以及BIM应用水平考核评价机制，使得BIM技术的应用更加规范化，做到有据可依，不再是空泛的技术推广。

在经过了5年的政策推广实施后，住房城乡建设部发布了“十三五”纲要——《2016～2020年建筑业信息化发展纲要》，相比于“十二五”纲要，引入了“互联网+”概念，以BIM技术与建筑业发展深度融合，塑造建筑业新业态为指导思想，实现企业信息化、行业监管与服务信息化、专项信息技术应用及信息化标准体系的建立，达到基于“互联网+”的建筑业信息化水平升级。

总的来说，国家政策是一个逐步深化、细化的过程，从普及概念、到工程项目全过程的深度应用、再到相关标准体系的建立完善，由点到面，逐渐完成BIM技术应用的推广工作，硬性要求应用比例及和其他信息技术的一体化集成应用，同时开始上升到管理层面，开发集成、协同工作系统及云平台，提出BIM的深层次应用价值，如与绿色建筑、装配式及物联网的结合，“BIM+”时代到来，使BIM技术深入到建筑业的各个方面。

《2016～2020 年建筑业信息化发展纲要》部分内容如下：

建筑业信息化是建筑业发展战略的重要组成部分，也是建筑业转变发展方式、提质增效、节能减排的必然要求，对建筑业绿色发展、提高人民生活品质具有重要意义。

一、指导思想

贯彻党的十八大以来、国务院推进信息化发展相关精神，落实创新、协调、绿色、开放、共享的发展理念及国家大数据战略、“互联网＋”行动等相关要求，实施《国家信息化发展战略纲要》，增强建筑业信息化发展能力，优化建筑业信息化发展环境，加快推动信息技术与建筑业发展深度融合，充分发挥信息化的引领和支撑作用，塑造建筑业新业态。

二、发展目标

“十三五”时期，全面提高建筑业信息化水平，着力增强 BIM、大数据、智能化、移动通讯、云计算、物联网等信息技术集成应用能力，建筑业数字化、网络化、智能化取得突破性进展，初步建成一体化行业监管和服务平台，数据资源利用水平和信息服务能力明显提升，形成一批具有较强信息技术创新能力和信息化应用达到国际先进水平的建筑企业及具有关键自主知识产权的建筑业信息技术企业。

三、主要任务

（一）企业信息化

建筑企业应积极探索“互联网＋”形势下管理、生产的新模式，深入研究 BIM、物联网等技术的创新应用，创新商业模式，增强核心竞争力，实现跨越式发展。

1. 勘察设计类企业

（1）推进信息技术与企业管理深度融合。

进一步完善并集成企业运营管理信息系统、生产经营管理信息系统，实现企业管理信息系统的升级换代。深度融合 BIM、大数据、智能化、移动通信、云计算等信息技术，实现 BIM 与企业管理信息系统的一体化应用，促进企业设计水平和管理水平的提高。

（2）加快 BIM 普及应用，实现勘察设计技术升级。

在工程项目勘察中，推进基于 BIM 进行数值模拟、空间分析和可视化表达，研究构建支持异构数据和多种采集方式的工程勘察信息数据库，实现工程勘察信息的有效传递和共享。在工程项目策划、规划及监测中，集成应用 BIM、GIS、物联网等技术，对相关方案及结果进行模拟分析及可视化展示。在工程项目设计中，普及应用 BIM 进行设计方案的性能和功能模拟分析、优化、绘图、审查，以及成果交付和可视化沟通，提高设计质量。

推广基于 BIM 的协同设计，开展多专业间的数据共享和协同，优化设计流程，提高设计质量和效率。研究开发基于 BIM 的集成设计系统及协同工作系统，实现建筑、结构、水暖电等专业的信息集成与共享。

（3）强化企业知识管理，支撑智慧企业建设。

研究改进勘察设计信息资源的获取和表达方式，探索知识管理和发展模式，建立勘察设计知识管理信息系统。不断开发勘察设计信息资源，完善知识库，实现知识的共享，充分挖掘和利用知识的价值，支撑智慧企业建设。

2. 施工类企业

（1）加强信息化基础设施建设。

建立满足企业多层级管理需求的数据中心，可采用私有云、公有云或混合云等方式。在施工现场建设互联网基础设施，广泛使用无线网络及移动终端，实现项目现场与企业管理的互联互通强化信息安全，完善信息化运维管理体系，保障设施及系统稳定可靠运行。

（2）推进管理信息系统升级换代。

普及项目管理信息系统，开展施工阶段的BIM基础应用。有条件的企业应研究BIM应用条件下的施工管理模式和协同工作机制，建立基于BIM的项目管理信息系统。

推进企业管理信息系统建设。完善并集成项目管理、人力资源管理、财务资金管理、劳务管理、物资材料管理等信息系统，实现企业管理与主营业务的信息化。有条件的企业应推进企业管理信息系统中项目业务管理和财务管理的深度集成，实现业务财务管理一体化。推动基于移动通讯、互联网的施工阶段多参与方协同工作系统的应用，实现企业与项目其他参与方的信息沟通和数据共享。注重推进企业知识管理信息系统、商业智能和决策支持系统的应用，有条件的企业应探索大数据技术的集成应用，支撑智慧企业建设。

（3）拓展管理信息系统新功能。

研究建立风险管理信息系统，提高企业风险管控能力。建立并完善电子商务系统，或利用第三方电子商务系统，开展物资设备采购和劳务分包，降低成本。开展BIM与物联网、云计算、3S等技术在施工过程中的集成应用研究，建立施工现场管理信息系统，创新施工管理模式和手段。

3. 工程总承包类企业

（1）优化工程总承包项目信息化管理，提升集成应用水平。

进一步优化工程总承包项目管理组织架构、工作流程及信息流，持续完善项目资源分解结构和编码体系。深化应用估算、投标报价、费用控制及计划进度控制等信息系统，逐步建立适应国际工程的估算、报价、费用及进度管控体系。继续完善商务管理、资金管理、财务管理、风险管理及电子商务等信息系统，提升成本管理和风险管控水平。利用新技术提升并深化应用项目管理信息系统，实现设计管理、采购管理、施工管理、企业管理等信息系统的集成及应用。

探索PPP等工程总承包项目的信息化管理模式，研究建立相应的管理信息系统。

（2）推进“互联网+”协同工作模式，实现全过程信息化。

研究“互联网+”环境下的工程总承包项目多参与方协同工作模式，建立并应用基于互联网的协同工作系统，实现工程项目多参与方之间的高效协同与信息共享。研究制定工程总承包项目基于BIM的多参与方成果交付标准，实现从设计、施工到运行维护阶段的数字化交付和全生命期信息共享。

（二）行业监管与服务信息化

积极探索“互联网+”形势下建筑行业格局和资源整合的新模式，促进建筑业行业新业态，支持“互联网+”形势下企业创新发展。

1. 建筑市场监管

（1）深化行业诚信管理信息化。

研究建立基于互联网的建筑企业、从业人员基本信息及诚信信息的共享模式与方法。完善行业诚信管理信息系统，实现企业、从业人员诚信信息和项目信息的集成化信息服务。

(2) 加强电子招投标的应用。

应用大数据技术识别围标、串标等不规范行为，保障招投标过程的公正、公平。

(3) 推进信息技术在劳务实名制管理中应用。

应用物联网、大数据和基于位置的服务（LBS）等技术建立全国建筑工人信息管理平台，并与诚信管理信息系统进行对接，实现深层次的劳务人员信息共享。推进人脸识别、指纹识别、虹膜识别等技术在工程现场劳务人员管理中的应用，与工程现场劳务人员安全、职业健康、培训等信息联动。

2. 工程建设监管

(1) 建立完善数字化成果交付体系。

建立设计成果数字化交付、审查及存档系统，推进基于二维图的、探索基于BIM的数字化成果交付、审查和存档管理。开展白图代蓝图和数字化审图试点、示范工作。完善工程竣工备案管理信息系统，探索基于BIM的工程竣工备案模式。

(2) 加强信息技术在工程质量安全管理中的应用。

构建基于BIM、大数据、智能化、移动通讯、云计算等技术的工程质量、安全监管模式与机制。建立完善工程项目质量监管信息系统，对工程实体质量和工程建设、勘察、设计、施工、监理和质量检测单位的质量行为监管信息进行采集，实现工程竣工验收备案、建筑工程五方责任主体项目负责人等信息共享，保障数据可追溯，提高工程质量监管水平。建立完善建筑施工安全监管信息系统，对工程现场人员、机械设备、临时设施等安全信息进行采集和汇总分析，实现施工企业、人员、项目等安全监管信息互联共享，提高施工安全监管水平。

(3) 推进信息技术在工程现场环境、能耗监测和建筑垃圾管理中的应用。

研究探索基于物联网、大数据等技术的环境、能耗监测模式，探索建立环境、能耗分析的动态监控系统，实现对工程现场空气、粉尘、用水、用电等的实时监测。建立建筑垃圾综合管理信息系统，实现项目建筑垃圾的申报、识别、计量、跟踪、结算等数据的实时监控，提升绿色建造水平。

3. 重点工程信息化

大力推进BIM、GIS等技术在综合管廊建设中的应用，建立综合管廊集成管理信息系统，逐步形成智能化城市综合管廊运营服务能力。在海绵城市建设中积极应用BIM、虚拟现实等技术开展规划、设计，探索基于云计算、大数据等的运营管理，并示范应用。加快BIM技术在城市轨道交通工程设计、施工中的应用，推动各参建方共享多维建筑信息模型进行工程管理。在“一带一路”重点工程中应用BIM进行建设，探索云计算、大数据、GIS等技术的应用。

4. 建筑产业现代化

加强信息技术在装配式建筑中的应用，推进基于BIM的建筑工程设计、生产、运输、装配及全生命期管理，促进工业化建造。建立基于BIM、物联网等技术的云服务平台，实现产业链各参与方之间在各阶段、各环节的协同工作。

5. 行业信息共享与服务

研究建立工程建设信息公开系统，为行业和公众提供地质勘察、环境及能耗监测等信息服务，提高行业公共信息利用水平。建立完善工程项目数字化档案管理信息系统，转变档案管理服务模式，推进可公开的档案信息共享。

（三）专项信息技术应用

1. 大数据技术

研究建立建筑业大数据应用框架，统筹政务数据资源和社会数据资源，建设大数据应用系统，推进公共数据资源向社会开放。汇聚整合和分析建筑企业、项目、从业人员和信用信息等相关大数据，探索大数据在建筑业创新应用，推进数据资产管理，充分利用大数据价值。建立安全保障体系，规范大数据采集、传输、存储、应用等各环节安全保障措施。

2. 云计算技术

积极利用云计算技术改造提升现有电子政务信息系统、企业信息系统及软硬件资源，降低信息化成本。挖掘云计算技术在工程建设管理及设施运行监控等方面应用潜力。

3. 物联网技术

结合建筑业发展需求，加强低成本、低功耗、智能化传感器及相关设备的研发，实现物联网核心芯片、仪器仪表、配套软件等在建筑业的集成应用。开展传感器、高速移动通讯、无线射频、近场通信及二维码识别等物联网技术与工程项目管理信息系统的集成应用研究，开展示范应用。

4. 3D打印技术

积极开展建筑业3D打印设备及材料的研究。结合BIM技术应用，探索3D打印技术运用于建筑部品、构件生产，开展示范应用。

5. 智能化技术

开展智能机器人、智能穿戴设备、手持智能终端设备、智能监测设备、3D扫描等设备在施工过程中的应用研究，提升施工质量和效率，降低安全风险。探索智能化技术与大数据、移动通信、云计算、物联网等信息技术在建筑业中的集成应用，促进智慧建造和智慧企业发展。

（四）信息化标准

强化建筑行业信息化标准顶层设计，继续完善建筑业行业与企业信息化标准体系，结合BIM等新技术应用，重点完善建筑工程勘察设计、施工、运维全生命期的信息化标准体系，为信息资源共享和深度挖掘奠定基础。

加快相关信息化标准的编制，重点编制和完善建筑行业及企业信息化相关的编码、数据交换、文档及图档交付等基础数据和通用标准。继续推进BIM技术应用标准的编制工作，结合物联网、云计算、大数据等新技术在建筑行业的应用，研究制定相关标准。

四、保障措施

（一）加强组织领导，完善配套政策，加快推进建筑业信息化

各级城乡建设行政主管部门要制定本地区“十三五”建筑业信息化发展目标和措施，加快完善相关配套政策措施，形成信息化推进工作机制，落实信息化建设专项经费保障。探索建立信息化条件下的电子招投标、数字化交付和电子签章等相关制度。

建立信息化专家委员会及专家库，充分发挥专家作用，建立产学研用相结合的建筑业信息化创新体系，加强信息技术与建筑业结合的专项应用研究、建筑业信息化软科学研

究。开展建筑业信息化示范工程，根据国家“双创”工程，开展基于“互联网+”的建筑业信息化创新创业示范。

（二）大力增强建筑企业信息化能力

企业应制定企业信息化发展目标及配套管理制度，加强信息化在企业标准化管理中的带动作用。鼓励企业建立首席信息官（CIO）制度，按营业收入一定比例投入信息化建设，开辟投融资渠道，保证建设和运行的资金投入。注重引进BIM等信息技术专业人才，培育精通信息技术和业务的复合型人才，强化各类人员信息技术应用培训，提高全员信息化应用能力。大型企业要积极探索开发自有平台，瞄准国际前沿，加强信息化关键技术应用攻关，推动行业信息化发展。

（三）强化信息化安全建设

各级城乡建设行政主管部门和广大企业要提高信息安全意识，建立健全信息安全保障体系，重视数据资产管理，积极开展信息系统安全等级保护工作，提高信息安全水平。

（2）地方政策分析

为了响应国家号召，地方各省市也陆续颁布了以国家政策为基准的地方政策，笔者不完全统计，截至2017年4月20日，全国共有16个省级地区颁布了BIM技术相关政策，大部分为沿海城市及一、二线省份及城市，城市分布统计如表3.3.1-2所示。

BIM相关政策颁布统计 **表3.3.1-2**

省份/城市名称	颁布年份	政策数量
天津	2016	1
黑龙江	2016	3
辽宁	2016	1
山东	2014～2016	4
江苏	2016	2
浙江	2015～2016	2
福建	2015	1
深圳	2014～2017	5
上海	2014～2016	6
湖南	2016～2017	3
广西	2016～2017	3
贵州	2017	1
云南	2016	1
重庆	2017	3
四川	2016	3
陕西	2014	1

由表3.3.1-2可看出，上海、广东、山东和湖南是重点推行BIM技术的省级地区，政策内容紧跟国家政策，从概念到核心（数据标准），逐步具体化、精细化，更加注重深度实用价值，从项目试点到实现全面应用。

这些地区政策的共同点主要有：①分阶段细化目标，深化BIM技术应用；②推行范围广、力度大，全面应用 BIM 技术；③管理机制相对完善，初步建立了相关标准体系；④探索“互联网＋”，与大数据技术相结合；⑤对应用 BIM 技术并达到相应条件的工程项目给予资金支持。

其他地区的政策大致分为两类：一类是以“十二五”规划纲要为雏形，基于该纲要要求并根据各省具体情况制定的具有详细阶段规划的政策，除徐州市外均已规划到 2020 年，主要省市有黑龙江省、沈阳市、徐州市、重庆市、福建省、广西壮族自治区、南宁市、云南省及贵州省；另一类是仅作了整体方向，说明了应用 BIM 技术工程项目的条件，主要省市有陕西省、天津市、成都市、浙江省及绍兴市，相信未来该类政策地区政府会做出进一步的规划方案，紧跟国家的步伐。

2. 联盟成立情况概述

（1）国家级 BIM 联盟

2012 年 3 月 28 日，中国 BIM 发展联盟在北京成立，由中国建筑科学研究院、上海市建筑科学研究院（集团）有限公司、中建三局第一建设工程有限责任公司等 14 家常务理事单位组成，旨在建设 BIM 应用技术、标准、软件创新平台；推动 BIM 产学研用技术交流与合作；培育促进 BIM 产业健康发展。中国 BIM 发展联盟首创提出 P-BIM 理念，即基于工程实践的建筑信息模型（BIM）实施方式（Engineering practice-based BIM implementation），2016 年联盟成员立项或在研创新项目多达 51 项，项目经费总额高达 16882.94 万元，该联盟在 BIM 标准的建立、中国 BIM 软件研发中发挥了巨大的贡献。

（2）地方级 BIM 联盟

经笔者统计，截至 2017 年 4 月 20 日，全国共有 17 个省成立了 BIM 相关发展联盟。BIM 联盟的省份与第一节颁布 BIM 政策的省份大抵相同，基本分布在华北地区和华南地区，分别是内蒙古、甘肃、陕西、北京、河北、天津、辽宁、沈阳、河南、云南、贵州、湖南、上海、广东、广西、福建、海南，山东省目前正在为成立 BIM 联盟做筹备工作，各联盟相关信息如表 3.3.1-3 所示。

各省市联盟相关信息表　　　　**表 3.3.1-3**

联盟名称	成立时间	联盟宗旨
云南 BIM 发展联盟	2015.2.19	整合建筑信息模模（BIM）技术和社会资源，加强 BIM 产学研应用技术交流与合作，提高技术创新能力和核心竞争力，助力云南省传统建造业的产业转型和升级
广东省 BIM 技术联盟	2015.4.13	为成员单位提供 BIM 技术共享资源，以及政策、标准、科研、业务方面的咨询服务为全面推动广东省 BIM 发展和应用提供技术支撑，培育促进 BIM 产业健康发展
河南 BIM 联盟	2015.9.22	推动河南省 BIM 技术、教育、标准和软件协调配套发展，提高产业核心竞争力和工程建设信息化水平
福建省建筑信息模型技术应用发展联盟	2015.9.28	整合 BIM 产业和社会资源，建设 BIM 应用技术、标准、软件应用创新平台，促进 BIM 产、学、研、用技术交流与合作
海南省建筑信息模型应用联盟	2015.12.5	解决关键共性问题；建立海南省 BIM 技术应用单位库和人才库，共享 BIM 技术应用资源，促进 BIM 产学研应用技术交流与合作

续表

联盟名称	成立时间	联盟宗旨
陕西 BIM 发展联盟	2015.12.23	团结广大会员单位和个人会员，整合 BIM 产业和社会资源，宣传和推广 BIM 技术应用，为促进 BIM 产业健康发展服务，为陕西省新型战略转型的宏大战略目标服务
沈阳 BIM 产业技术创新战略联盟	2016.1.12	加强辽沈地区建筑行业内的联系，并且对推广 BIM 技术起到了积极的促进作用
广西建筑信息模型（BIM）技术发展联盟	2016.3.1	凝聚我区 BIM 技术人才队伍，为各成员单位搭建 BIM 技术创新应用平台，共同推进建筑产业现代化发展，为我区经济建设又好又快发展作出贡献
甘肃省 BIM 技术发展联盟	2016.4.26	在甘肃乃至西北地区共建起一个高规格、多层次的交流平台，共同推进 BIM 技术在甘肃以及西北区域内建筑安装工程的推广应用
上海 BIM 技术创新联盟	2016.5.10	致力于凝聚共识、整合资源，提升供给侧能力，推进 BIM 技术及产品研究、开发与应用推广
湖南建筑信息模型（BIM）技术应用创新战略联盟	2016.5.25	以“共同投入、合作研发、优势互补、利益共享、风险共担”作为技术创新合作模式，在省内开展 BIM 相关技术与产业的研究、设计、开发、生产、制造、服务
内蒙古 BIM 发展联盟	2016.6.28	促进行业发展、助推企业进步、搭建合作平台、提供价值服务
河北省 BIM 技术协同创新联盟	2016.11.4	推动 BIM 应用技术发展，属于产业创新战略联盟，组织成员单位进行 BIM 技术人员培训和技术认证，储备 BIM 应用技术人才；组织成员单位共同推进 BIM 技术发展，互助建立 BIM 团队
辽宁省 BIM 全产业发展联盟	2016.11.26	政府引导、联盟推动、项目先行
北京市建筑信息模型（BIM）技术应用联盟	2016.12.13	团结广大会员单位和个人会员，整合 BIM 产业和社会资源开展 BIM 技术应用方面的咨询服务，促进 BIM 产业健康发展
天津市 BIM 技术创新联盟	2016.12.27	真正形成产业集聚效应，通过 BIM 技术共享协同，在建筑领域形成一批专利、专有技术和新兴服务模式
贵州省 BIM 发展联盟	2017.4.10	整合建设领域全产业链的资源，建立协同合作、互惠互利和资源共享机制，推动行业信息化健康发展

从表 3.3.1-3 中可以看出，2015 年开始全国各地开始成立 BIM 联盟，而此时正是国家大力推广 BIM 技术之时，各地方不仅在政策上紧跟国家方向，而且通过成立地方 BIM 联盟，聚集业内专家，以一家牵头多家跟随的形式确保了政策的落实，使得 BIM 技术得以更有效地推广和应用实施。

3.3.2 相关BIM文件标准及实施指南

1. 国外BIM文件标准及实施指南

BIM应用技术发展较早的美国、英国、新加坡以及部分亚太国家的BIM相关标准的制定已经比较完善，其中一些标准中的内容已经上升为ISO标准。上述国家的标准主要由政府指导，行业组织牵头，高校、企业参与的形式来制定。目前发布的标准和指南涵盖设计建模要求、数据交换标准、交付要求等方面，而对于实际操作层面的应用指南则相对较少。

2017年，美国、英国、新加坡以及部分亚太国家的主要发布的标准和指南如表3.3.2-1所示。

2017年国外发布的主要BIM标准和指南 **表3.3.2-1**

国家	名称	简介	发布时间	发布机构
美国	美国国家BIM指南—业主篇（National BIM Guide for Owners）	从业主角度定义了创建和实现BIM要求的方法，解决业主应用BIM技术的流程、基础、标准以及执行问题，从而让业主能更好地配合BIM项目团队高效地工作	2017	美国国家建筑科学研究院
英国	PAS 1192-6：BIM结构性健康与安全	提出了建造过程中相关主要从业人员如何通过建筑信息模型来识别、共享以及使用健康与安全信息，从而实现减少风险	2017	英国BSI机构（British Standard Institution）
新加坡	实施规范（CoP）	规定了BIM电子文件提交格式，以及基于自定义BIM格式的建筑方案提交格式	2016	新加坡建设局（BCA）

2. 国内BIM实施标准及指南

BIM应用技术发展较早的北京、广州、深圳以及其他部分省市的BIM相关标准的制定已经有初步的成果，其中一些标准已经正式发布执行。上述省市的标准主要由政府指导，行业组织牵头，高校、企业参与的形式来制订。目前发布的标准和指南涵盖设计建模要求、数据交换标准、交付要求等方面，而对于实际操作层面的应用指南则相对较少，国内发布的主要BIM标准和指南统计如表3.3.2-2所示。

国内发布的主要BIM标准和指南 **表3.3.2-2**

国家、省市	名称	简介	发布时间	发布机构
国家	《建筑信息模型应用统一标准》GB/T 51212—2016	通过开展了广泛的调查研究，组织了大量的课题研究，本标准适用于建筑工程全寿命期内建筑信息模型的建立、应用和管理	2016年12月	住房城乡建设部

续表

国家、省市	名称	简介	发布时间	发布机构
CBDA标准	《建筑装饰装修工程BIM实施标准》T/CBDA-3—2016	根据《关于首批中装协标准立项的批复》的要求，本标准为我国建筑装饰行业工程建设的团体标准	2016年9月	中国建筑装饰协会
河北	《建筑信息模型应用统一标准》DB13（J）/T 213—2016	通过广泛调查研究，总结了近年来河北省BIM应用实践经验，结合河北省建筑业发展的需要，编制本标准，是省内第一个申请立项的BIM应用标准	2016年7月	河北省住房和城乡建设厅
上海	《建筑信息模型应用标准》DG/TJ 08-2201—2016	本标准规范了建筑信息模型的建模方法、模型深度、建模规则、基础数据的分类编码、数据交互、协同工作方法、实施规划、设计应用、项目管理、运维管理、模型资源等方面	2016年	上海市住房和城乡建设管理委员会
上海	《城市轨道交通建筑信息模型技术标准》DG/TJ 08-2202—2016	明确了轨道交通项目BIM实施组织方式，定义了轨道交通各专业的数据内容及等级要求，确定了轨道交通信息模型创建方法、创建流程、模型校验等内容，规范了轨道交通各阶段BIM应用流程，明确了BIM应用的数据内容及应用成果要求，以满足轨道交通全寿命期BIM应用管理需求	2016年	上海市住房和城乡建设管理委员会
上海	《城市轨道交通建筑信息模型交付标准》DG/TJ 08-2203—2016	本标准建立轨道交通设施设备的分类编码体系，规范了轨道交通设施设备的组成架构，规定轨道交通信息模型的交付范围及其属性信息，明确了轨道交通信息模型数据的交付深度，以满足轨道交通全寿命期的管理需求	2016年	上海市住房和城乡建设管理委员会
上海	《市政道路桥梁建筑信息模型应用标准》DG/TJ 08-2204—2016	分阶段规定BIM应用点；规定全寿命期各阶段的数据等级要求；规定设施设备分类编码；提供从设计到施工的应用指导；提供运营养护阶段应用建议	2016年	上海市住房和城乡建设管理委员会
上海	上海市建筑信息模型技术应用指南（2017版）（在编）	统一了概念定义、专业用词用语；深化了利用BIM模型的工作量计算和二维出图应用具体内容；增加了预制装配式BIM技术应用项；从建设、设计、施工等企业角度单列增加了基于BIM技术的协同管理平台的实施指南描述	2017年	上海市住房和城乡建设管理委员会

续表

国家、省市	名称	简介	发布时间	发布机构
住房城乡建设部	2016～2020年建筑业信息化发展纲要	1. 企业信息化 建筑企业应积极探索“互联网+”形势下管理、生产的新模式，深入研究BIM、物联网等技术的创新应用，创新商业模式； 2. 行业监管与服务信息化 积极探索“互联网+”形势下建筑行业格局和资源整合的新模式，促进建筑业行业新业态，支持“互联网+”形势下企业创新发展； 3. 专项信息技术应用 积极开展BIM技术与大数据技术、云计算技术、物联网技术、3D打印技术、智能化技术的结合研究； 4. 信息化标准 重点完善建筑工程勘察设计、施工、运维全生命期的信息化标准体系，结合物联网、云计算、大数据等新技术在建筑行业的应用，研究制定相关标准	2016年	住房城乡建设部
住房城乡建设部	关于建筑业发展和改革的若干意见	提升建筑业技术能力。完善以工法和专有技术成果、试点示范工程为抓手的技术转移与推广机制，依法保护知识产权。积极推动以节能环保为特征的绿色建造技术的应用。推进建筑信息模型（BIM）等信息技术在工程设计、施工和运行维护全过程的应用，提高综合效益。推广建筑工程减隔震技术。探索开展白图替代蓝图、数字化审图等工作。建立技术研究应用与标准制定有效衔接的机制，促进建筑业科技成果转化，加快先进适用技术的推广应用。加大复合型、创新型人才培养力度。推动建筑领域国际技术交流合作	2014年7月	住房城乡建设部
住房城乡建设部	关于推进建筑信息模型应用的指导意见	到2020年末，建筑行业甲级勘察、设计单位以及特级、一级房屋建筑工程施工企业应掌握并实现BIM与企业管理系统和其他信息技术的一体化集成应用。到2020年末，以下新立项项目勘察设计、施工、运营维护中，集成应用BIM的项目比率达到90%：以国有资金投资为主的大中型建筑；申报绿色建筑的公共建筑和绿色生态示范小区	2015年6月	住房城乡建设部

续表

国家、省市	名称	简介	发布时间	发布机构
广东省	关于开展建筑信息模型BIM技术推广应用工作的通知	广东省住房和城乡建设厅提出到2014年年底，启动10项以上BIM技术推广项目建设；到2016年年底，政府投资的2万m^2以上的大型公共建筑，以及申报绿色建筑项目的设计、施工应当采用BIM技术	2014年9月	广东省住房和城乡建设厅
深圳市	深圳市建设工程质量提升行动方案（2014—2018年）	推进BIM技术应用。在工程设计领域鼓励推广BIM技术，市、区发展改革部门在政府工程设计中考虑BIM技术的概算。搭建BIM技术信息平台，制定BIM工程设计文件交付标准、收费标准和BIM工程设计项目招投标实施办法。逐年提高BIM技术在大中型工程项目的覆盖率	2014年4月	深圳市住房和建设局
北京市	民用建筑信息模型设计标准	提出BIM的资源要求、模型深度要求、交付要求是在BIM的实施过程规范民用建筑BIM的设计	2014年5月	北京质量技术监督局与北京市规划委员会
上海市	关于推进建筑信息模型技术应用的指导意见	2015年起，选择一定规模的医院、学校、保障性住房、轨道交通、桥梁（隧道）等政府投资工程和部分社会投资项目进行BIM技术应用试点，形成一批在提升设计施工质量、协同管理、减少浪费、降低成本、缩短工期等方面成效明显的示范工程	2014年10月	上海市建设管理委员会
成都市	开展建筑信息模型（BIM）技术应用的通知	要求12月1日起国有投资的大、中型房屋建筑及除单纯道路工程以外的市政基础设施项目，申报绿色建筑、绿色生态城区、可再生能源建筑应用示范性项目及国家和省市优秀设计奖项目，必须提交设计各阶段的BIM模型到建设行政主管机构来审批。才能取得施工图审查合格证，涉及建筑范围之广和行政力量之强是空前的	2016年12月	成都市城乡建设委员会
湖南省	城乡建设领域BIM技术应用“十三五”发展规划	到2020年年底，建立BIM技术应用的相关政策、技术标准和应用服务标准；我省城乡建设领域建设工程项目全面应用BIM技术；规划、勘察设计、监理、施工、工程总承包、房地产开发、咨询服务、运维管理等企业全面普及BIM技术；以BIM为主要技术手段，增强基于BIM的“建筑＋互联网”与大数据、智能化、移动通信、云计算、物联网等信息技术集成应用能力，全面提高湖南省城乡建设领域信息化水平，应用和管理水平进入全国先进行列	2017年1月	湖南省住房和城市建设厅

续表

国家、省市	名称	简介	发布时间	发布机构
福建省	进一步加快 BIM（建筑信息模型）技术	2015 年 10 月至 2017 年，福建省将筛选一批投资额 1 亿元以上或单位建筑面积 2 万 m^2 以上的技术复杂、管理协同要求高的工程进行 BIM 试点推广。保障性住房、公益性建筑、大型公共建筑、大型市政基础设施工程等政府投资工程以及采用工业化方式建造的工程全部列入试点范围。此外，福建省还将组织成立 BIM 应用技术联盟，培育 BIM 技术应用骨干企业	2015 年 9 月	福建省住房和城乡建设厅
广西壮族自治区	广西推进建筑信息模型应用的工作实施方案	2016 年起至 2017 年年底，有计划地选择一批投资额在 1 亿元以上或单体建筑面积 2 万 m^2 以上技术复杂、管理协同要求高的工程进行试点并提供项目支持，试点范围包括：国有资金投资的保障性住房、公共建筑、绿色建筑、轨道交通等项目。其他有条件的政府投资工程和社会投资工程建设鼓励采用 BIM 技术	2016 年 1 月	广西壮族自治区住房和城乡建设厅

3.4　BIM 的特点

3.4.1　可视化

1. 设计可视化

设计可视化即在设计阶段建筑及构件以三维方式直观呈现出来。设计师能够运用三维思考方式有效地完成建筑设计，同时也使业主（或最终用户）真正摆脱了技术壁垒限制，随时可直接获取项目信息，大大减小了业主与设计师间的交流障碍。

BIM 工具具有多种可视化的模式，一般包括隐藏线、带边框着色和真实渲染这三种模式，图 3.4.1-1 是在这三种模式下的图例。

此外，BIM 还具有漫游功能，通过创建相机路径，并创建动画或一系列图像，可向客户进行模型展示（图 3.4.1-2）。

2. 施工可视化

（1）施工组织可视化

施工组织可视化即利用 BIM 工具创建建筑设备模型、周转材料模型、临时设施模型等，以模拟施工过程，确定施工方案，进行施工组织。通过创建各种模型，可以在电脑中进行虚拟施工，使施工组织可视化（图 3.4.1-3）。

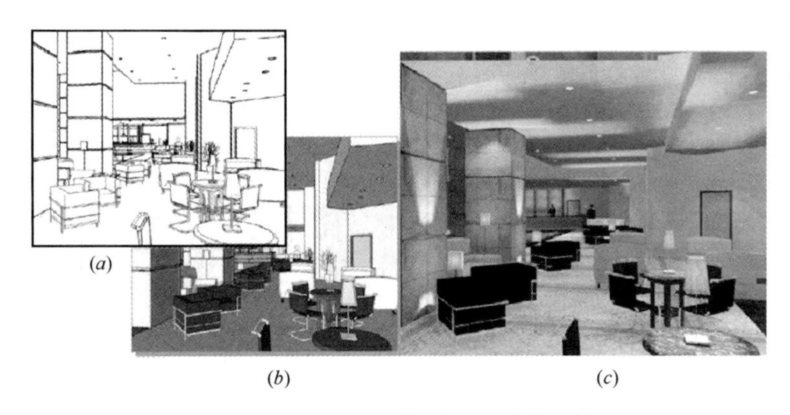

(*a*) (*b*) (*c*)

图 3.4.1-1 BIM可视化的三种模式图

（*a*）隐藏线；（*b*）带边框着色；（*c*）真实渲染

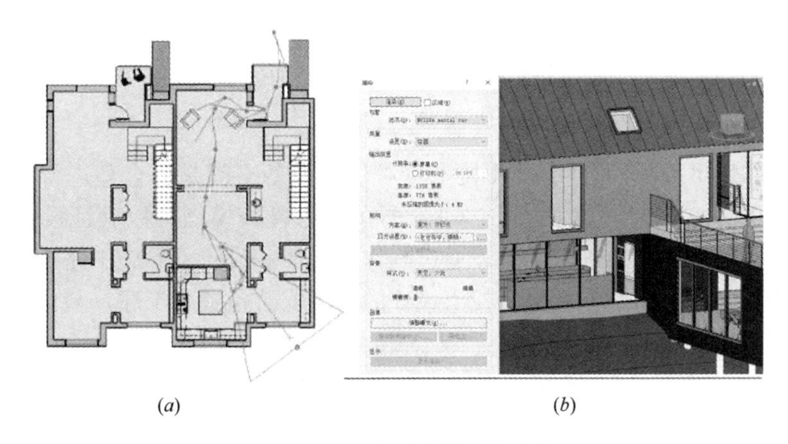

(*a*) (*b*)

图 3.4.1-2 BIM漫游可视化图

（*a*）漫游路径设置；（*b*）渲染设置

图 3.4.1-3 施工组织可视化图

（2）复杂构造节点可视化

复杂构造节点可视化即利用BIM的可视化特性将复杂的构造节点全方位呈现，如复杂的钢筋节点、幕墙节点等。图 3.4.1-4 是复杂钢筋节点的可视化应用，传统CAD图纸

[图 3.4.1-4（*a*）] 难以表示的钢筋排布，在 BIM 中可以很好地展现 [图 3.4.1-4（*b*）]，甚至可以做成钢筋模型的动态视频，有利于施工和技术交底。

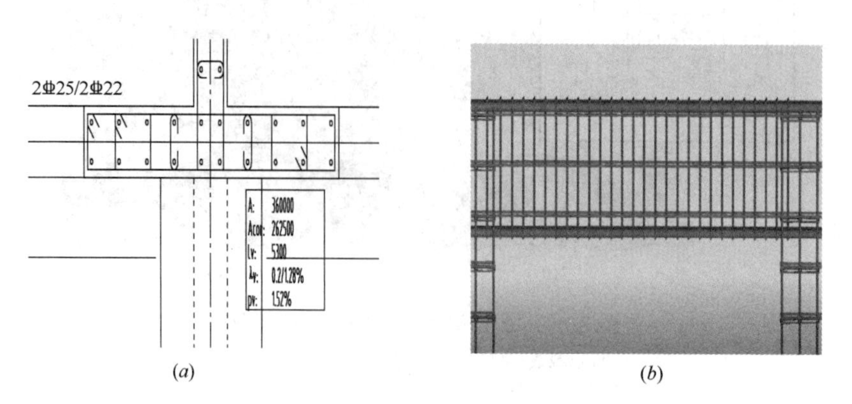

(*a*)　　(*b*)

图 3.4.1-4　复杂构造节点可视化图

（*a*）CAD 图纸；（*b*）BIM 展现

3. 设备可操作性可视化

设备可操作性可视化即利用 BIM 技术可对建筑设备空间是否合理进行提前检验。某项目生活给水机房的 BIM 模型如图 3.4.1-5 所示，通过该模型可以验证设备房的操作空间是否合理，并对管道支架进行优化。通过制作工作集和设置不同施工路线，可以制作多种的设备安装动画，不断调整，从中找出最佳的设备安装位置和工序。与传统的施工方法相比，该方法更直观、清晰。

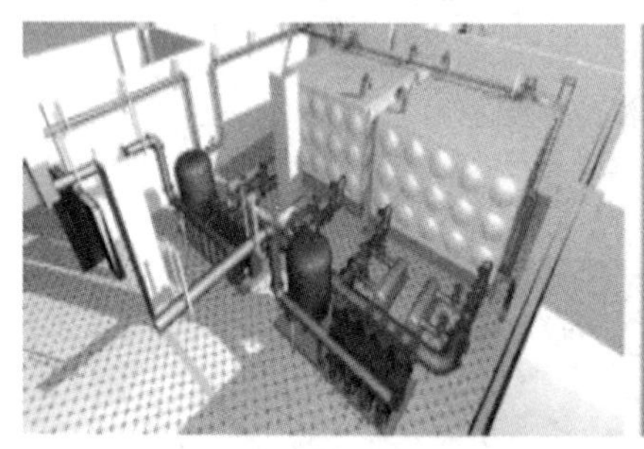
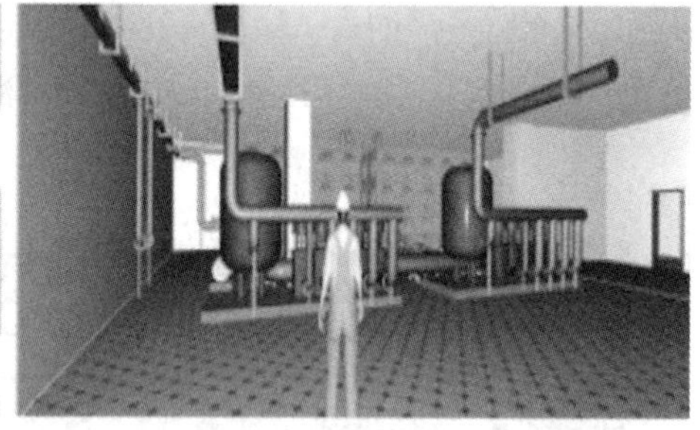

图 3.4.1-5　设备可操作性可视化图

4. 机电管线碰撞检查可视化

机电管线碰撞检查可视化即通过将各专业模型组装为一个整体 BIM 模型，从而使机电管线与建筑物的碰撞点以三维方式直观显示出来。在传统的施工方法中，对管线碰撞检查的方式主要有两种：一是把不同专业的 CAD 图纸叠在一张图上进行观察，根据施工经验和空间想象力找出碰撞点并加以修改；二是在施工的过程中边做边修改。这两种方法均费时费力，效率很低。但在 BIM 模型中，可以提前在真实的三维空间中找出碰撞点，并由各专业人员在模型中调整好碰撞点或不合理处后再导出 CAD 图纸。某工程管线碰撞检查如图 3.4.1-6 所示。

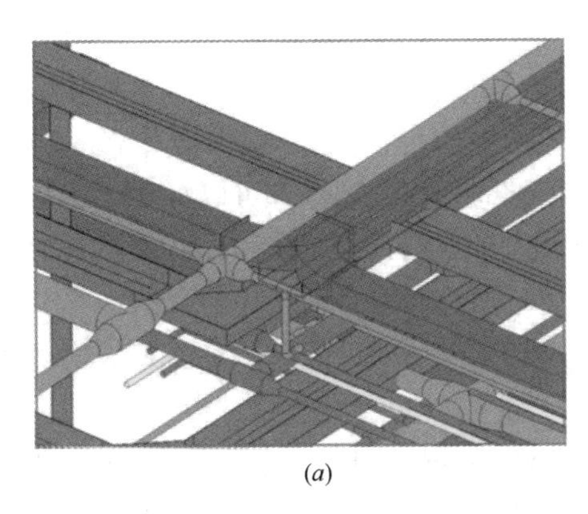

(*a*)

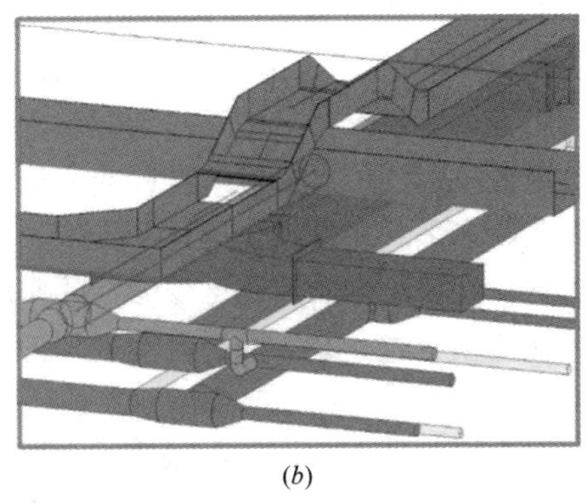

(*b*)

图 3.4.1-6 管线碰撞可视化图

(*a*) 模型优化前；(*b*) 模型优化后

3.4.2 一体化

一体化指的是BIM技术可进行从设计、到施工、再到运营贯穿了工程项目的全生命周期的一体化管理。BIM的技术核心是一个由计算机三维模型所形成的数据库，不仅包含了建筑师的设计信息，而且可以容纳从设计到建成使用，甚至是使用周期终结的全过程信息。BIM可以持续提供项目设计范围、进度以及成本信息，这些信息完整可靠并且完全协调。BIM能在综合数字环境中保持信息不断更新并可提供访问，使建筑师、工程师、施工人员以及业主可以清楚全面地了解项目。这些信息在建筑设计、施工和管理的过程中能使项目质量提高，收益增加。BIM在整个建筑行业从上游到下游的各个企业间不断完善，从而实现项目全生命周期的信息化管理，最大化地实现BIM的意义。

在设计阶段，BIM使建筑、结构、给水排水、空调、电气等各个专业基于同一个模型进行工作，从而使真正意义上的三维集成协同设计成为可能。将整个设计整合到一个共享的建筑信息模型中，结构与设备、设备与设备间的冲突会直观地显现出来，工程师们可在三维模型中随意查看，并能准确查看到可能存在问题的地方，并及时调整，从而避免了施工中的浪费。这在极大程度上促进设计施工的一体化过程。在施工阶段，BIM可以同步提供有关建筑质量、进度以及成本的信息。利用BIM可以实现整个施工周期的可视化模拟与可视化管理。帮助施工人员促进建筑的量化，迅速为业主制定展示场地使用情况或更新调整情况的规划，提高文档质量，改善施工规划。最终结果就是，能将业主更多的施工资金投入建筑，而不是行政和管理中。此外BIM还能在运营管理阶段提高收益和成本管理水平，为开发商销售招商和业主购房提供了极大的透明和便利。BIM这场信息革命，对于工程建设设计施工一体化各个环节，必将产生深远的影响。这项技术已经可以清楚地表明其在协调方面的设计，缩短设计与施工时间表，显著降低成本，改善工作场所安全和可持续的建筑项目所带来的整体利益。

3.4.3 参数化

参数化建模指的是通过参数（变量）而不是数字建立和分析模型，简单地改变模型中的参数值就能建立和分析新的模型。

BIM的参数化设计分为两个部分："参数化图元"和"参数化修改引擎"。"参数化图元"指的是BIM中的图元是以构件的形式出现，这些构件之间的不同，是通过参数的调整反映出来的，参数保存了图元作为数字化建筑构件的所有信息；"参数化修改引擎"指的是参数更改技术使用户对建筑设计或文档部分做的任何改动，都可以自动地在其他相关联的部分反映出来。在参数化设计系统中，设计人员根据工程关系和几何关系来指定设计要求。参数化设计的本质是在可变参数的作用下，系统能够自动维护所有的不变参数。因此，参数化模型中建立的各种约束关系，正是体现了设计人员的设计意图。参数化设计可以大大提高模型的生成和修改速度。

在某钢结构项目中，钢结构采用交叉状的网壳结构。图3.4.3-1（*a*）为主肋控制曲线，它是在建筑师根据莫比乌斯环的概念确定的曲线走势基础上衍生出的多条曲线；有了基础控制线后，利用参数化设定曲线间的参数，按照设定的参数自动生成主次肋曲线，如图3.4.3-1（*b*）所示；相应的外表皮单元和梁也是随着曲线的生成自动生成，如图3.4.3-1（*c*）所示。这种"参数化"的特性，不仅能够大大加快设计进度，还能够极大地缩短设计修改的时间。

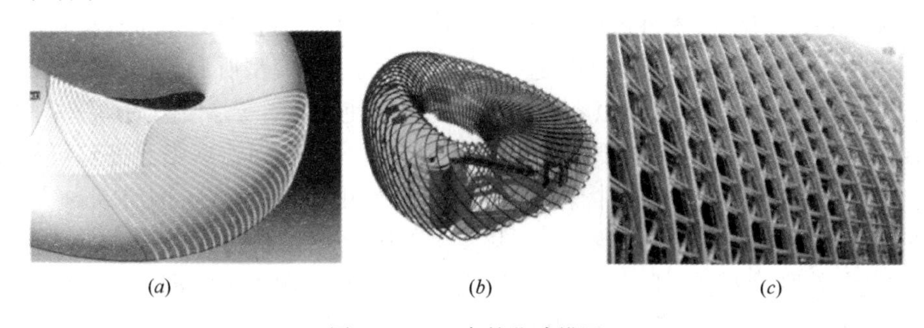

(*a*)　(*b*)　(*c*)

图3.4.3-1　参数化建模图

（*a*）主肋控制曲线的生成；（*b*）主次肋曲线的生成；（*c*）外表皮单元和梁的生成

3.4.4　仿真性

1. 建筑物性能分析仿真

建筑物性能分析仿真即基于BIM技术建筑师在设计过程中赋予所创建的虚拟建筑模型大量建筑信息（几何信息、材料性能、构件属性等），然后将BIM模型导入相关性能分析软件，就可得到相应分析结果。这一性能使得原本CAD时代需要专业人士花费大量时间输入大量专业数据的过程，如今可自动轻松完成，从而大大降低了工作周期，提高了设计质量，优化了为业主的服务。

性能分析主要包括能耗分析、光照分析、设备分析、绿色分析等。

2. 施工仿真

（1）施工方案模拟、优化

施工方案模拟优化指的是通过BIM可对项目重点及难点部分进行可建性模拟，按月、日、时进行施工安装方案的分析优化，验证复杂建筑体系（如施工模板、玻璃装配、锚固等）的可建造性，从而提高施工计划的可行性。对项目管理方而言，可直观了解整个施工安装环节的时间节点、安装工序及疑难点。而施工方也可进一步对原有安装方案进行优化和改善，以提高施工效率和施工方案的安全性。

（2）工程量自动计算

BIM模型作为一个富含工程信息的数据库，可真实地提供造价管理所需的工程量数据。基于这些数据信息，计算机可快速对各种构件进行统计分析，大大减少了繁琐的人工操作和潜在错误，实现了工程量信息与设计文件的统一。通过BIM所获得准确的工程量统计，可用于设计前期的成本估算、方案比选、成本比较，以及开工前预算和竣工后决算。

（3）消除现场施工过程干扰或施工工艺冲突

随着建筑物规模和使用功能复杂程度的增加，设计、施工、甚至业主，对于机电管线综合的出图要求愈加强烈。利用BIM技术，通过搭建各专业BIM模型，设计师能够在虚拟三维环境下快速发现并及时排除施工中可能遇到的碰撞冲突，显著减少由此产生的变更申请单，更大大提高施工现场作业效率，降低了因施工不协调造成的成本增长和工期延误。

3. 施工进度模拟

施工进度模拟即通过将BIM与施工进度计划相链接，把空间信息与时间信息整合在一个可视的4D模型中，直观、精确地反映整个施工过程。当前建筑工程项目管理中常以表示进度计划的甘特图，专业性强，但可视化程度低，无法清晰描述施工进度以及各种复杂关系（尤其是动态变化过程）。而通过基于BIM技术的施工进度模拟可直观、精确地反映整个施工过程，进而可缩短工期、降低成本、提高质量。

4. 运维仿真

（1）设备的运行监控

设备的运行监控即采用BIM技术实现对建筑物设备的搜索、定位、信息查询等功能。在运维BIM模型中，通过对设备信息集成的前提下，运用计算机对BIM模型中的设备进行操作，可以快速查询设备的所有信息，如生产厂商、使用寿命期限、联系方式、运行维护情况以及设备所在位置等。通过对设备运行周期的预警管理，可以有效地防止事故的发生，利用终端设备和二维码，RFID技术，迅速对发生故障的设备进行检修。

（2）能源运行管理

能源运行管理即通过BIM模型对租户的能源使用情况进行监控与管理，赋予每个能源使用记录表传感功能，在管理系统中及时做好信息的收集处理，通过能源管理系统对能源消耗情况自动进行统计分析，并且可以对异常使用情况进行警告。

（3）建筑空间管理

建筑空间管理即基于BIM技术，业主通过三维可视化可直观地查询定位到每个租户的空间位置以及租户的信息，如租户名称、建筑面积、租约区间、租金情况、物业管理情况；还可以实现租户的各种信息的提醒功能，同时根据租户信息的变化，实现对数据的及时调整和更新。

3.4.5 协调性

“协调”一直是建筑业工作中的重点内容，不管是施工单位还是业主及设计单位，无不在做着协调及相配合的工作。基于BIM进行工程管理，可以有助于工程各参与方进行组织协调工作。通过BIM建筑信息模型可在建筑物建造前期对各专业的碰撞问题进行协调、生成并提供协调数据。

1. 设计协调

设计协调指的是通过BIM三维可视化控件及程序自动检测，可对建筑物内机电管线和设备进行直观布置模拟安装，检查是否碰撞，找出问题所在及冲突矛盾之处，还可调整楼层净高、墙柱尺寸等。从而有效解决传统方法容易造成的设计缺陷，提升设计质量，减少后期修改，降低成本及风险。

2. 整体进度规划协调

整体进度规划协调指的是基于BIM技术，对施工进度进行模拟，同时根据最前线的经验和知识进行调整，极大地缩短施工前期的技术准备时间，并帮助各类各级人员对设计意图和施工方案获得更高层次的理解。以前施工进度通常是由技术人员或管理层敲定的，容易出现下级人员信息断层的情况。如今，BIM技术的应用使得施工方案更高效、更完美。

3. 成本预算、工程量估算协调

成本预算、工程量估算协调指的是应用BIM技术可以为造价工程师提供各设计阶段准确的工程量、设计参数和工程参数，这些工程量和参数与技术经济指标结合，可以计算出准确的估算、概算，再运用价值工程和限额设计等手段对设计成果进行优化。同时，基于BIM技术生成的工程量不是简单的长度和面积的统计，专业的BIM造价软件可以进行精确的3D布尔运算和实体减扣，从而获得更符合实际的工程量数据，并且可以自动形成电子文档进行交换、共享、远程传递和永久存档。在准确率和速度上都较传统统计方法有很大的提高，有效降低了造价工程师的工作强度，提高了工作效率。

4. 运维协调

BIM系统包含了多方信息，如厂家价格信息、竣工模型、维护信息、施工阶段安装深化图等，BIM系统能够把成堆的图纸、报价单、采购单、工期图等统筹在一起，呈现出直观、实用的数据信息，可以基于这些信息进行运维协调。

运维管理主要体现在以下方面：

（1）空间协调管理

空间协调管理主要应用在照明、消防等各系统和设备空间定位。应用BIM技术业主可获取各系统和设备空间位置信息，把原来编号或者文字表示变成三维图形位置，直观形象且方便查找。如通过RFID获取大楼的安保人员位置。其次，BIM技术可应用于内部空间设施可视化，利用BIM建立一个可视三维模型，所有数据和信息可以从模型获取调用。如装修的时候，可快速获取不能拆除的管线、承重墙等建筑构件的相关属性。

（2）设施协调管理

设施协调管理主要体现在设施的装修、空间规划和维护操作。BIM技术能够提供关于建筑项目的协调一致的、可计算的信息，该信息可用于共享及重复使用，从而可降低业主和运营商由于缺乏操作性而导致的成本损失。此外基于BIM技术还可对重要设备进行远程控制，把原来商业地产中独立运行的各种设备通过RFID等技术汇总到统一的平台上进行管理和控制。通过远程控制，可充分了解设备的运行状况，为业主更好地进行运维管理提供良好条件。

（3）隐蔽工程协调管理

基于BIM技术的运维可以管理复杂的地下管网，如污水管、排水管、网线、电线以及相关管井，并且可以在图上直接获得相对位置关系。当改建或二次装修的时候可以避开现有管网位置，便于管网维修、更换设备和定位。内部相关人员可以共享这些电子信息，有变化时可随时调整，保证信息的完整性和准确性。

（4）应急管理协调

通过BIM技术的运维管理对突发事件管理包括：预防、警报和处理。以消防事件为例，该管理系统可以通过喷淋感应器感应信息；如果发生着火事故，在商业广场的BIM信息模型界面中，就会自动触发火警警报；着火区域的三维位置和房间立即进行定位显示；控制中心可以及时查询相应的周围环境和设备情况，为及时疏散人群和处理灾情提供重要信息。

（5）节能减排管理协调

通过BIM结合物联网技术的应用，使得日常能源管理监控变得更加方便。通过安装具有传感功能的电表、水表、煤气表后，可以实现建筑能耗数据的实时采集、传输、初步分析、定时定点上传等基本功能，并具有较强的扩展性。系统还可以实现室内温湿度的远程监测，分析房间内的实时温湿度变化，配合节能运行管理。在管理系统中可以及时收集所有能源信息，并且通过开发的能源管理功能模块，对能源消耗情况进行自动统计分析，比如各区域、各户主的每日用电量、每周用电量等，并对异常能源使用情况进行警告或者标识。

3.4.6 优化性

在整个设计、施工、运营的过程中，其实就是一个不断优化的过程，没有准确的信息是做不出合理优化结果的。BIM模型提供了建筑物存在的实际信息，包括几何信息、物理信息、规则信息，还提供了建筑物变化以后的实际存在。BIM及与其配套的各种优化工具提供了对复杂项目进行优化的可能：把项目设计和投资回报分析结合起来，计算出设计变化对投资回报的影响，使得业主知道哪种项目设计方案更有利于自身的需求，对设计施工方案进行优化，可以带来显著的工期和造价改进。

3.4.7 可出图性

运用BIM技术，除了能够进行建筑平、立、剖及详图的输出外，还可以出碰撞报告及构件加工图等。

1. 施工图纸输出

通过将建筑、结构、电气、给水排水、暖通等专业的BIM模型整合后，进行管线碰撞检测，可以出综合管线图（经过碰撞检查和设计修改，消除了相应错误以后）、综合结构留洞图（预埋套管图）、碰撞检查报告和建议改进方案。

（1）建筑与结构专业的碰撞

建筑与结构专业的碰撞主要包括建筑与结构图纸中的标高、柱、剪力墙等的位置是否一致等。图3.4.7-1是梁与门之间的碰撞。

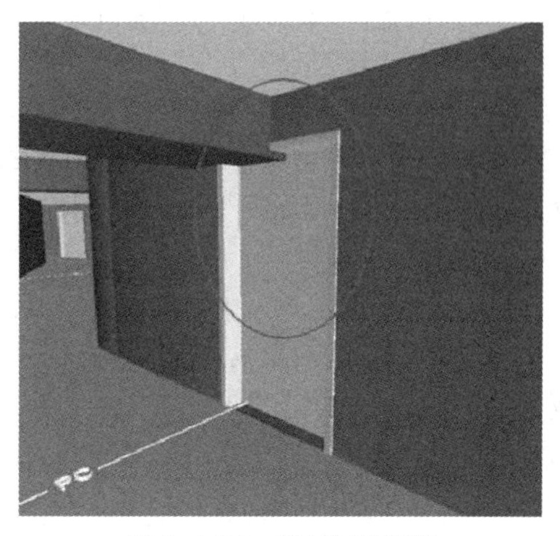

图3.4.7-1 梁与门碰撞图

（2）设备内部各专业碰撞

设备内部各专业碰撞内容主要是检测各专业与管线的冲突情况，如图 3.4.7-2 所示。

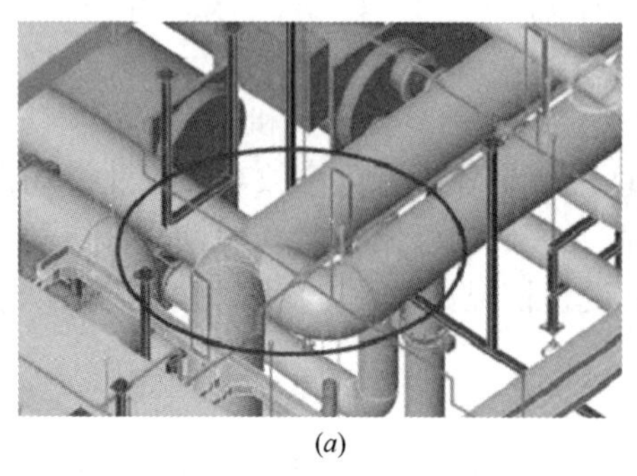

(a)

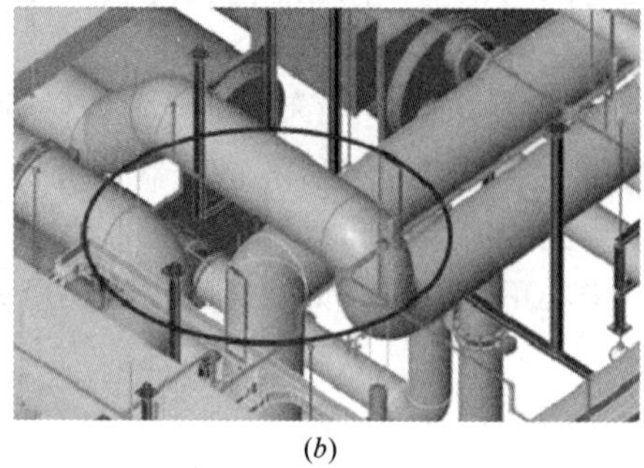

(b)

图 3.4.7-2 设备管道互相碰撞图
(a) 检测出的碰撞，(b) 优化后的管线

(3) 建筑、结构专业与设备专业碰撞

建筑专业与设备专业的碰撞中设备与室内装修碰撞，如图 3.4.7-3 所示。结构专业与设备专业的碰撞如管道与梁柱冲突，如图 3.4.7-4 所示。

图 3.4.7-3 水管穿吊顶图

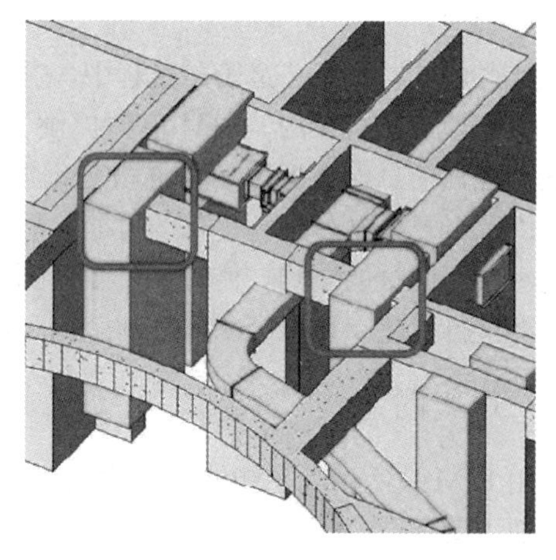

图 3.4.7-4 风管和梁碰撞图

(4) 解决管线空间布局

基于 BIM 模型可调整解决管线空间布局问题如机房过道狭小、各管线交叉等。管线交叉及优化具体过程如图 3.4.7-5 所示。

2. 构件加工指导

(1) 出构件加工图

通过 BIM 模型对建筑构件的信息化表达，可在 BIM 模型上直接生成构件加工图，不仅能清楚地传达传统图纸的二维关系，而且对于复杂的空间剖面关系也可以清楚表达，同时还能够将离散的二维图纸信息集中到一个模型当中，这样的模型能够更加紧密地实现与预制工厂的协同和对接。

(2) 构件生产指导

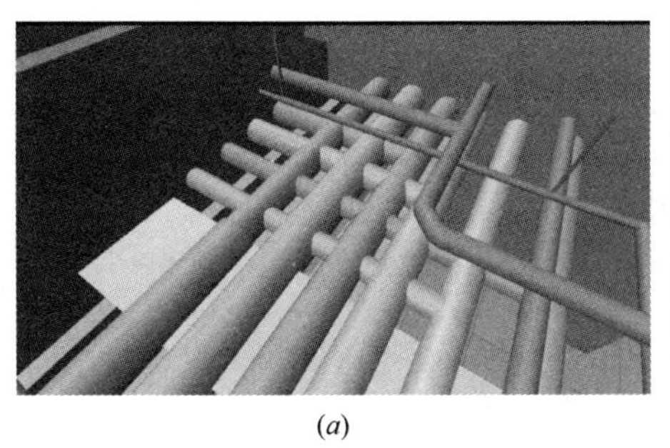
(a)

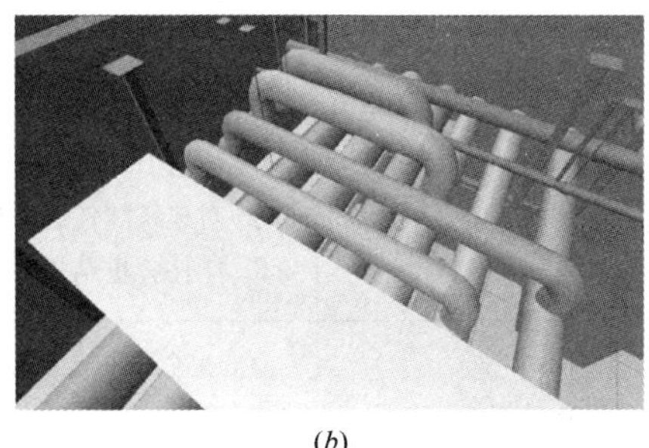
(b)

图 3.4.7-5 管道和梁碰撞优化前后对比图
(a) 管综调整前；(b) 管综调整后

在生产加工过程中，BIM 信息化技术可以直观地表达出配筋的空间关系和各种参数情况，能自动生成构件下料单、派工单、模具规格参数等生产表单，并且能通过可视化的直观表达帮助工人更好地理解设计意图，形成 BIM 生产模拟动画、流程图、说明图等辅助培训的材料，有助于提高工人生产的准确性和质量效率。

(3) 实现预制构件的数字化制造

借助工厂化、机械化的生产方式，采用集中、大型的生产设备，将 BIM 信息数据输入设备，就可以实现机械的自动化生产，这种数字化建造的方式可以大大提高工作效率和生产质量。比如现在已经实现了钢筋网片的商品化生产，符合设计要求的钢筋在工厂自动下料、自动成形、自动焊接（绑扎），形成标准化的钢筋网片。

3.4.8 信息完备性

信息完备性体现在 BIM 技术可对工程对象进行 3D 几何信息和拓扑关系的描述以及完整的工程信息描述，如对象名称、结构类型、建筑材料、工程性能等设计信息；施工工序、进度、成本、质量以及人力、机械、材料资源等施工信息；工程安全性能、材料耐久性能等维护信息；对象之间的工程逻辑关系等。

3.5 BIM 的作用与价值

3.5.1 BIM 在勘察设计阶段的作用与价值

BIM 在勘察设计阶段的主要应用价值见表 3.5.1-1。

BIM 在勘察设计阶段的应用价值 **表 3.5.1-1**

勘察设计 BIM 应用内容	勘察设计 BIM 应用价值分析
设计方案论证	设计方案比选与优化，提出性能、品质最优的方案
设计建模	① 三维模型展示与漫游体验，很直观； ② 建筑、结构、机电各专业协同建模； ③ 参数化建模技术实现一处修改，相关联内容智能变更； ④ 避免错、漏、碰、缺发生

续表

勘察设计BIM应用内容	勘察设计BIM应用价值分析
能耗分析	① 通过IFC或gbxml格式输出能耗分析模型； ② 对建筑能耗进行计算、评估，进而开展能耗性能优化； ③ 能耗分析结果存储在BIM模型或信息管理平台中，便于后续应用
结构分析	① 通过IFC或Structure Model Center数据数据计算模型； ② 开展抗震、抗风、抗火等结构性能设计； ③ 结构计算结果存储在BIM模型或信息管理平台中，便于后续应用
光照分析	① 建筑、小区日照性能分析； ② 室内光源、采光、景观可视度分析； ③ 光照计算结果存储在BIM模型或信息管理平台中，便于后续应用
设备分析	① 管道、通风、负荷等机电设计中的计算分析模型输出； ② 冷、热负荷计算分析； ③ 舒适度模拟； ④ 气流组织模拟； ⑤ 设备分析结果存储在BIM模型或信息管理平台中，便于后续应用
绿色评估	①通过IFC或gbxml格式输出绿色评估模型； ② 建筑绿色性能分析，其中包括：规划设计方案分析与优化；节能设计与数据分析；建筑遮阳与太阳能利用；建筑采光与照明分析；建筑室内自然通风分析；建筑室外绿化环境分析；建筑声环境分析；建筑小区雨水采集和利用； ③ 绿色分析结果存储在BIM模型或信息管理平台中，便于后续应用
工程量统计	① BIM模型输出土建、设备统计报表； ② 输出工程量统计，与概预算专业软件集成计算； ③ 概预算分析结果存储在BIM模型或信息管理平台中，便于后续应用
其他性能分析	① 建筑表面参数化设计； ② 建筑曲面幕墙参数化分格、优化与统计
管线综合	各专业模型碰撞检测，提前发现错、漏、碰、缺等问题，减少施工中的返工和浪费
规范验证	BIM模型与规范、经验相结合，实现智能化的设计，减少错误，提高设计便利性和效率
设计文件编制	从BIM模型中出版二维图纸、计算书、统计表单，特别是详图和表达，可以提高施工图的出图效率，并能有效减少二维施工图中的错误

在我国的工程设计领域应用BIM的部分项目中，可发现BIM技术已获得比较广泛的应用，除表3.5.1-1中的“规范验证”外，其他方面都有应用，应用较多的方面大致如下：

（1）设计中均建立了三维设计模型，各专业设计之间可以共享三维设计模型数据，进行专业协同、碰撞检查，避免数据重复录入。

（2）使用相应的软件直接进行建筑、结构、设备等各专业设计，部分专业的二维设计图纸可以从三维设计模型自动生成。

（3）可以将三维设计模型的数据导入各种分析软件，例如能耗分析、日照分析、风环境分析等软件中，快速地进行各种分析和模拟、快速计算工程量并进一步进行工程成本的预测。

3.5.2 BIM在施工阶段的作用与价值

1. BIM对施工阶段技术提升的价值

（1）辅助施工深化设计或生成施工深化图纸；

（2）利用BIM技术对施工工序的模拟和分析；

（3）基于BIM模型的错漏碰缺检查；

（4）基于BIM模型的实时沟通方式。

2. BIM对施工阶段管理和综合效益提升的价值

（1）可提高总包管理和分包协调工作效率；

（2）可降低施工成本。

3. BIM对工程施工的价值和意义（表3.5.2-1）

BIM对工程施工的价值和意义 表3.5.2-1

工程施工BIM应用	工程施工BIM应用价值分析
支撑施工投标的BIM应用	① 3D施工工况展示； ② 4D虚拟建造
支撑施工管理和工艺改进的单项功能BIM应用	①设计图纸审查和深化设计； ② 4D虚拟建造，工程可建性模拟（样板对象）； ③ 基于BIM的可视化技术讨论和简单协同； ④ 施工方案论证、优化、展示以及技术交底； ⑤工程量自动计算； ⑥ 消除现场施工过程干扰或施工工艺冲突； ⑦ 施工场地科学布置和管理； ⑧ 有助于构配件预制生产、加工及安装
支撑项目、企业和行业管理集成与提升的综合BIM应用	① 4D计划管理和进度监控； ② 施工方案验证和优化； ③ 施工资源管理和协调； ④ 施工预算和成本核算； ⑤ 质量安全管理； ⑥ 绿色施工； ⑦ 总承包、分包管理协同工作平台； ⑧ 施工企业服务功能和质量的拓展、提升
支撑基于模型的工程档案数字化和项目运维的BIM应用	① 施工资料数字化管理； ② 工程数字化交付、验收和竣工资料数字化归档； ③ 业主项目运维服务

3.5.3 BIM在运营维护阶段的作用与价值

BIM参数模型可以为业主提供建设项目中所有系统的信息，在施工阶段做出的修改将全部同步更新到BIM参数模型中形成最终的BIM竣工模型（As—builtmodel），该竣工模型作为各种设备管理的数据库为系统的维护提供依据。

此外，BIM可同步提供有关建筑使用情况或性能、入住人员与容量、建筑已用时间以及建筑财务方面的信息；同时，BIM可提供数字更新记录，并改善搬迁规划与管理。BIM还促进了标准建筑模型对商业场地条件（例如零售业场地，这些场地需要在许多不同地点建造相似的建筑）的适应。有关建筑的物理信息（例如完工情况、承租人或部门分配、家具和设备库存）和关于可出租面积、租赁收入或部门成本分配的重要财务数据都更加易于管理和使用。稳定访问这些类型的信息可以提高建筑运营过程中的收益与成本管理水平。

综合应用GIS技术，将BIM与维护管理计划相链接，实现建筑物业管理与楼宇设备的实时监控相集成的智能化和可视化管理，及时定位问题来源。结合运营阶段的环境影响和灾害破坏，针对结构损伤、材料劣化及灾害破坏，进行建筑结构安全性、耐久性分析与预测。

3.5.4 BIM在项目全生命周期的作用与价值

在传统的设计一招标一建造模式下，基于图纸的交付模式使得跨阶段时信息损失带来大量价值的损失，导致出错、遗漏，需要花费额外的精力来创建、补充精确的信息。而基于BIM模型的协同合作模型下，利用三维可视化、数据信息丰富的模型，各方可以获得更大投入产出比（图3.5.4-1）。

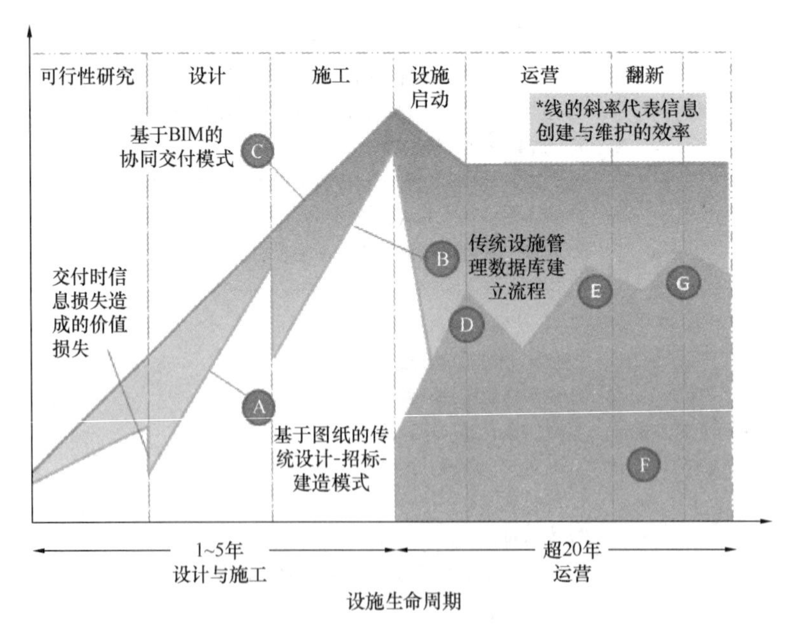

图3.5.4-1 设施生命周期中各阶段的信息与效率图

A传统单阶段、基于图纸的交付；
B传统设施管理数据库系统；
C基于BIM的一体化交付与运营；
D设施管理数据库的建立；
E FM与后台办公系统的整合；
F利用既存图纸进行翻新；
G更新设施管理数据库

美国 building SMART alliance（bSa）在“BIM Project Execution Planning Guide Version 1.0”中，根据当前美国工程建设领域的 BIM 使用情况总结了 BIM 的 20 多种主要应用（图 3.5.4-2）。可以发现，BIM 应用贯穿了建筑的规划、设计、施工与运营四大阶段，多项应用是跨阶段的，尤其是基于 BIM 的“现状建模”与“成本预算”贯穿了建筑的全生命周期。

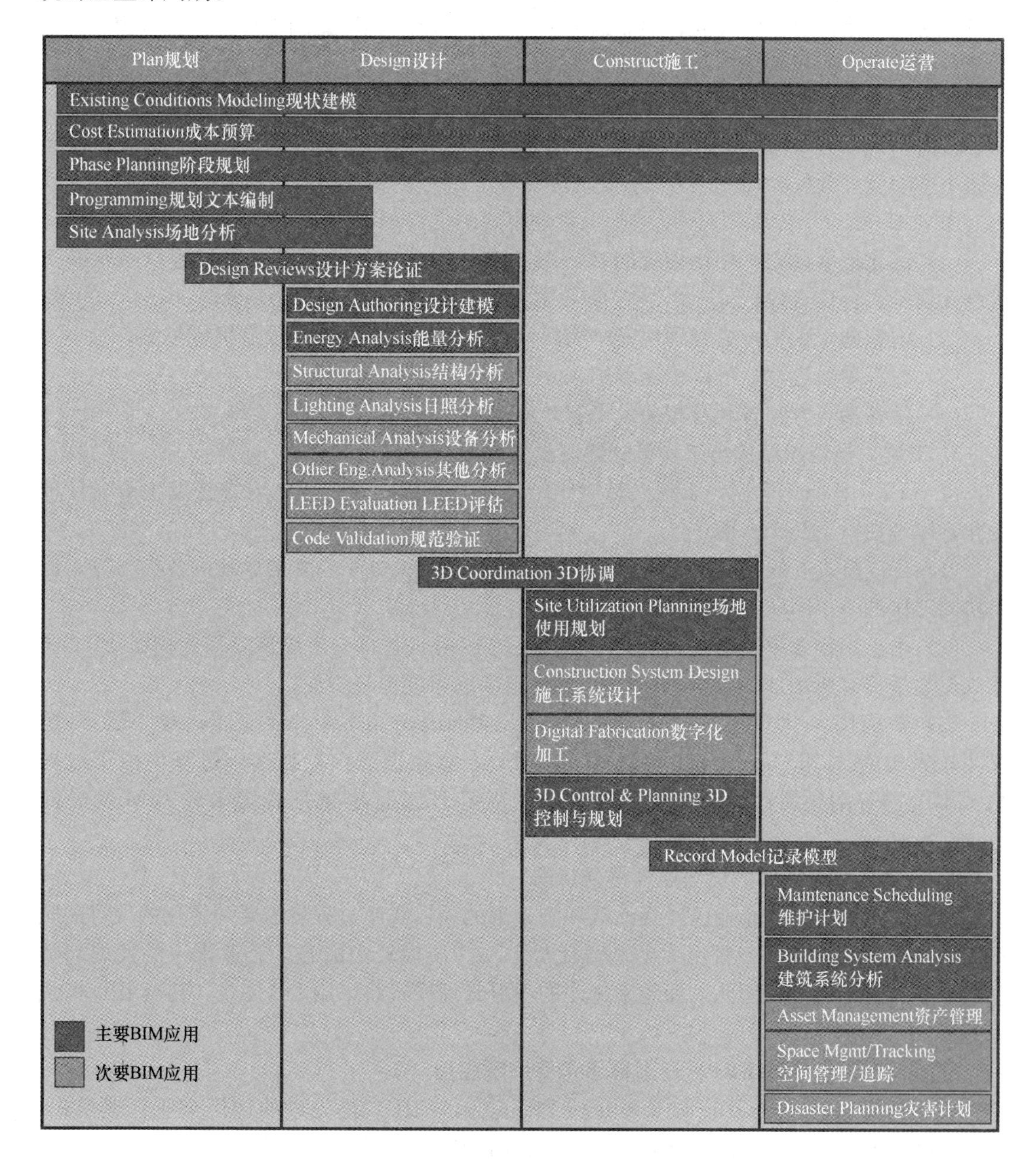

图 3.5.4-2　BIM 在建筑工程行业的 25 种应用图（bSa）

基于 BIM 技术无法比拟的优势和活力，现今 BIM 已被越来越多的专家应用在各式各样的工程项目中，涵盖了从简单的仓库到形式最为复杂的新建筑，随着建筑物的设计、施工、运营的推进，BIM将在建筑的全生命周期管理中不断体现其价值。

3.5.5　BIM技术给工程建设带来的变化

1. 更多业主要求应用BIM

由于BIM的可视化平台可以让业主随时检查其设计是否符合业主的要求，且BIM技术所带来的价值优势是巨大的，如能缩短工期、在早期得到可靠的工程预算、得到高性能的项目结果、方便设备管理与维护等。

2. BIM 4D工具成为施工管理新的技术手段

目前，大部分BIM软件开发商都将4D功能作为BIM软件不可或缺的一部分，甚至一些小型的软件开发公司专门开发4D软件工具。

BIM 4D相对于传统2D图纸的施工管理模式的优势如下：

(1) 优化进度计划，相比传统的甘特图，BIM4D可直观地模拟施工过程以检验施工进度计划是否合理有效；

(2) 模拟施工现场，更合理地安排物料堆放、物料运输路径及大型机械位置；

(3) 跟踪项目进程，可以快速辨别实际进度是否提前或滞后；

(4) 使各参与方与各利益相关者更有效地沟通。

3. 工程人员组织结构与工作模式逐渐发生改变

由于BIM智能化应用，工程人员组织结构、工作模式及工作内容等将发生革命性地变化，体现在以下几个方面：

(1) IPD模式下的人员组织机构不再是传统意义上的处于对立的单独的各参与方，而是协同工作的一个团队组织；

(2) 由于工作效率的提高，某些工程人员的数量编制将有所缩减，而专门的BIM技术人员数量将有所增加、对于工程人员BIM培训的力度也将增加；

(3) 美国国家建筑科学研究院（National Institute of Building Seiences，NIBs）定义了国家BIM标准（National BxM StandardS），意在消除在项目实施过程中由于数据格式不统一等问题所产生的大量额外工作；制定BIM标准也是我国未来BIM发展的方向。

4. 一体化协作模式的优势逐渐得到认同

一些建筑业的领头企业已经逐渐认识到未来的项目实施过程将需要一体化的项目团队来完成，BIM的应用将发挥巨大的利益优势。一些规模较大的施工企业未来的发展趋势会将设立其自己的设计团队，而越来越多的项目管理模式将采用DB模式，甚至IPD模式来完成。

5. 企业资源计划（ERP）逐渐被承包商广泛应用

企业资源计划（Enterprise Resource Planning，ERP）是先进的现代企业管理模式，主要实施对象是企业，目的是将企业的各个方面的资源（包括人、财、物、产、供、销等因素）合理配置，以使之充分发挥效能，使企业在激烈的市场竞争中全方位地发挥能量，从而取得最佳经济效益。世界500强企业中有80%的企业都在用ERP软件作为其决策的工具和管理日常工作流程，其功效可见一斑。目前ERP软件也正在逐步被建筑承包商企业所采用，用作企业统筹管理多个建设项目的采购、账单、存货清单及项目计划等方面。

一旦这种企业后台管理系统（Back office system）建立，将其与CAD系统、3D系统、BIM系统等整合在一起，将大大提升企业的管理水平，提高经济性。

6. 更多地服务于绿色建筑

由于气候变化、可持续发展、建设项目舒适度要求提高等方面的因素，建设绿色建筑已是一种趋势。BIM技术可以为设计人员分析能耗、选择低环境影响的材料等方面提供帮助。

3.6 装配式建筑发展制约因素

近年来，由于国家的大力倡导，许多地方开展了预制装配式建筑工程的试点工作。但是，往往在实施过程中，都会发生“管理不到位，技术不成熟”的现象。很多施工单位对预制装配式建筑的理解还是基于传统的现浇结构，就是将传统的建筑构件按照一定的规律进行拆分，然后转移到工厂生产，然后再将各部分的部件按照原来的方式重新吊装回去，这样往往预制率不高，连接节点处理很不好，导致质量很差、经济效益不高。

在管理上依然采取“层层分包”的模式，各方资质得不到保障，导致出现了很多工程质量和安全问题，甚至比传统的现浇混凝土建筑的问题还多，这大大限制了集装式建筑的发展。

3.6.1 装配式建筑行业内存在不完善的法规政策

目前，国内屈指可数的政策性文件如《绿色建筑行动》《进一步加强城市规划建设管理工作的若干意见》《关于大力发展装配式建筑的指导意见》等在推广装配式建筑，这些政策的落实情况与预期还有些差距，由于约束力有限，很多企业也并没有严格按照要求执行，对装配式建筑的发展有待深一步深化。

3.6.2 经济支撑政策不完善

现代社会，现代企业的发展很大程度上都是以利益驱动为导向，虽然装配式建筑的科技含量高，运用先进的施工技术和管理模式，保障了建筑工程的质量，保护了环境，节约了资源。但是毕竟我国的装配式建筑的发展还处于起步阶段，装配式建筑的概念还没有深入经营管理者心里，大多数的公司企业都还处于摸索阶段，技术还不成熟，很大程度上影响了成本的提高，管理模式的落后等更多不可控因素都会影响最终建筑的成本，所以导致很多企业不愿意发展装配式建筑。如果没有长效的激励政策，如金融、财政、税收等方面，促使企业开展研究装配式建筑的探索，装配式建筑的政策依旧无法落地，装配式建筑的发展依旧会发展缓慢。

3.6.3 技术水平不足

装配式建筑的发展和广泛应用依赖于扎实的专业技术，但是目前许多企业在需要极强专业技能的关键技术岗位上，或多或少地存在断层或衔接不上的危机，使得在产能扩大方面存在极大的局限性，不能满足住宅产业化的需求。

主要体现在以下几个方面：

1. 设计方面

深化设计是制作新型预制构件的必要步骤。但传统的预制构件厂和设计院要么不具备成熟稳定的深化设计模块化的能力，要么不考虑深化设计，由此造成预制构件的生产存在一定偏差，不符合标准。

2. 质量方面

由于生产所用的原材料的质量没有统一标准，参差不齐，使得磨具和配件的质量存在一定的差异，难以存在高质量。另外生产时的装备资源尚未形成成熟的通用模块，大部分需重新开模，有待改进。

3. 未形成标准化的预制构件

目前存在的构件大多品种单一，通用性较差，使得在建筑结构上的应用存在脱节现象，尚未形成产业化的产品生产体系。

4. 配套材料供应不足

在整个装配式建筑生产和应用阶段，需要大量的配套材料，如保温连接件、预埋件、灌浆料、吊装配件、钢筋套筒、密封胶等。目前存在的问题是，这些配套材料的供应不足及产品质量管理体系未成熟，阻碍产业化产品生产体系的实现。

5. 管理技术不完善

健全完善的项目管理体系是实现装配式建筑项目良好运营的关键技术。目前，目前管理者对于装配式建筑项目在工程管理中的实施仍处于探索阶段，缺乏相关的知识储备，造成实际施工效率低下；项目管理者没有深入理解装配式建筑的概念，认为装配式建筑比传统工艺前期投入较高，存在风险，从而限制了对管理模式的优化。

3.6.4　经济成本高

一切活动的实现需要强大的经济支撑。装配式建筑项目的顺利实施依赖于完善的经济管理体系和充足的资金支持。目前我国装配式建筑的成本一直居高不下，仍存在以下制约装配式建筑项目发展的经济因素：

（1）在整个装配式建筑项目实施的过程中设计多个单位之间的协同合作，例如设计单位、建设单位、施工单位以及项目监管单位。目前在不成熟的市场机制下这些单位处于条块分割状态，没有推行EPC工程总承包的管理模式，造成责任界面不够清晰，极大地阻碍了施工工期和消耗了大量成本。

（2）市场化以及商业化发展受阻。目前装配式建筑项目的实施没有形成完善的产业链，处于“零星”的运作状态，前期工厂投建、技术研发、人力培训、专业器材采购，无疑造成了先进企业前期投入成本过高，后期获利较慢。

（3）由于该领域专业人士专业知识的匮乏以及对成本认知的误区，造成社会资本对装配式建筑项目的资金投入减少，缺乏该有的积极性，甚至影响资本市场对装配式建筑项目的支撑力度，加剧了产业链的崩溃。

3.6.5　监管体系不健全

目前，推行装配式建筑监管机制，在全国还多是分散在各个部门和多个环节，尚未形成合力；推行装配式建筑的配套措施有待健全；装配式建筑的招标投标及承分包规定、各阶段设计深度要求、预制构件厂能力评价、绿色建筑综合评价等市场规则，亟须根据建筑工业化的特点进行调整；构件生产、施工安装等环节的质量安全监管方式、相关企业的责任界定，以及检测、验收要求也需要尽快补充完善。可见，推行装配式建筑，同样呼唤监管体系应配套跟进。

3.7 BIM 技术在装配式建筑应用必要性

装配式建筑是用预制的构件在工地装配而成的建筑，是我国建筑结构发展的重要方向之一，它有利于我国建筑工业化的发展，提高生产效率节约能源，发展绿色环保建筑，并且有利于提高和保证建筑工程质量。与现浇施工工法相比，装配式 RC 结构有利于绿色施工，因为装配式施工更能符合绿色施工的节地、节能、节材、节水和环境保护等要求，降低对环境的负面影响，包括降低噪声，防止扬尘，减少环境污染，清洁运输，减少场地干扰，节约水、电、材料等资源和能源，遵循可持续发展的原则。而且，装配式结构可以连续地按顺序完成工程的多个或全部工序，从而减少进场的工程机械种类和数量，消除工序衔接的停闲时间，实现立体交叉作业，减少施工人员，从而提高工效、降低物料消耗、减少环境污染，为绿色施工提供保障。另外，装配式结构在较大程度上减少建筑垃圾（约占城市垃圾总量的 30%～40%），如废钢筋、废铁丝、废竹木材、废弃混凝土等。

2013 年 1 月 1 日，国务院办公厅转发《绿色建筑行动方案》，明确提出将“推动建筑工业化”列为十大重要任务之一，同年 11 月 7 日，全国政协主席俞正声主持全国政协双周协商座谈会，建言“建筑产业化”，这标志着推动建筑产业化发展已成为最高级别国家共识，也是国家首次将建筑产业化落实到政策扶持的有效举措。随着政府对建筑产业化的不断推进，建筑信息化水平低已经成为建筑产业化发展的制约因素，如何应用 BIM 技术提高建筑产业信息化水平、推进建筑产业化向更高阶段发展，已经成为当前一个新的研究热点。

利用 BIM 技术能有效提高装配式建筑的生产效率和工程质量，将生产过程中的上下游企业联系起来，真正实现以信息化促进产业化。借助 BIM 技术三维模型的参数化设计，使得图纸生成修改的效率有了很大幅度的提高，克服了传统拆分设计中的图纸量大、修改困难的难题；钢筋的参数化设计提高了钢筋设计精确性，加大了可施工性。加上时间进度的 4D 模拟，进行虚拟化施工，提高了现场施工管理的水平，降低了施工工期，减少了图纸变更和施工现场的返工，节约投资。因此，BIM 技术的使用能够为预制装配式建筑的生产提供了有效帮助，使得装配式工程精细化这一特点更为容易实现，进而推动现代建筑产业化的发展，促进建筑业发展模式的转型。

关于装配式建筑与 BIM 结合的必要性，主要有如下几个方面：

（1）提高装配式建筑设计效率。装配式建筑由于需要对预埋构件和与预留孔洞进行严密设计，因此各专业的沟通显得比现浇建筑更为重要。通过 BIM 平台，方便了各个专业的交流，各个专业的设计人员可以实现自己的诉求，并通过碰撞模拟找出模型设计过程中的疏漏，减少了变更设计带来的费用。

（2）实现装配式预制构件的标准化设计。在装配式建筑中，建筑模数的使用有利于促进装配式建筑的标准化。可以将不同建筑构件的构件尺寸、样式上传至云端进行整合，并建立成预制构件的标准化族库，进而促进装配式建筑规范和标准的制定。同时，可以将各个族库中的构件任意组装，增加了装配式结构建筑样式的多样性，同时也减少了建筑设计的成本和时间。

（3）降低装配式建筑的设计误差。通过 BIM 技术进行设计装配式建筑构件，可以对构件尺寸、钢筋直径、间距以及保护层厚度进行精细化设计。在三维模型中，可以判断相邻构件之间的连接情况，并可以通过碰撞检测发现构件之间的冲突。避免设计粗糙，而在吊装拼装的过程中出现问题，影响工期并造成经济损失。

课　后　习　题

一、单项选择题

1. 下列对 BIM 的含义理解不正确的是（　　）。

A. BIM 是以三维数字技术为基础，集成了建筑工程项目各种相关信息的工程数据模型，是对工程项目设施实体与功能特性的数字化表达

B. BIM 是一个完善的信息模型，能够连接建筑项目生命期不同阶段的数据、过程和资源，是对工程对象的完整描述，提供可自动计算、查询、组合拆分的实时工程数据，可被建设项目各参与方普遍使用

C. BIM 具有单一工程数据源，可解决分布式、异构工程数据之间的一致性和全局共享问题，支持建设项目生命期中动态的工程信息创建、管理和共享，是项目实时的共享数据平台

D. BIM 技术是一种仅限于三维的模型信息集成技术，可以使各参与方都能够在项目从概念产生到完全拆除的整个生命周期内模型中操作信息和在信息中操作模型

2. 下列属于 BIM 技术在业主方的应用优势的是（　　）。

A. 实现可视化设计、协同设计、性能化设计、工程量统计和管线综合

B. 实现规划方案预演、场地分析、建筑性能预测和成本估算

C. 实现施工进度模拟、数字化建造、物料跟踪、可视化管理和施工配合

D. 实现虚拟现实和漫游、资产、空间等管理、建筑系统分析和灾害应急模拟

3. 下列哪个国家强制要求在建筑领域使用 BIM 技术（　　）。

A. 美国　　B. 英国

C. 日本　　D. 韩国

4. 下列对 IFC 理解正确的是（　　）。

A. IFC 是一个包含各种建设项目设计、施工、运营各个阶段所需要的全部信息的一种基于对象的、公开的标准文件交换格式

B. IFC 是对某个指定项目以及项目阶段、某个特定项目成员、某个特定业务流程所需要交换的信息以及由该流程产生的信息的定义

C. IFC 是对建筑资产从建成到退出使用整个过程中对环境影响的评估

D. IFC 是一种在建筑的合作性设计施工和运营中基于公共标准和公共工作流程的开放资源的工作方式

5. 下列关于国内外 BIM 发展状态说法不正确的是(　　)。

A. 美国是较早启动建筑业信息化研究的国家，发展至今，BIM 研究与应用都走在世界前列

B. 与大多数国家相比，新加坡政府强制要求使用 BIM

C. 北欧国家包括挪威、丹麦、瑞典和芬兰，是一些主要的建筑业信息技术的软件厂商所在地，如 Tekla 和 Solibri，而且对发源于邻近匈牙利的 ArchiCAD 的应用率也很高

D. 近来 BIM 在国内建筑业形成一股热潮，除了前期软件厂商的大声呼吁外，政府相关单位、各行业协会与专家、设计单位、施工企业、科研院校等也开始重视并推广 BIM

6. (　　)指的是通过参数更改技术使用户对建筑设计或文档部分作的任何改动，都可以自动在其他相关联的部分反映出来。

A. 参数化模拟　　B. 参数化图元

C. 参数化修改引擎　　D. 参数化保存数据

7. BIM 的参数化设计分为参数化图元和(　　)。

A. 参数化操作　　B. 参数化修改引擎

C. 参数化提取数据　　D. 参数化保存数据

8. 施工仿真的应用内容不包括(　　)。

A. 施工方案模拟、优化　　B. 施工变更管理

C. 工程量自动计算　　D. 消除现场施工过程干扰或施工工艺冲突

9. 运维仿真的应用内容不包括(　　)。

A. 碰撞检查　　B. 设备的运行监控

C. 能源运行管理　　D. 建筑空间管理

10. 通过 BIM 三维可视化控件及程序自动检测，可对建筑物内机电管线和设备进行直观布置模拟安装，检查是否碰撞，找出问题所在及冲突矛盾之处，从而提升设计质量，减少后期修改，降低成本及风险。上述特性指的是(　　)。

A. 设计协调　　B. 整体进度规划协调

C. 成本预算、工程量估算协调　　D. 运维协调

11. 以下说法不正确的是(　　)。

A. 运用 BIM 技术，除了能够进行建筑平、立、剖及详图的输出外，还可以输出碰撞报告及构件加工图等

B. 建筑与设备专业的碰撞主要包括建筑与结构图纸中的标高、柱、剪力墙等的位置是否不一致等

C. 基于 BIM 模型可调整解决管线空间布局问题如机房过道狭小、各管线交叉等问题

D. 借助工厂化、机械化的生产方式，将 BIM 信息数据输入设备，就可以实现机械的自动化生产，这种数字化建造的方式可以大大提高工作效率和生产质量

12. 以下说法不正确的是(　　)。

A. 一体化指的是基于 BIM 技术可进行从设计到施工再到运营贯穿了工程项目的全生命周期的一体化管理

B. 参数化建模指的是通过数字（常量）建立和分析模型，简单地改变模型中的数值就能建立和分析新的模型

C. 信息完备性体现在BIM技术可对工程对象进行3D几何信息和拓扑关系的描述以及完整的工程信息描述

D. BIM及与其配套的各种优化工具提供了对复杂项目进行优化的可能，把项目设计和投资回报分析结合起来，计算出设计变化对投资回报的影响，可以带来显著的工期和造价改进

13. 关于BIM等级从不同阶段的成熟度划分为几个阶段(　　)?

A. 3个　　B. 4个

C. 5个　　D. 6个

14. BIM技术可进行从设计到施工再到运营贯穿了工程项目的全生命周期的一体化管理，体现了BIM的哪项特点(　　)?

A. 协调性　　B. 一体化

C. 优化性　　D. 仿真性

15. 下列哪项不属于装配式技术水平不足的特点(　　)?

A. 设计方面　　B. 支撑政策不完善

C. 质量方面　　D. 配套材料供应不足

二、多项选择题

1. 下列选项属于BIM技术的特点的是(　　)。

A. 可视化　　B. 参数化

C. 一体化　　D. 仿真性

E. 全能性

2. 对建筑物进行性能分析主要包括(　　)。

A. 能耗分析　　B. 光照分析

C. 结构分析　　D. 设备分析

E. 绿色评估

3. 运维管理主要包括(　　)。

A. 空间协调管理　　B. 时间协调管理

C. 设施协调管理　　D. 隐蔽工程协调管理

E. 应急管理协调　　F. 节能减排管理协调

4. 信息类型主要包括(　　)。

A. 静态　　B. 动态不需要维护过去版

C. 动态需要维护版本历史　　D. 所有版本都需要维护

E. 只维护特定数目的前期版本

5. 在项目交付和试运行阶段，业主认可施工工作、交接必要的文档、执行培训、支付保留款、完成工程结算，主要的交付活动包括(　　)。

A. 建筑和产品系统启动

B. 发放入住授权，设施开始使用

C. 业主给承包商准备竣工查核事项表

D. 运营和维护培训完成
E. 资产转让
F. 竣工计划提交
G. 保用和保修条款开始生效

6. 项目全生命周期主要包括(　　)。

A. 规划和计划阶段　　B. 设计阶段
C. 施工阶段　　D. 项目交付和试运行阶段
E. 项目运营和维护阶段　　F. 清理阶段

7. 参数化几何造型的技术特点包括(　　)。

A. 使用新一代行为建模技术，实现全智能化设计，捕捉设计参数和目标
B. 目标驱动设计，用户可以定义要解决的问题，给出动作特征、可重复利用的分析特征，可实现多参数的可行性研究和多标准、多参数优化研究
C. 全关联的、单一的数据结构，具有在系统中做动态修改的能力，使设计、制造的各阶段并行工作，数据修改可自动关联
D. 以功能为基础，用户可使用外壳、填充体等智能化的功能特征进行复杂形体零件的三维造型和参数化设计，并可同时获得二维参数化图形，特别适用系列产品的变量化设计

8. 下列选项体现的是 BIM 在勘察设计阶段的应用价值的有(　　)。

A. 设计方案论证　　B. 设计建模
C. 结构分析　　D. 物料管理
E. 规范验证

9. BIM 技术给工程建设带来的变化主要包括(　　)。

A. 更多业主要求应用 BIM
B. BIM 4D 工具成为施工管理新的技术手段
C. 工程人员组织结构与工作模式逐渐发生改变
D. 一体化协作模式的优势逐渐得到认同
E. 企业资源计划（ERP）逐渐被承包商广泛应用
F. 更多地服务于绿色建筑

10. 关于装配式建筑与 BIM 结合的必要性(　　)。

A. BIM 技术应用覆盖面较广
B. 提高装配式建筑设计效率
C. 实现装配式预制构件的标准化设计
D. 降低装配式建筑的设计误差
E. BIM 普及度高

参考答案

一、单项选择题

1. D　2. B　3. B　4. A　5. B
6. C　7. B　8. B　9. A　10. A
11. B　12. B　13. B　14. B　15. B

二、多项选择题

1. ABCD	2. ABDE	3. ACDEF	4. ABCDE	5. ABCDFG
6. ABCDEF	7. ABCD	8. ABCE	9. ABCDEF	10. BCD

第 4 章　BIM 在装配式建筑中的应用内容

本章导读

本章节内容主要将装配式 BIM 在各个阶段中的具体应用做统一介绍，其中主要包括装配式建筑在设计阶段、深化设计阶段、构件生产阶段、物流运输阶段、现场施工阶段、装饰装修阶段六个阶段中如何有效地与 BIM 进行结合。最后，讲解了装配式建筑在结合 BIM 技术以后，怎样达到项目的协同应用管理。

4.1 装配式BIM应用总流程

BIM在预制装配式建筑的初步设计、深化设计、构件生产、物流运输、现场施工、物业运维6个阶段均能做到有效地应用，如图4.1-1所示。

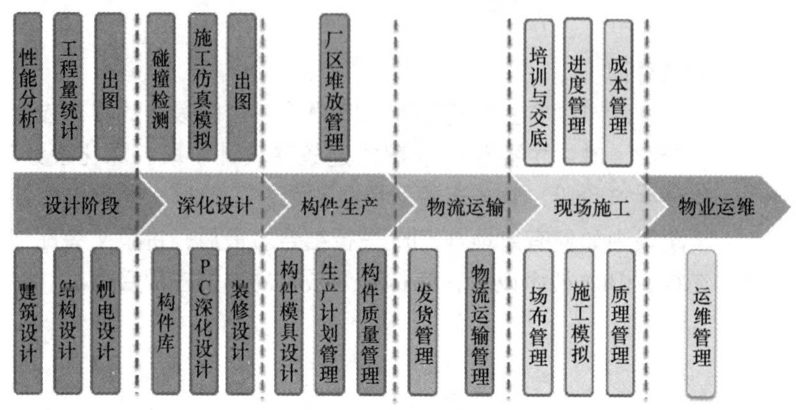

图4.1-1 预制装配式建筑中BIM的应用点

4.2 装配式BIM在设计阶段应用

现今的装配式结构设计方法是以现浇结构的设计为参照，先结构选型，结构整体分析，然后拆分构件和设计节点，预制构件深化设计后，由工厂预制再运送到施工现场进行装配。这种设计方法会导致预制构件的种类繁多，不利于预制构件的工业化生产，与建筑工业化的理念相冲突。所以，传统的设计思路必须转变，新的设计方法应关注预制构件的通用性，以期利用较少种类的构件设计满足多样性需求的建筑产品。因此，基于BIM的装配式结构设计方法应将标准通用的构件统一在一起，形成预制构件库。在装配式结构设计时，预制构件库中已有相应的预制构件可供选择，减少设计过程中的构件设计，从设计人工成本和设计时间成本方面减少造价，而不用详尽考虑每个构件的最优造价，以此达到从总体上降低造价的目的。预制构件库是预制构件生产单位和设计单位所共有的，设计时预制构件的选择可以限定在预制构件厂所提供的范围内，保证了二者的协调性；预制构件厂可以预先生产通用性较强的预制构件，及时提供工程项目需要的预制构件，工程建设的效率得到大大提高。预制构件库是不断完善的，并且应包含一些特殊的预制构件以满足特殊的建筑布局要求。

4.2.1 BIM构件库建立

新型装配式建筑的典型特征是标准化的预制构件或部品在工厂生产，然后运输到施工现场装配、组装成整体。在装配式建筑BIM应用中，模拟工厂加工的方式，以预制构件模型的方式来进行系统集成和表达，这就需要建立装配式建筑的BIM构件库。通过装配式建筑BIM构件库的建立，可以不断增加BIM虚拟构件的数量、种类和规格，逐步构建标准化预制构件库，如图4.2.1-1所示。

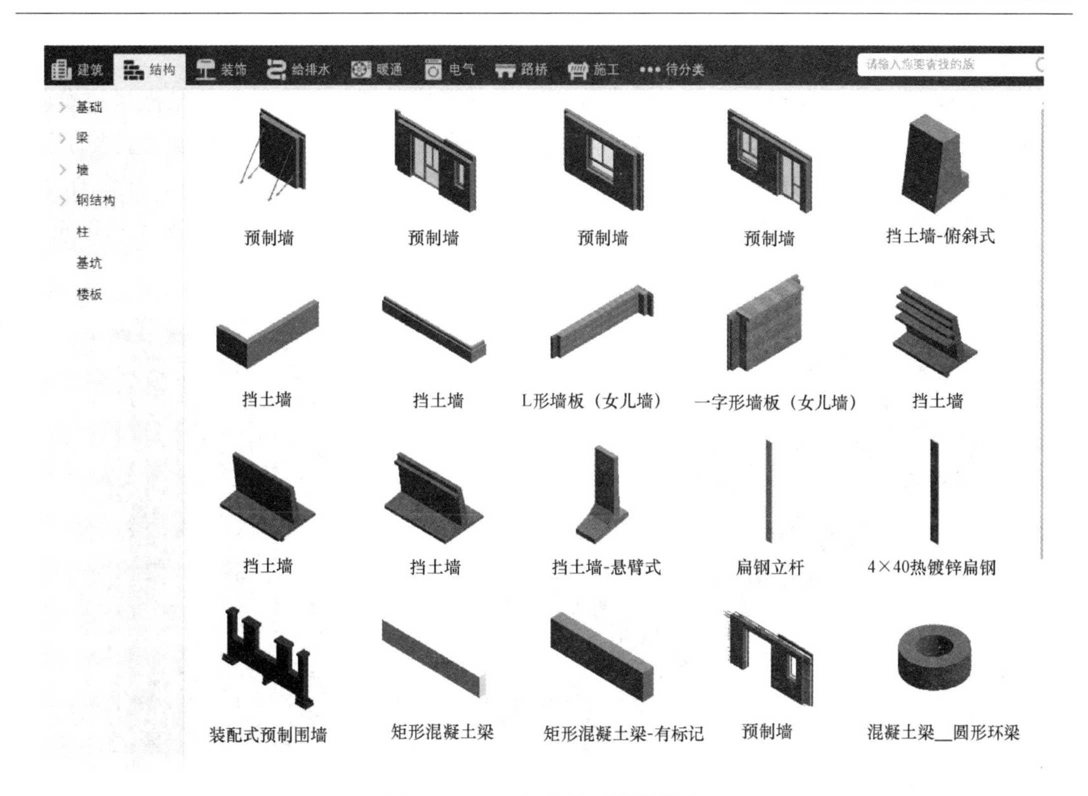

图 4.2.1-1 标准化预制构件库

4.2.2 BIM 建模与设计

基于 BIM 的建模设计包括模型建立、模型整合、碰撞检查、构件拆分与优化、模型出图。

1. 模型建立

利用软件的建模功能，建立项目 BIM 模型，构件、现浇模型细化到钢筋等深度，机电模型细化到插座等末端深度。如图 4.2.2-1 展示了预制装配式建筑 BIM 模型。

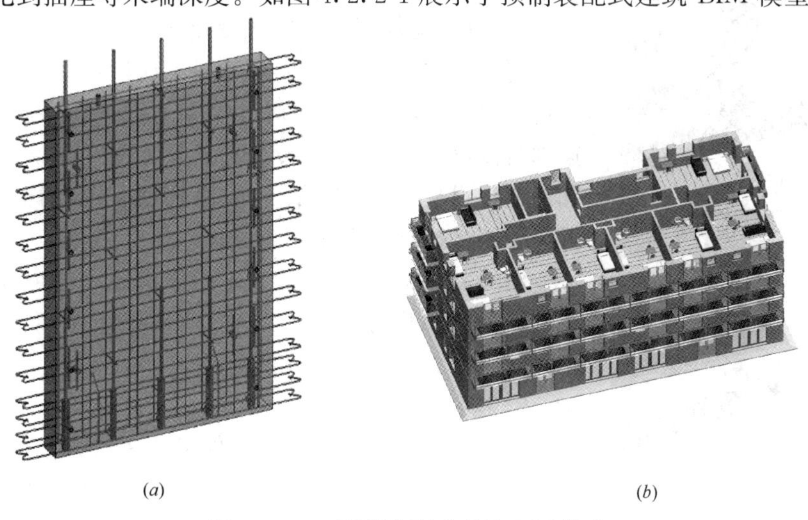

(a)　　(b)

图 4.2.2-1 预制装配式项目 BIM 模型

（a）预制构件配筋及构造模型；（b）标准层拼装模型

2. 模型整合

在各 BIM 子模型基础上，整合建筑和机电模型形成单层的整合模型及整栋楼的模型，如图 4.2.2-2 所示。目前 Revit 在整合了构件复杂钢筋模型后，存在对电脑性能要求高、构件链接后钢筋碰撞检查难、与构件生产系统的数据传递困难等方面的问题，虽然国内外有部分针对 Revit 在预制装配式建筑中应用的二次开发工作，但尚未形成普及的商业插件。

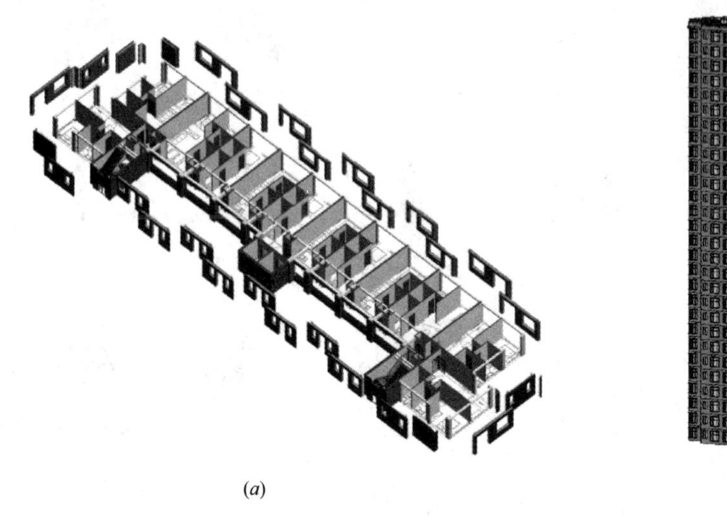

(*a*)

(*b*)

图 4.2.2-2　预制装配式项目 BIM 整合模型

(*a*) 单层整合模型；(*b*) 标准层整合模型

3. 碰撞检查

在 BIM 整合模型的基础上，进行预制构件内部、预制构件与机电、预预制构件之间的碰撞检查，在设计阶段解决碰撞问题，如图 4.2.2-3 所示。

图 4.2.2-3　预制装配式建筑设计中的碰撞

(*a*) 优化前；(*b*) 优化后

4. BIM 构件拆分及优化设计

传统方式下大多是在施工图完成以后，再由构件厂进行构件拆分（图 4.2.2-4）。实际上，正确的做法是在前期策划阶段就进行专业介入，确定好装配式建筑的技术路线和产业化目标，在方案设计阶段根据既定目标、依据构件拆分原则进行方案创作。

BIM 技术有助于建立上述工作机制，单个外墙的几何属性经过可视化分析，可以对预制外墙的类型数量进行优化，减少预制构件的类型和数量。

5. 构件出图

在碰撞检查完成后，对构件模型进行调整，创建视图、材料明细表，最终生成构件深化设计图纸，如图 4.2.2-5 所示。

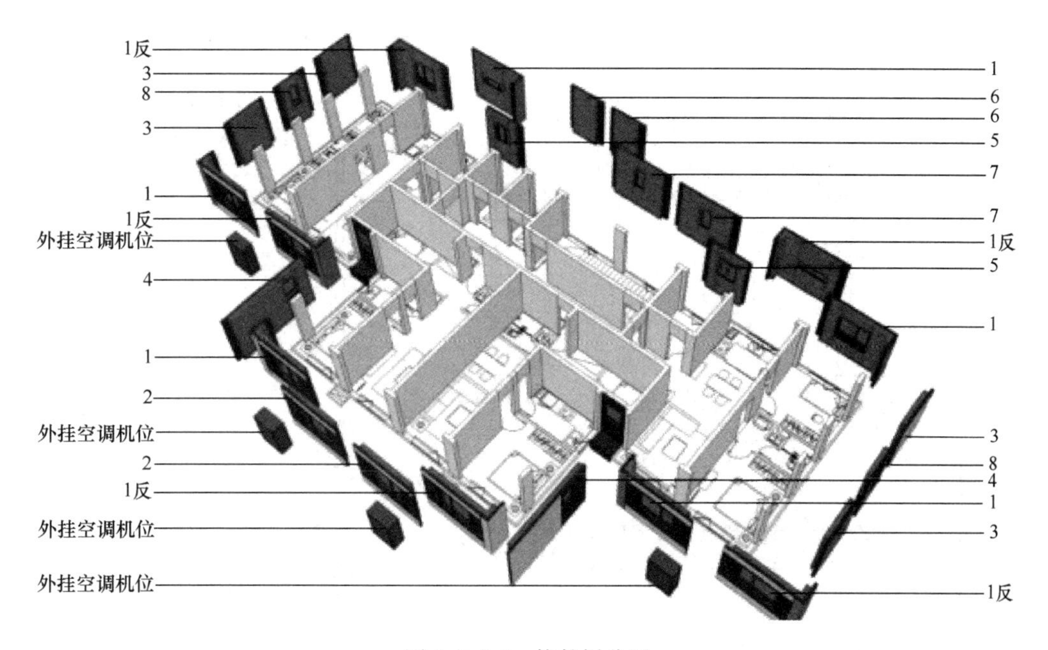

图 4.2.2-4　构件拆分图

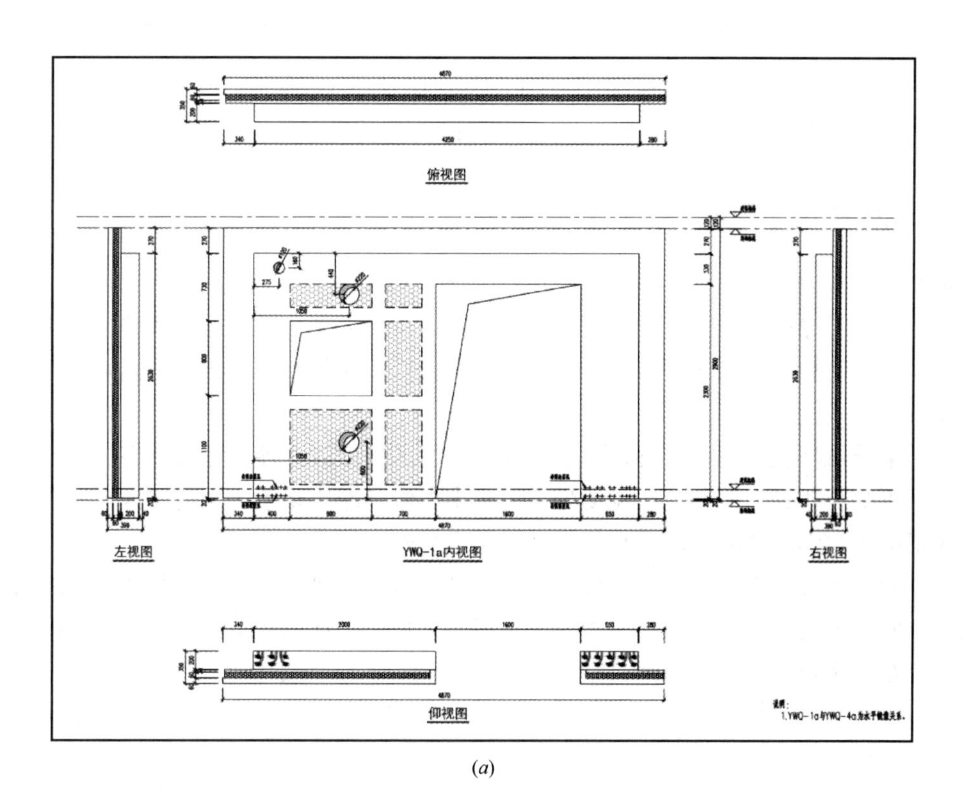

(*a*)

图 4.2.2-5　构件出图（一）

（*a*）模板图

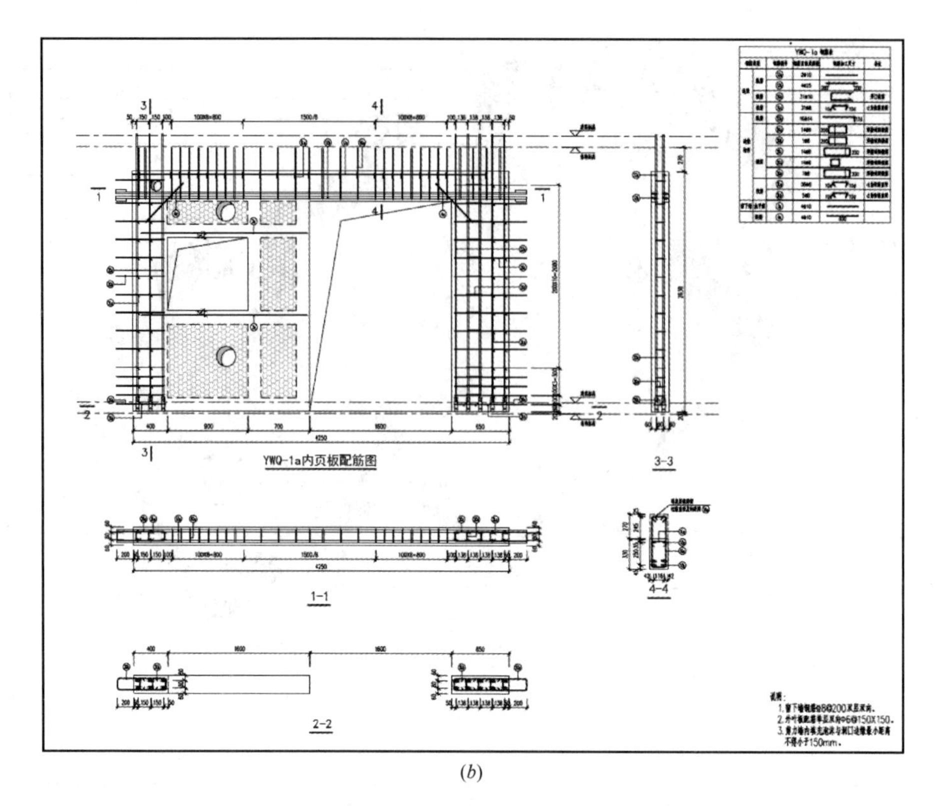

(*b*)

图 4.2.2-5　构件出图（二）

(*b*) 配筋图

4.2.3　建筑性能分析

可利用 BIM 模型的参数化特征，建立计算模型进行建筑性能分析，主要包括：

（1）自然采光模拟：分析相关设计方案的室内自然采光效果，通过调整建筑布局、饰面材料、围护结构的可见光透射比等，改善室内自然采光效果，并根据采光效果调整室内布局布置等。

（2）室外风环境模拟：改善住区建筑周边人行区域的舒适性，通过调整规划方案建筑布局、景观绿化布置，改善住区流场分布、减小涡流和滞风现象，提高住区环境质量；分析大风情况下，哪些区域可能因狭管效应引发安全隐患等。

（3）建筑环境噪声模拟分析：计算机声环境模拟的优势在于，建立几何模型之后，能够在短时间内通过材质的变化、房间内部装修的变化，来预测建筑的声学质量，以及对建筑声学改造方案进行可行性预测。

（4）小区热环境模拟分析：模拟分析住宅区的热岛效应，采用合理优化建筑单体设计、群体布局和加强绿化等方式削弱热岛效应。

（5）室内自然通风模拟：分析相关设计方案，通过调整通风口位置、尺寸、建筑布局等改善室内流场分布情况，并引导室内气流组织有效的通风换气，改善室内舒适情况。

4.2.4 经济算量分析

按照装配式建筑的组成及计价原则分为预制构件部分和现浇构件部分。结合装配式建筑的特点，可基于 BIM 模型对预制构件与现浇构件进行分类统计，通过分类统计可以快速比选设计方案，实现在方案策划阶段对成本的初步控制。需要开发专门的装配式建筑工程量计算软件，如图 4.2.4-1、图 4.2.4-2 所示。

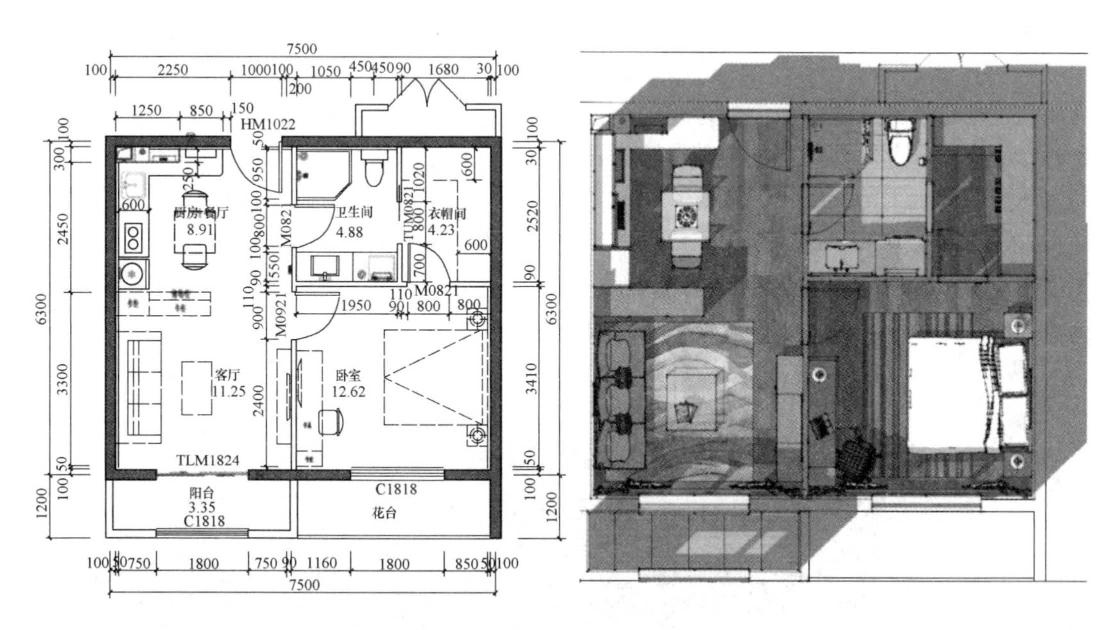

图 4.2.4-1 装配式建筑 BIM 模型

构件种类	构件材料	构件材料面积	构件材料体积
1. 预制外墙板rvt	预制-反打瓷砖	67363.66	333.24
	预制-混凝土-C30	137478.94	6587.51
	预制-挤塑聚苯板	71612.71	2275.69
2. 预制内墙板rvt	预制-混凝土-C30	13136.96	1171.20
3. 预制楼板rvt	预制-混凝土-C30	272685.37	3772.43
4. 预制女儿墙rvt	预制-反打瓷砖	179.47	0.89
	预制-混凝土-C30	376.21	17.54
	预制-挤塑聚苯板	173.06	5.52

（选项卡：构件信息 | 构件材料 | 分类构件材料 | 构件钢筋 | 构件结构连接件 | 门 | 窗）

图 4.2.4-2 在 BIM 模型中统计工程量

4.3 装配式 BIM 在深化设计中的应用

传统结构设计以二维施工图纸作为交付成果，各专业的图纸汇总时不免会发生碰撞等问题。BIM 应用中的碰撞检查能够出具碰撞报告，报告给出 BIM 模型中各种构件碰撞的详细位置、数量和类型。设计人员根据碰撞报告修改相应的 BIM 模型，使 BIM 模型更加优化，深化设计是调整优化 BIM 模型的一种重要方式。BIM 技术在深化设计阶段的应用包括：构件深化设计、钢筋及与预埋件碰撞检查、专业间碰撞检查、基于模型协同与沟通、设计优化、校核出图。

4.3.1　基于模型的深化设计

在确定了各专业的设计意图并明确了大的设计原则之后，深化设计人员就可利用 BIM 软件，如 Revit 等，建立详尽的预制构件 BIM 模型，模型包含钢筋、线盒、管线、孔洞和各种预埋件。建立模型的过程中不仅要尊重最初方案和二维施工图的设计意图，符合各专业技术规范的要求，还要随时注意各专业、施工单位、构件厂间协同和沟通，考虑到实际安装和施工的需要。如线盒、管线、孔洞的位置，钢筋的碰撞，施工的先后次序，施工时人员和工具的操作空间等。建成后的预制构件 BIM 模型可以在协同设计平台上拼装成整体结构模型，如图 4.3.1-1 所示。

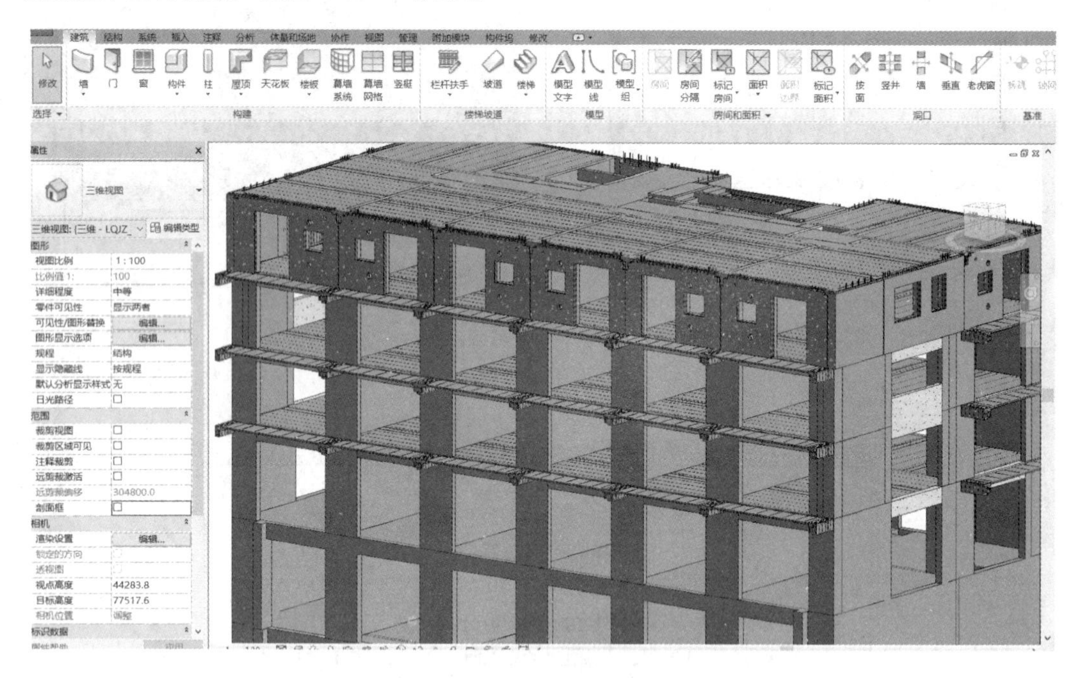

图 4.3.1-1　结构专业 BIM 模型

4.3.2　钢筋与预埋碰撞检查

以 Revit 软件为例，将拼装好的 Revit 结构整体模型导出到 Navisworks 软件中（图 4.3.2-1），添加碰撞测试，根据需求设置碰撞忽略规则，修改碰撞类型以及碰撞参数等，选择碰撞对象，然后运行碰撞检查。最后，对检查出的碰撞进行复核（图 4.3.2-2）。

4.3.3　专业间碰撞检查

将各专业模型整合到 Navisworks 后（图 4.3.3-1），添加各专业间的碰撞测试，如建筑模型和暖通。设置碰撞忽略规则，修改碰撞类型以及碰撞参数等、选择碰撞对象，然后

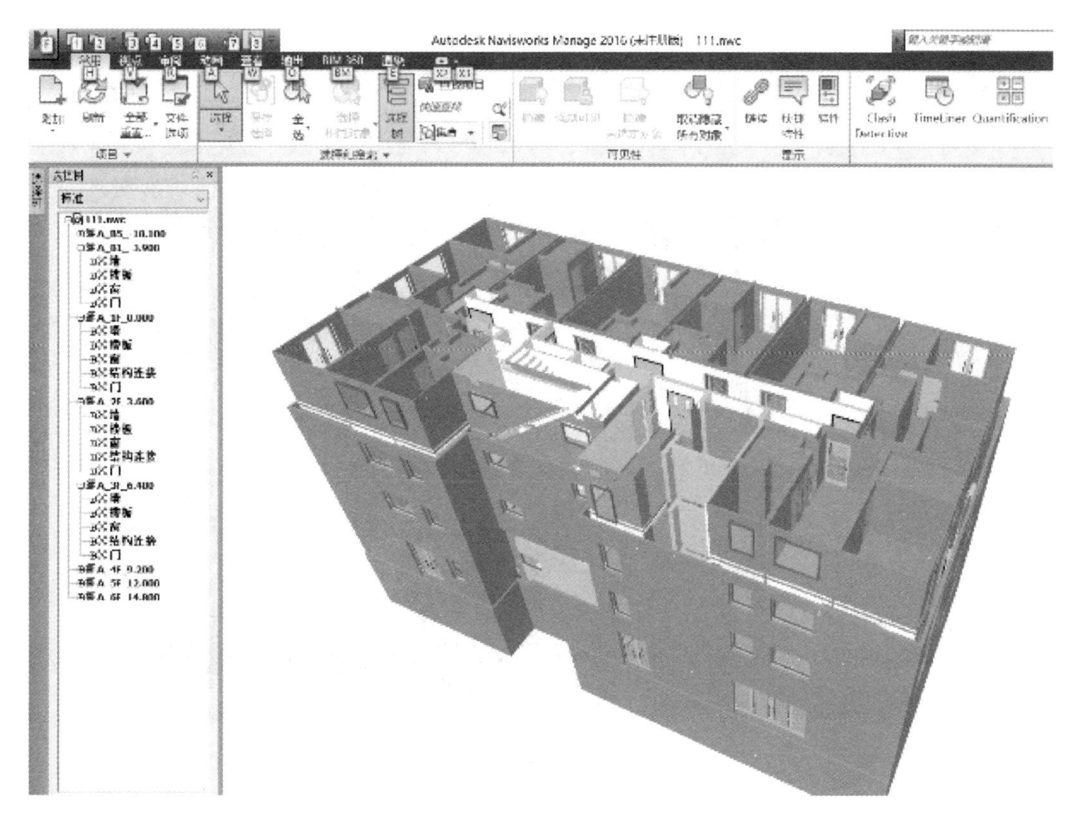

图 4.3.2-1 Navisworks 部分结构模型

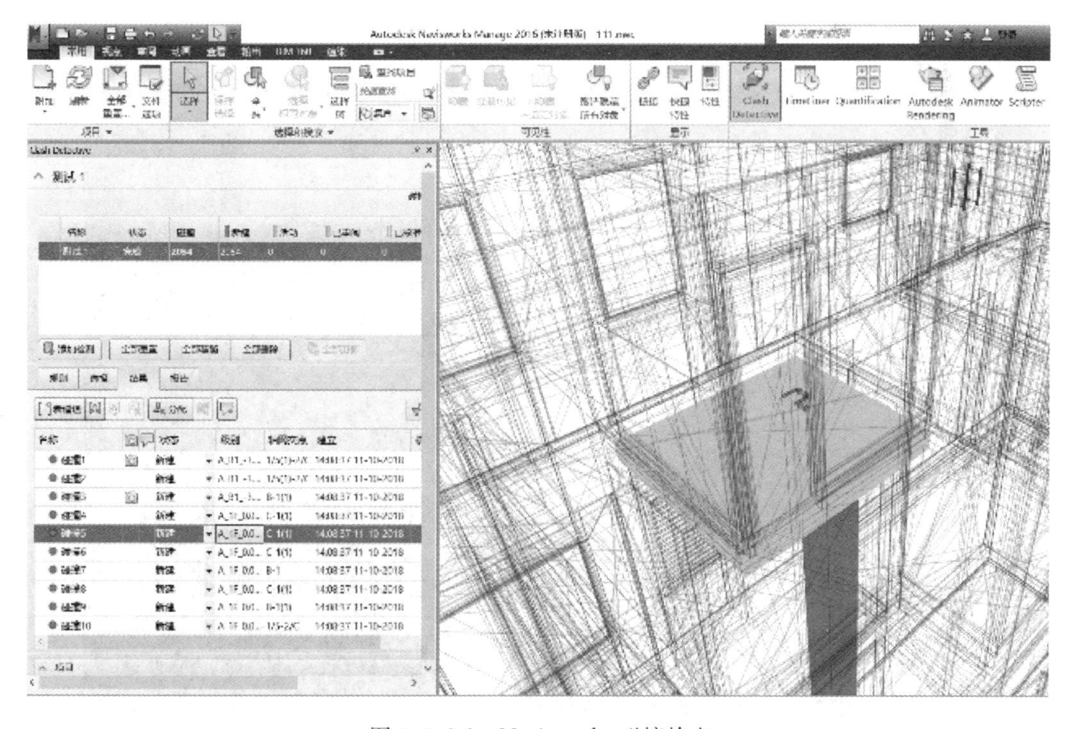

图 4.3.2-2 Navisworks 碰撞检查

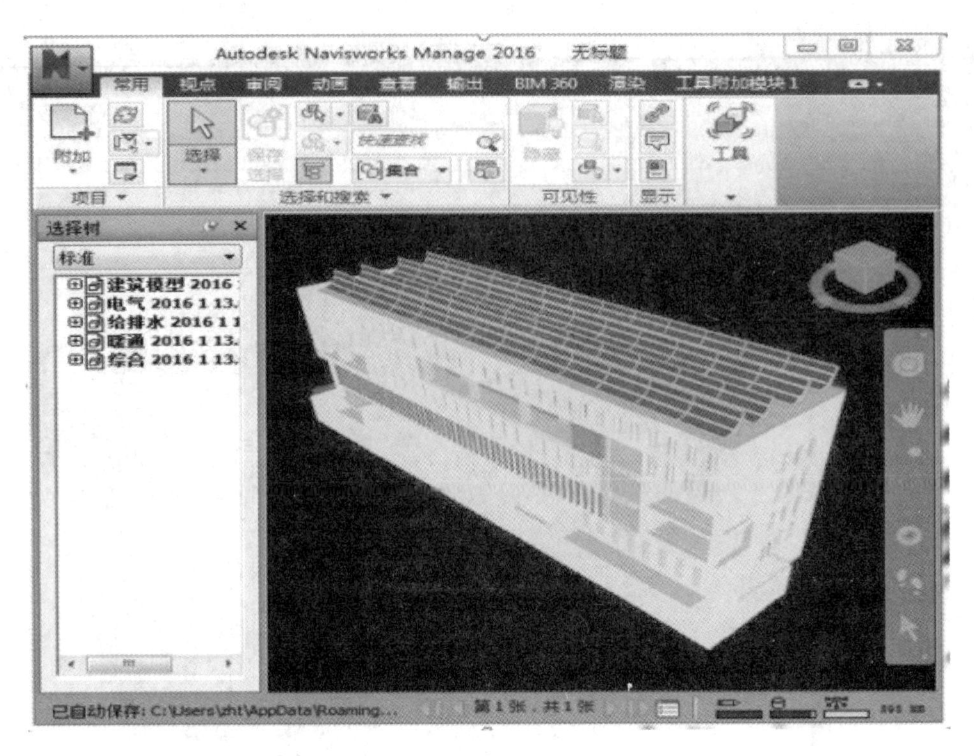

图 4.3.3-1　各专业模型整合

运行碰撞检查。最后，对检查出的碰撞进行复核（图 4.3.3-2），并返回 Revit 软件修改模型。

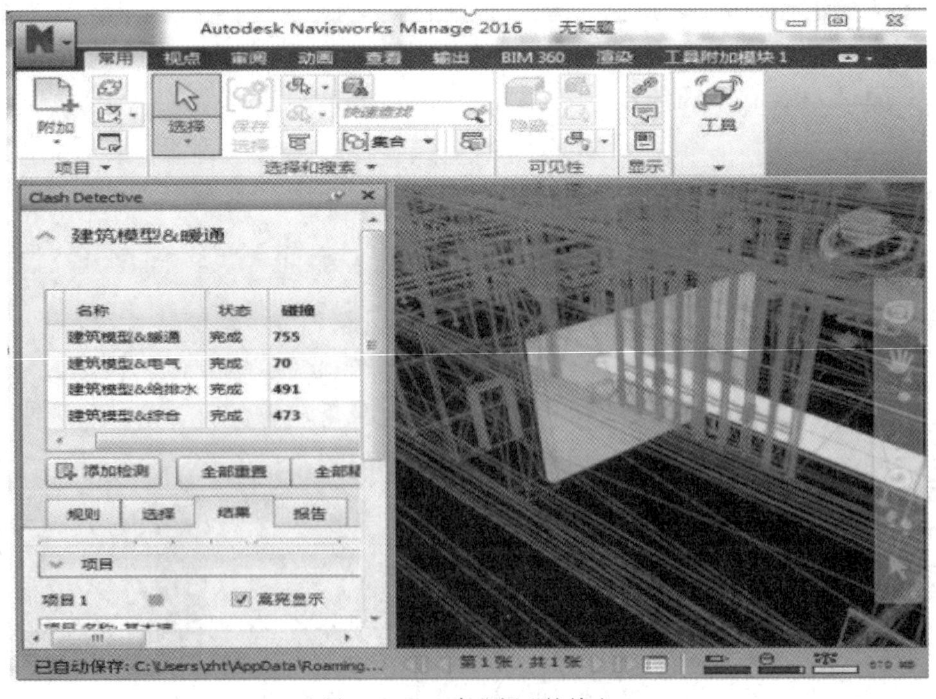

图 4.3.3-2　专业间碰撞检查

4.3.4 基于模型协同与沟通

将整合好的各专业模型及图纸文档上传到 BIM 协同云平台，以 Revizto 云平台为例，如图 4.3.4-1 所示，在协同平台上可以进行漫游、查看、测量、隐藏、半显、剖切模型构件等操作，供项目参与人员进行实时异地协同审图及交流沟通，如查看构件属性、图纸审核、文档批注等。还可以将构件的扩展属性与构件的加工、运输和安装的进度状态关联起来，通过对构件的颜色或亮显等属性设置，使项目参与人员实时、直观地掌握工程的进度情况，跟踪并提前处理掉设计施工问题，为项目节省成本。

图 4.3.4-1 Revizto 协同平台中的剖切模型

4.3.5 调整优化设计

根据碰撞检查报告及校对、审核的修改批注，如图 4.3.5-1 所示，在 Revit 中对当前模型进行修改调整，逐步优化设计，并将优化后的模型数据上传到协同设计平台。

图 4.3.5-1 在 Revizto 协同平台中进行批注

4.3.6　校核出图

经过初步校对、审核以及碰撞检查后，在 Revit 中创建相应图纸，如平面图、立面图、剖面图等，在二维图纸中再次进行图纸校核，校核完成后，可生成 CAD 或 PDF 图纸，图 4.3.6-1 展示的是预制结构深化设计后所出具的图纸。

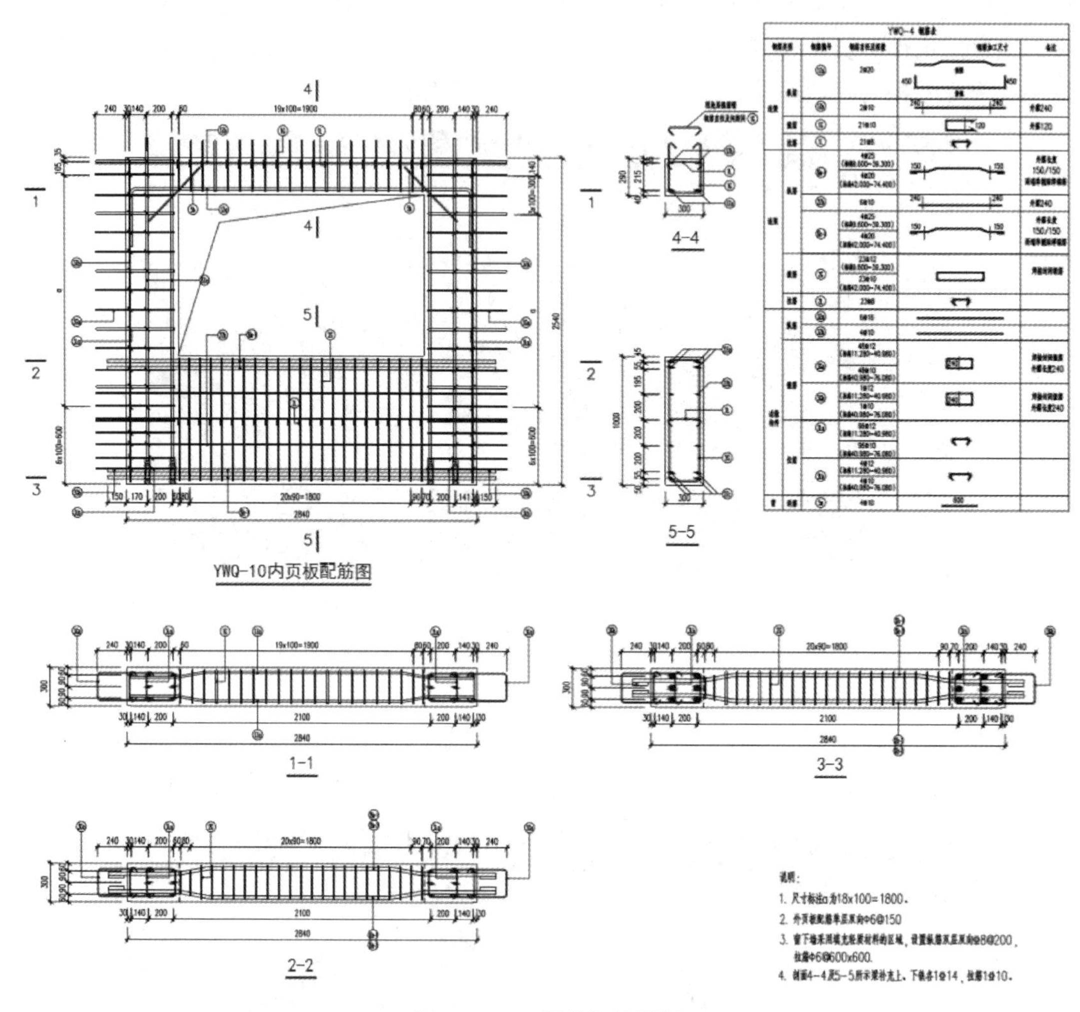

图 4.3.6-1　深化设计图纸

4.4　装配式 BIM 在构件生产中的应用

随着越来越多的企业开始重视建筑工业化的转型，一些 PC 构件的生产加工工厂也纷纷建立起来，但现阶段，所有的工厂都有面临着以下的问题：

（1）对于产品种类的不确定性导致工厂规划的不科学性。对于预制工厂在建立前的产品种类选型与定位，必须要对市场需求有一个清楚的认识，以满足市场需求为前提才是生存下去的硬道理。提前对产品的近期需求与中远期需求进行总体规划，实现符合市场需求的产品，才能保证其经济性与科学性。

（2）仅实现工厂化，未实现机械化。达到工厂化的制造方式并不困难，可以简单地理解为将工地的工作搬到工厂车间内去完成，改变了工作场地，改善了工作环境。但是并没有提高太多的生产效率，工厂内依旧实行粗放生产，依然还是人海战术进行作业，对于产品质量无法很好控制。

（3）仅实现机械化，未实现自动化。在预制件的工厂化生产中引入机械化的方法后，提高了工作效率，减少了不良品的出现频率。但是在整个生产流程中都是以工作站点的形式存在，各个站点之间交流不便，协同困难，对于管理方面造成很多不便，同时也不利于工艺技术的革新。

（4）仅实现自动化，未实现集团管理信息现代化。预制件自动化的流水线在如今已经逐渐被各家 PC 工厂所引进和使用，其特点是占地面积相对较少、能够达到较高的产能，同时人工数量也大幅度减少，对于质量控制、安全管理等方面都有很好的表现。但是在集团跨区域统筹管理多个 PC 工厂时，存在的诸多问题也正是当前各大型集团公司所面临急需解决的问题。

而且，以上问题的描述也是信息化管理发展过程中的不同阶段，即信息技术的使用度问题。现阶段大部分构件生产停留在工厂化和局部机械化的阶段，信息技术使用匮乏，因此效率很低，质量管理无法大规模管控。

对于管理 PC 构件生产的全流程，是大的 BIM 项目流程中的一个部分，是 PC 构件模型的信息以及流程过程中的管理信息交织的过程，是有效进行质量、进度、成本以及安全管理的支撑，利用 BIM 在项目管理中独特的优势，贴合预制构件特有的生产模式，可极大提高预制构件的生产效率，有效保证预制构件的质量、规格。BIM 在预制构件生产中的应用主要包括：构件加工图设计、构件加工指导、通过 CAM 实现预制构件的数字化制造等方面。

4.4.1　构件加工图设计

通过 BIM 模型对建筑构件的信息化表达，构件加工图在 BIM 模型上直接完成和生产，不仅能清楚表达传统图纸的二维关系，而且对于复杂空间剖面关系也可以清楚表达，同时还能将离散的二维图纸信息集中到一个模型当中，这样的模型能够紧密地实现与预制工厂的协同和对接（图 4.4.1-1）。

4.4.2　构件生产指导

在生产加工过程中，BIM 信息化技术可以直观地表达构件空间关系和各项参数，能自动生成构件下料单、派工单、模具规格参数等，并且通过可视化的直观表达帮助工人更好地理解设计意图，可以形成 BIM 生产模拟动画、流程图、说明图等辅助材料，有助于提高工人生产的准确性和质量效率（图 4.4.2-1）。

4.4.3　通过 CAM 实现预制构件的数字化制造

将 BIM 模型构件的信息数据输入设备，就可以实现机械的自动化生产，这种数字化建造的方式可以大大提高工作效率和生产质量。比如现在已经实现了钢筋网片的商品化生

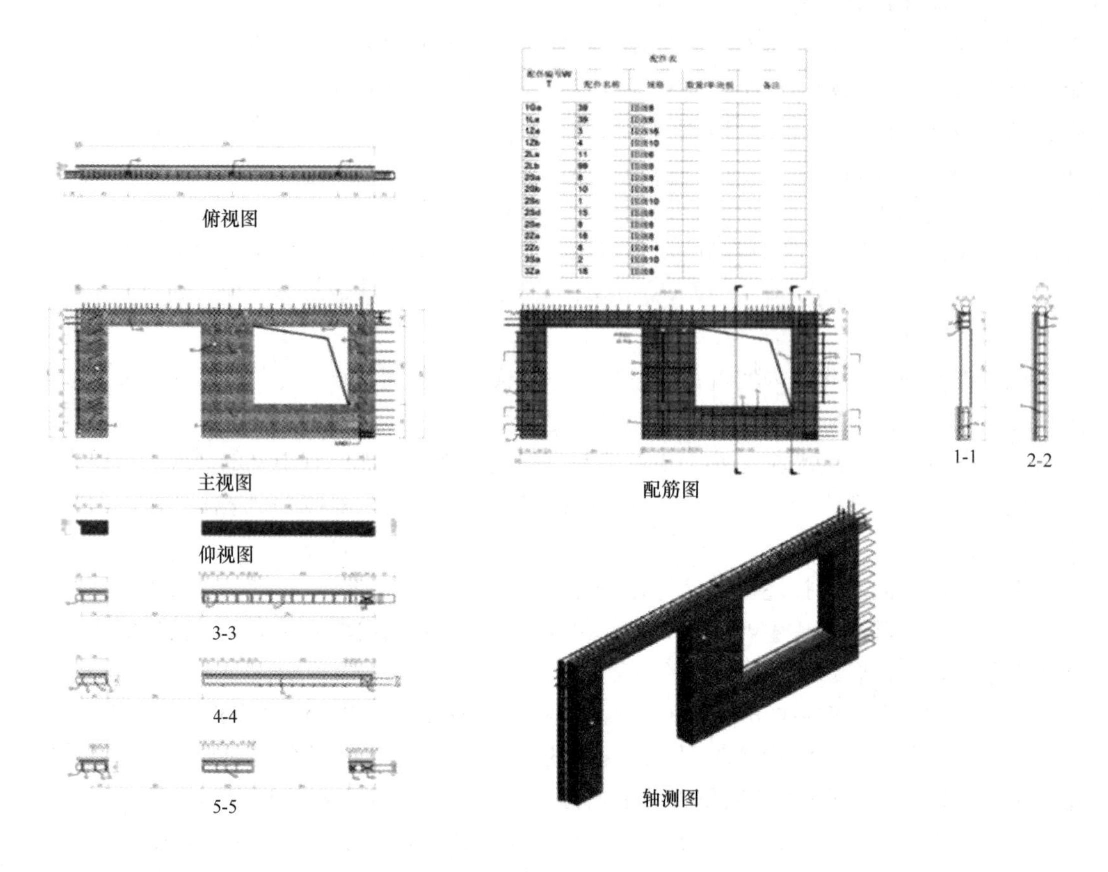

图 4.4.1-1　构件加工图

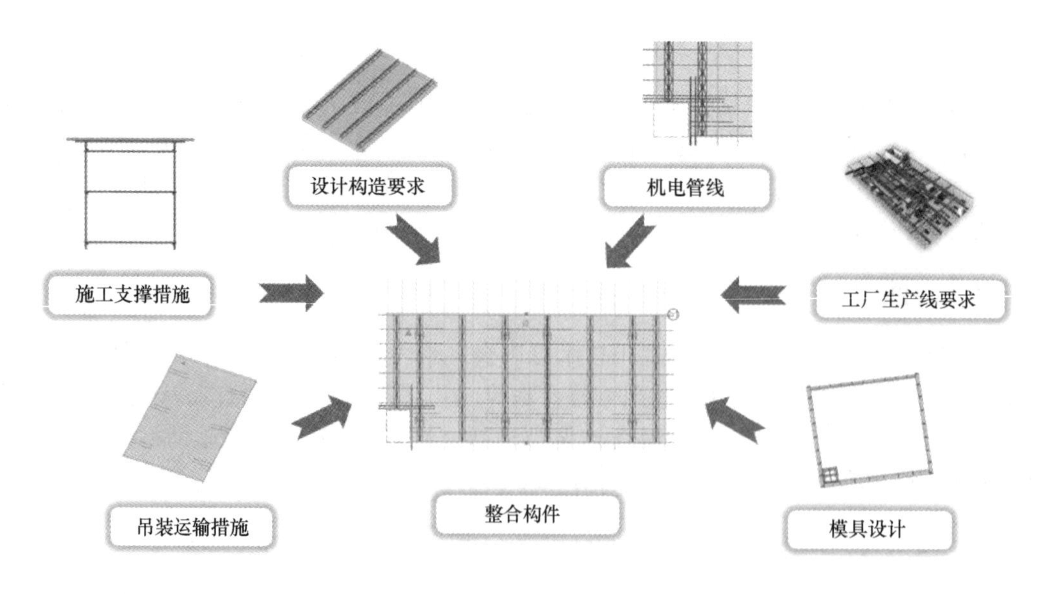

图 4.4.2-1　BIM 与预制加工流程

产，如果能打通设计信息模型和工厂自动化生产线之间的协同瓶颈，实现 CAM 指日可待。装配式建筑与现浇建筑相比，预制加工阶段在工厂内实现，此阶段也是 RFID 标签置入的阶段。将 RFID 和 BIM 配合应用，使用 RFID 进行施工进度的信息采集工作，即时将信息传递给 BIM 模型，进而在 BIM 模型中表现实际与计划的偏差，从而实现预制加工管理的实时跟踪。基于 BIM 和物联网技术集成应用的预制加工管理平台的操作流程分为浇筑前、浇筑、入库和出厂四个阶段。以下针对每个阶段进行操作流程说明。

1. 浇筑前

首先，工人按照深化图纸绑扎钢筋笼，钢筋吊装入模后，安装好预埋件、预埋管线及预留洞槽。然后，在混凝土浇筑前，在预制构件钢筋上安装 RFID 标签，如图 4.4.3-1 所示。

图 4.4.3-1 安装在钢筋上的 RFID 标签

2. 混凝土浇筑

① 操作工：混凝土浇筑前，点击 RFID 读写器“浇筑”按钮，在 RFID 读写器上输入相关构件信息（编号、层数、单位、流水号等），然后读取 RFID 标签，保存当前工序数据，浇筑界面如图 4.4.3-2 所示。② 质检员：混凝土浇筑前，点击 RFID 读写器“质检”按钮，使用 RFID 读写器读取 RFID 标签，然后输入该构件的质检结果，保存当前工序数据，质检界面如图 4.4.3-3 所示。检查合格后，浇筑混凝土，上传数据到 RFID 基于 Web 的数据库系统。

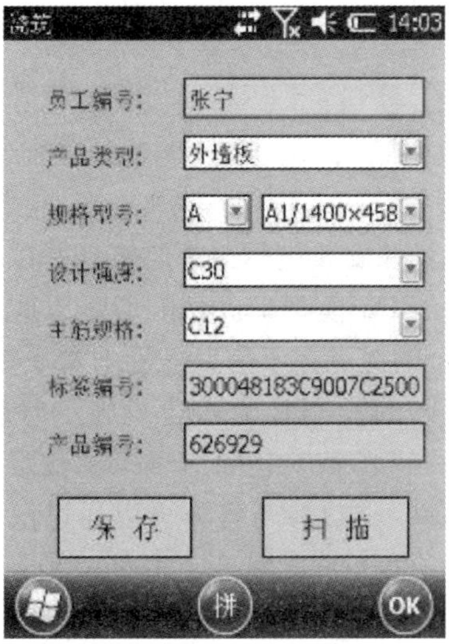

图 4.4.3-2 浇筑界面

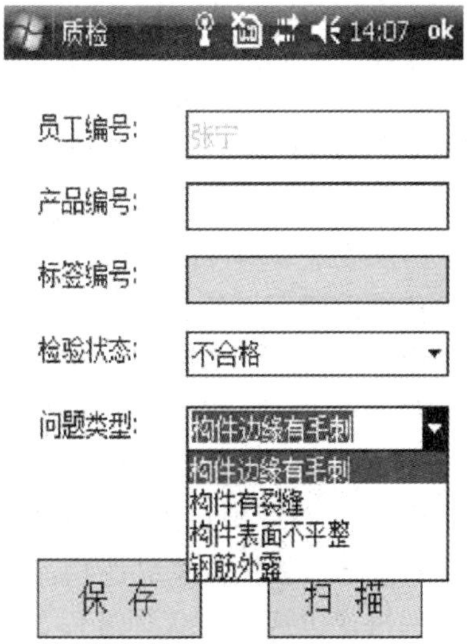

图 4.4.3-3 质检界面

3. 入库

预制构件养护、脱模完成后，进行成品检验。合格后，点击 RFID 读写器“入库”按钮，使用 RFID 读写器读取 RFID 标签，保存当前工序数据，入库界面如图 4.4.3-4 所示。预制构件入库后，上传数据到 RFID 基于 Web 的数据库系统。

4. 出库

出厂前，单击 RFID 读写器“出库”，使用 RFID 读写器读取 RFID 标签，保存数据，出库界面如图 4.4.3-5 所示。预制构件出厂后，上传数据到 RFID 基于 Web 的数据库系统。

图 4.4.3-4　入库界面　　　　图 4.4.3-5　出库界面

4.5　装配式 BIM 在物流运输中的应用

可采用 RFID 技术对构件的出厂、运输、进场和安装进行追踪监控，并以无线网络即时传递信息，信息以设置好的方式在云平台上的 BIM 模型中进行响应，以此对构件施工实施质量、进度追踪管理。互联网与 BIM 相结合的优点在于信息准确丰富，传递速度快，减少人工录入信息可能造成的错误。基于互联网的预制装配式建筑施工管理平台通过 RFID 技术、GIS 技术实现预制构件出厂、运输、进场和安装的信息采集和跟踪，并通过互联网与云平台上的 BIM 模型进行实时信息传递，项目参与各方可以通过基于互联网的施工管理平台直观地掌握预制构件的物流和安装进度信息。基于互联网的预制装配式建筑施工管理平台的搭建包括 4 个管理流程，如图 4.5-1 所示，依次对预制构件出厂、运输、进场、吊装所有环节进行跟踪管理。

4.5.1　出厂管理

出厂环节，通过条码扫描对车辆进行识别，由出厂管理员完成车辆信息的录入，包括车牌号、司机信息等信息，如图 4.5.1-1 所示。确认车辆信息后，对准备出厂的预制构件进行扫描确认，自动完成预制构件与车辆的关联及出厂登记，如图 4.5.1-2 所示。

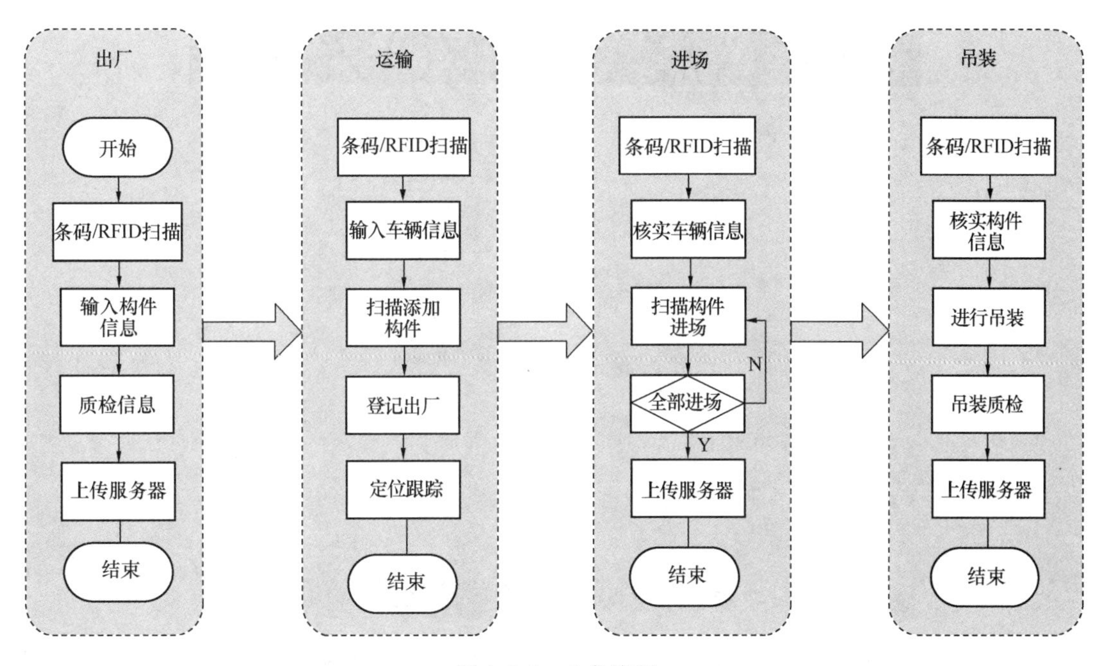

图 4.5-1　业务流程

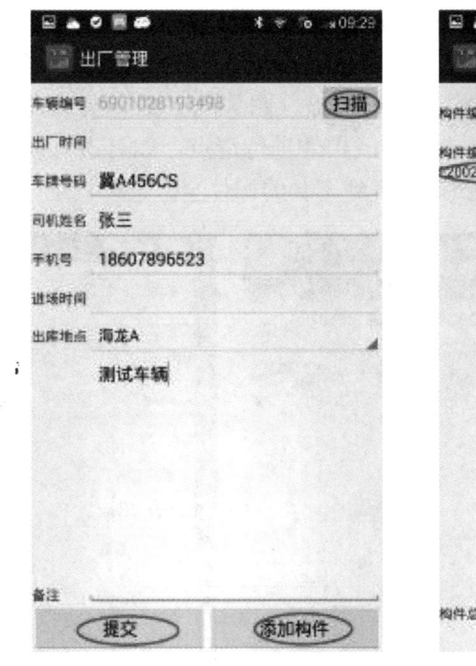

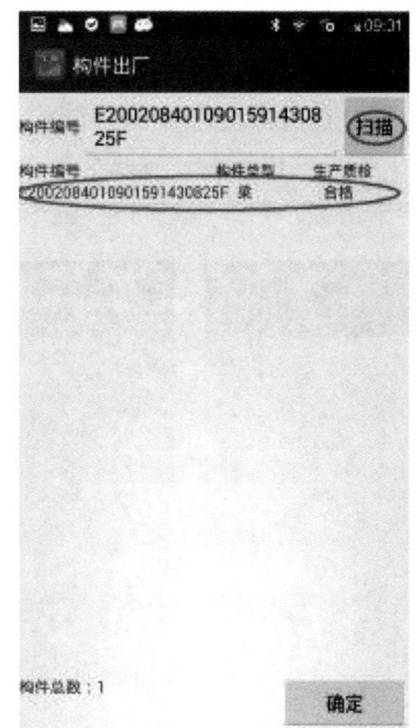

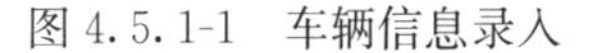
图 4.5.1-1　车辆信息录入　　　　图 4.5.1-2　预制构件扫描

4.5.2　运输管理

GPS 定位模块实时对运输车辆位置进行跟踪，运输途中可随时对车辆位置、车辆信息及所载预制构件信息进行查询。软件操作界面如图 4.5.2-1、图 4.5.2-2 所示。

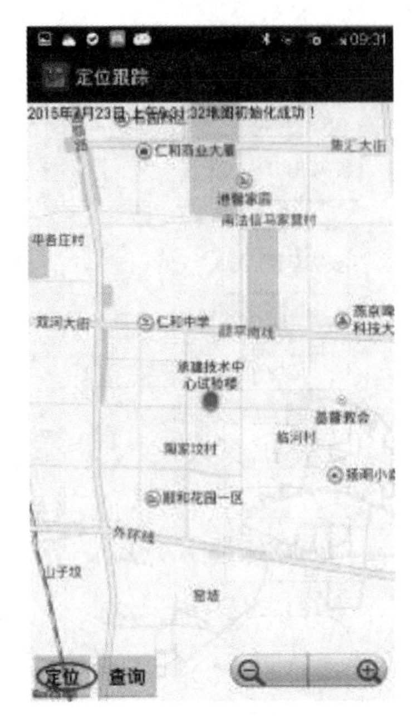

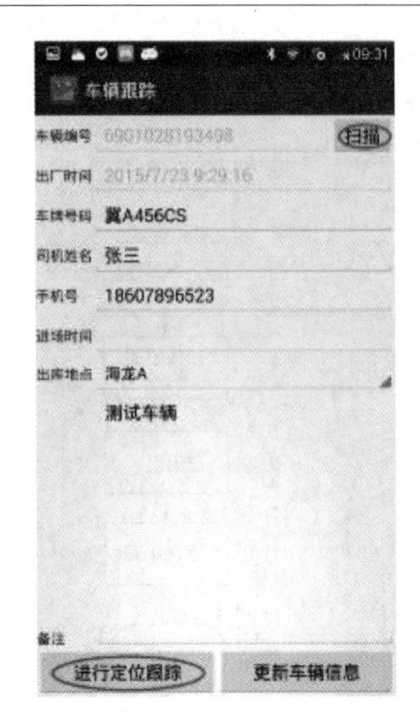

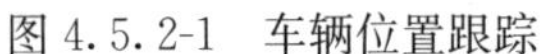

图 4.5.2-1　车辆位置跟踪　　　　图 4.5.2-2　车辆信息查询

4.5.3　进场管理

进入施工现场时，通过条码扫描获取车辆信息（图 4.5.3-1），由进场管理员进行核实车辆信息，验证通过后对车载的预制构件进行扫描（图 4.5.3-2），自动完成进场登记（图 4.5.3-3），进场扫描结束，系统会自动对车载构件进行清点，如有未入场或缺失预制构件，系统会给出提示，继续进行进场扫描，直到车载的构件全部进场登记。

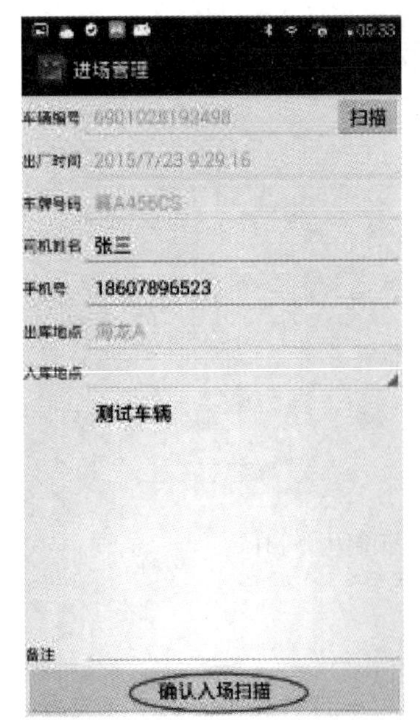

图 4.5.3-1　车辆信息

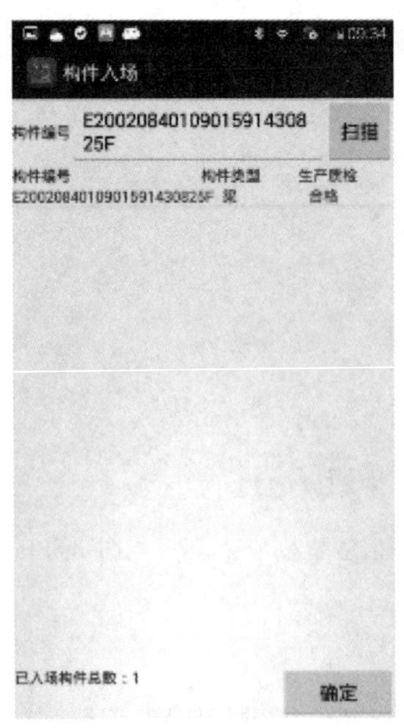

图 4.5.3-2　构件扫描

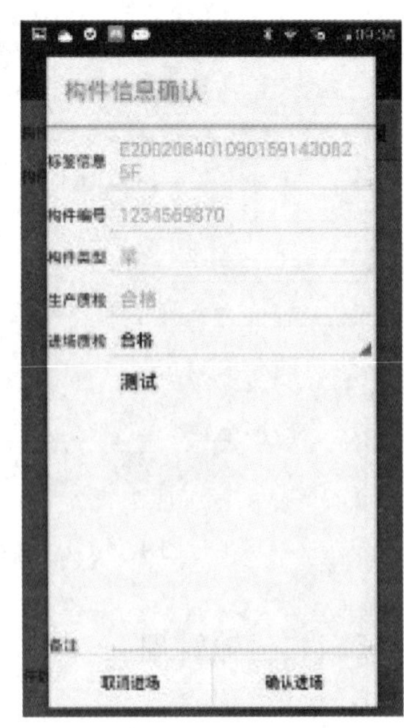

图 4.5.3-3　进场登记

4.5.4 吊装管理

在预制件吊装过程中，通过 RFID 扫描获取构件信息，包括预制构件安装位置及要求等属性。吊装完成后由吊装管理员进行质量检查，并将结果上传服务器永久保存。软件操作界面如图 4.5.4-1、图 4.5.4-2 所示。

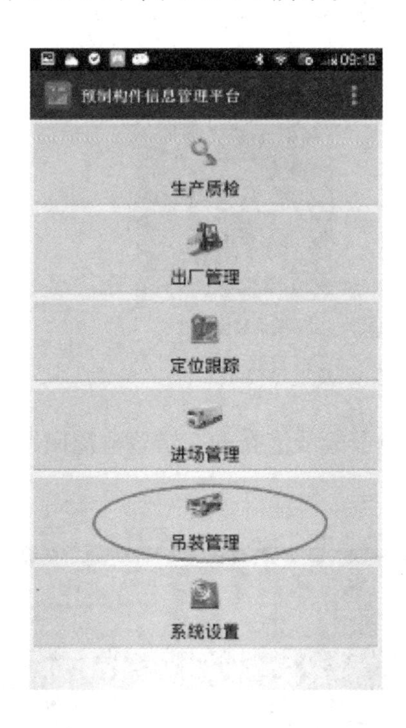

图 4.5.4-1 吊装管理主界面

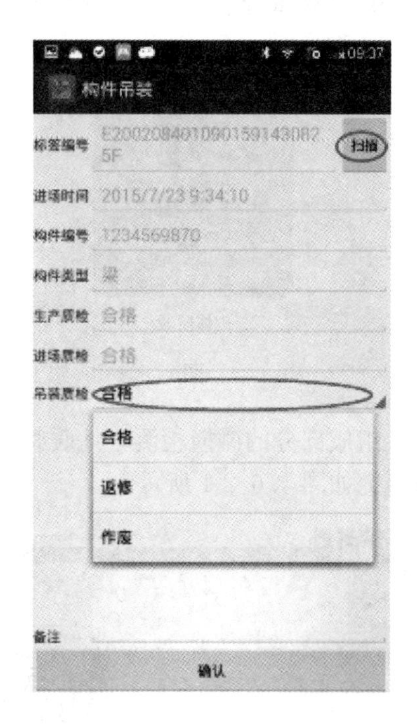

图 4.5.4-2 质检界面

综上所述，该系统完成了预制构件从出厂、运输、进场、吊装全过程的质量跟踪，预制构件的属性存放于远程服务器，基于移动互联网，在对应的权限下，可以随时对构件的质量信息进行溯源查询。

4.6 装配式 BIM 在现场施工中的应用

与传统现浇式建筑相比，装配式建筑需要在工厂生产预制构件，因此构件的生产制造须纳入全生命周期管理范围内。

4.6.1 施工现场组织及工序模拟

将施工进度计划与 BIM 信息模型相关构件进行关联，将空间信息与时间信息整合在一个可视的 4D 模型中，就可以直观、准确地反映整个建筑的施工过程（图 4.6.1-1）。

4.6.2 施工模拟碰撞检测

通过碰撞检测分析，可以对传统二维模式下不易察觉的错漏碰缺进行收集更正。如预

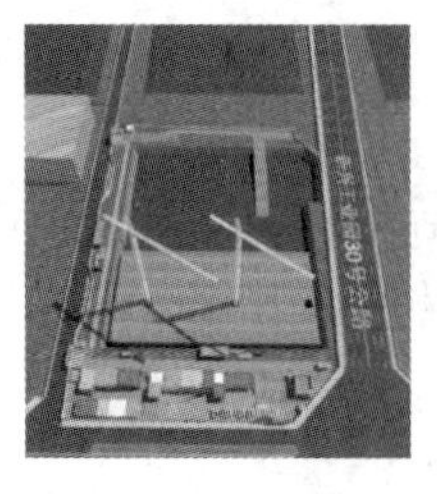

基础阶段

基础-主体阶段

主体阶段

砌体阶段

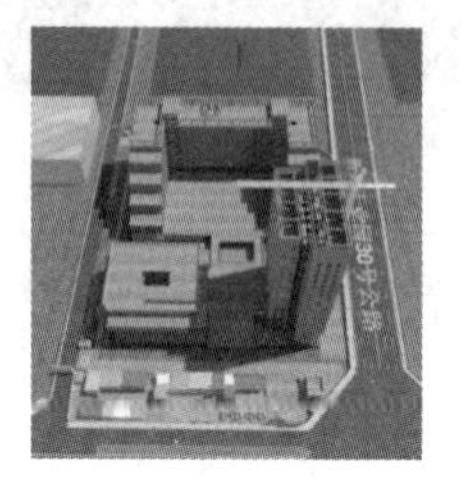

装饰装修阶段

图 4.6.1-1　施工现场组织及工序模拟

制构件内部各组成部分的碰撞检测，地暖管与电器管线潜在的交错等碰撞问题。专业内检查出的构件碰撞如图 4.6.2-1 所示。

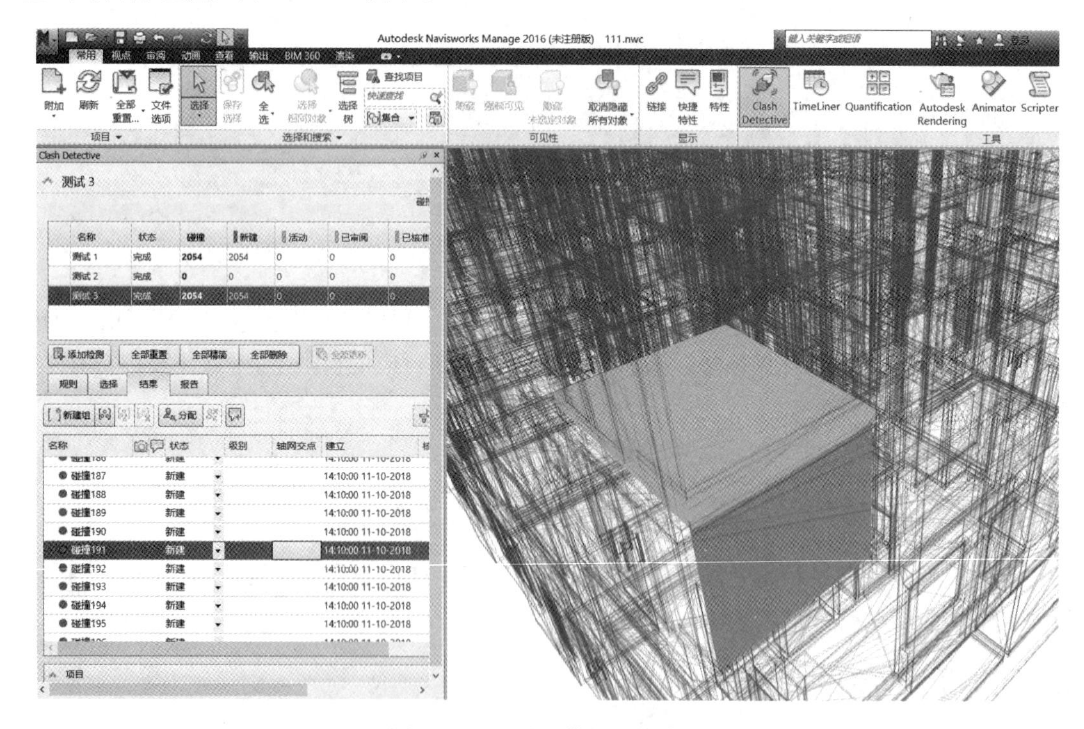

图 4.6.2-1　施工模拟碰撞检查

4.6.3　复杂节点施工模拟

通过施工模拟对复杂部位和关键施工节点进行提前预演，增加工人对施工环境和施工措施的熟悉度，提高施工效率（图 4.6.3-1）。

图 4.6.3-1 复杂节点施工模拟

4.7 装配式 BIM 在装饰装修中的应用

4.7.1 装修部品产品库的建设

土建装修一体化作为工业化的生产方式可以促进全过程的生产效率提高，装修阶段的标准化设计可形成装修的 BIM 构件库，提高设计效率，指导方案设计。并基于构件库形成真实供应商的产品模型库，实现商业模式创新。装修阶段构件族库如图 4.7.1-1 所示。

图 4.7.1-1 装饰装修构件库

4.7.2　可视化装修设计

通过可视化的便利进行室内渲染，可以保证室内的空间品质，帮助设计师进行精细化和优化设计。整体卫浴等统一部品的 BIM 设计、模拟安装，可以实现设计优化、成本统计、安装指导（图 4.7.2-1）。

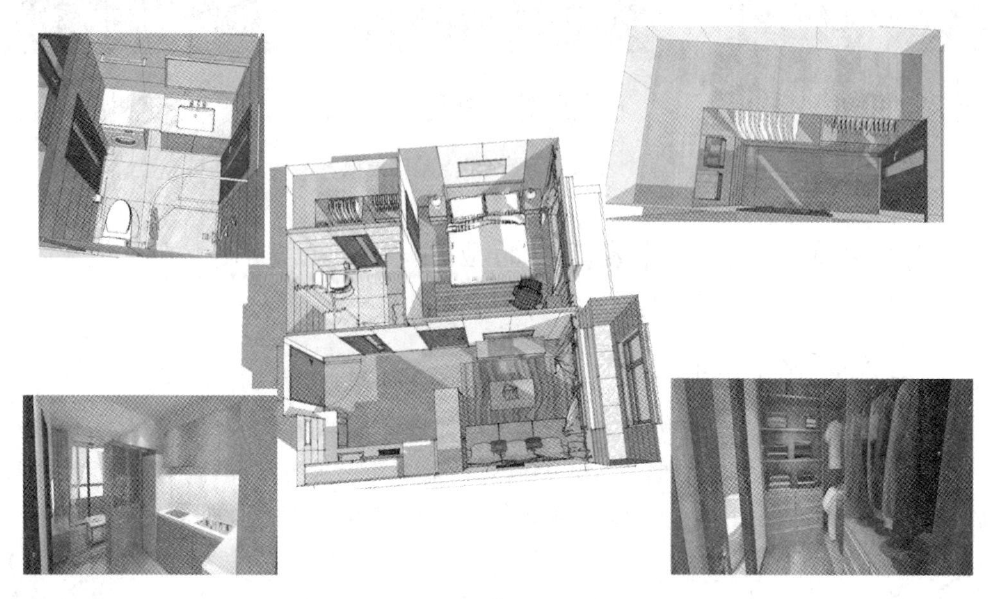

图 4.7.2-1　可视化装修设计

4.7.3　产品信息集成应用

对装修需要定制的部品和家具，可以在方案阶段就与生产厂家对接，实现家具的工厂批量化生产，同时预留好土建接口，按照模块化集成的原则确保其模数协调、机电支撑系统协调及整体协调（图 4.7.3-1）。

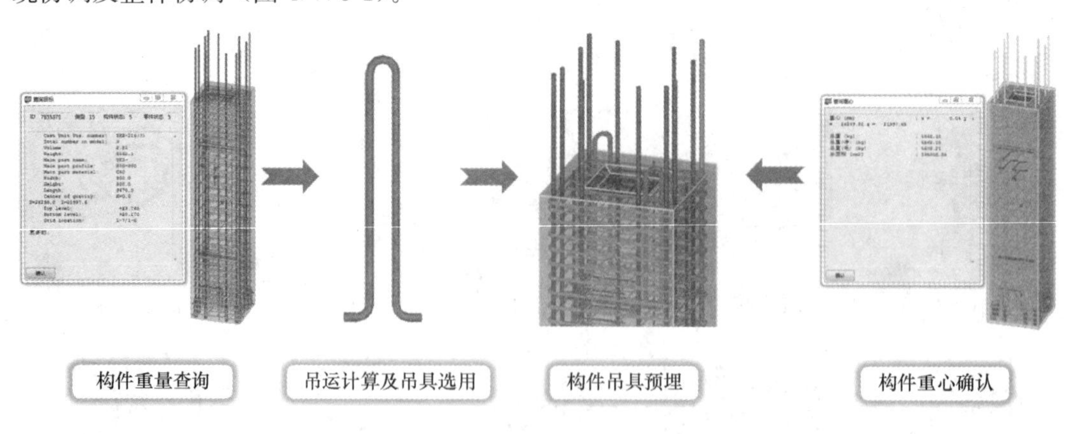

图 4.7.3-1　产品信息集成应用

4.7.4　装配式装修

装修设计工作应在建筑设计时同期开展，将居室空间分解为几个功能区域，每个区域视为一个相对独立的功能模块，如厨房模块、卫生间模块。由装修方设计几套模块化的布局方案，建筑设计时可直接套用（图 4.7.4-1）。

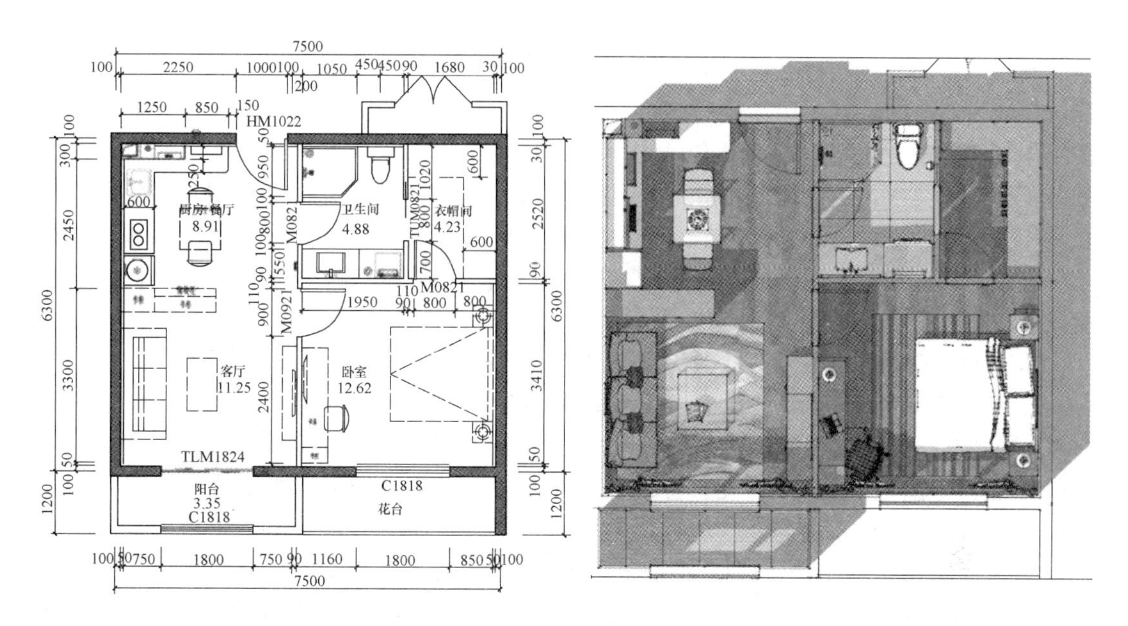

图 4.7.4-1 装配式装修

4.8 装配式 BIM 在装配式运维阶段的应用

建筑运行维护管理：指建筑在竣工验收完成并投入使用后，整合建筑内人员、设施及技术等关键资源，通过运营充分提高建筑的使用率，降低它的经营成本，增加投资收益，并通过维护尽可能延长建筑的使用周期而进行的综合管理。

在运营维护阶段的管理中，BIM 技术可以随时监测有关建筑使用情况、容量、财务等方面的信息。通过 BIM 文档完成建造施工阶段与运营维护阶段的无缝交接和提供运营维护阶段所需要的详细数据。在物业管理中，BIM 软件与相关设备进行连接，通过 BIM 数据库中的实时监控运行参数判断设备的运行情况，进行科学管理决策，并根据所记录的运行参数进行设备的能耗、性能、环境成本绩效评估，及时采取控制措施。

在装配式建筑及设备维护方面，运维管理人员可直接从 BIM 模型调取预制构件及设备的相关信息，提高维修的效率及水平。运维人员利用预制构件的 RFID 标签（射频识别，Radio Frequency Identification，简称 RFID）技术，又称无线射频识别，是一种通信技术，可通过无线电信号识别特定目标并读写相关数据，而无须识别系统与特定目标之间建立机械或光学接触，获取保存其中的构件质量信息，也可取得生产工人、运输者、安装工人及施工人员等相关信息，实现装配式建筑质量可追溯，明确责任归属。利用预制构件中预埋的 RFID 标签，对装配式建筑的整个使用过程能耗进行有效地监控、检测和分析，从而在 BIM 模型中准确定位高能耗部位，并采取合适的办法进行处理，从而实现装配式建筑的绿色运维管理。

4.8.1　空间管理

空间管理是针对建筑空间的全面管理，有效的空间管理不仅可提高空间和相关资产的实际利用率，而且还能对在空间中工作、生活的人有着激发生产力、满足精神需求等积极影响。通过对空间特点、用途进行规划分析，BIM技术可帮助合理整合现有的空间，实现工作场所的最大化利用。采用BIM技术，可以更好地满足装配式建筑在空间管理方面的各种分析和需求，更快捷地响应企业内部各部门对空间分配的请求，同时可高效地进行日常相关事务的处理，准确计算空间相关成本，然后通过合理的成本分摊、去除非必要支出等方式，有效地降低运营成本，同时能够促进企业各部门控制非经营性成本，提高运营阶段的收益。

BIM技术应用于空间管理中具有以下几点优势：

1. 实现空间合理分配、规划，提高空间利用率

公共建筑主要用来供人们进行各种政治、经济、文化、福利服务等社会活动，这一特点就决定了其空间需求的多样化。传统的空间管理经常笼统的根据主要需求进行功能分区，忽视其深层次精细化需要，这种粗放式的管理方法往往引发使用空间和功能上的冲突。基于BIM技术的空间管理将空间按不同功能要求进行细化分类，并根据它们之间联系的密切程度加以组合，通过更加合理的分配、规划建筑空间，避免各功能分区间的空间重叠或浪费。同时，基于BIM模型和数据库的智能系统能够可视化追踪空间使用情况，并灵活收集和组织空间的相关信息。根据实际需要，结合成本分摊比率、配套设施等参考信息，通过使用预定空间模块，能够实现空间使用率的最大化。这种基于BIM技术的实时、动态的空间管理，能最大限度地提升空间利用率，分摊运营成本，增加运营收益。

2. 管理租赁信息，预测收益发展趋势，提高投资回报率

应用BIM技术的空间可视化管理，可实现对不同功能分区和楼层的空间目前使用状态、收益、成本及租赁情况的统一管理，通过相关信息分析，判断影响不动产财务状况的周期性变化及发展趋势，从而提高建筑空间的投资回报率，并能够抓住出现的机会及规避潜在的风险。

3. 分析报表需求

存储于BIM模型中详细精确的空间面积、使用状态以及其他相关信息是实时更新的，这一特点使得管理系统能够自动生成反映目前建筑使用情况的诸如成本分摊比例表、成本详细分析、人均标准占用面积、组织占用报表等各类报表，满足内外部的报表需求，协助管理者根据不同需求做出正确决策。

4.8.2　设备管理

装配式建筑设备管理是使建筑内设备保持良好的工作状态，尽可能延缓其使用价值降低的进程，在保障建筑设备功能的同时，最好地发挥它的综合价值。设备管理是建筑运营维护管理中最主要的工作之一，关系着建筑能否正常运转。近些年来智能建筑不断涌现，使得设备管理工作量、成本等方面在建筑运维管理中的比重越来越大。BIM技术应用于建筑设备管理，不仅可将繁杂的设备基本信息以及设计安装图纸、使用手册等相关资料进行系统存储，方便管理者和维修人员快速获取查看，避免了传统的设备管理存在的设备信息易丢失、设备检修时需要查阅大堆资料等弊端，而且通过监控设备运行状态，能够对设备运行中存在的故障隐患进行预警，从而节省设备损坏维修所耗费的时间，减少维修费用，降低经济损失。

1. 设备信息查询与定位识别

管理者将包括设备型号、重量、购买时间等基本信息及设计安装图纸、操作手册、维修记录等其他设备各相关的图形与非图形信息，通过手动输入、扫描等方式存储于建筑信息模型中，基于 BIM 的设备管理系统将设备所有相关信息进行关联，同时与目标设备以及相关设备进行关联，形成一个闭合的信息环，如图 4.8.2-1 所示。维修人员等用户通过选择设备，可快速查询该设备所有的相关信息、资料，同时也可以通过查找设备的信息，快速定位该设备及其上游控制设备，通过这种方式可以实现设备信息的快速获取和高效利用。

BIM 技术通过与 RFID 技术（无线射频识别技术）相结合，可以实现设备的快速精准定位。RFID 技术为所有建筑设备附属一个唯一的 RFID 标签，并与 BIM 模型中设备的 RFID 标签压 ID 一一对应，管理人员通过手持 RFID 阅读器进行区域扫描获取目标设备的电子标签，就可快速查找目标设备的准确位置。到达现场后，管理人员通过扫描目标设备附属对应的二维码，在移动终端设备上查看与之关联的所有信息，维修管理人员也因此不必携带大堆的纸质文件和图纸到实地，实现运维信息电子化。

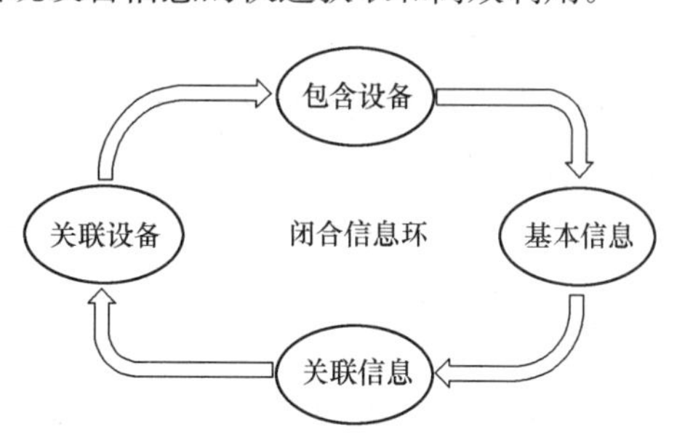

图 4.8.2-1　闭合信息环

2. 设备维护与报修

基于 BIM 的设备运维管理系统能够允许运维管理人员在系统中合理制定维护计划，系统会根据计划为相应的设备维护进行定期提醒，并在维修工作完成后协助填写维护日志并录入系统之中。这种事前维护方式能够避免设备出现故障之后再维修所带来的时间浪费，降低设备运行中出现故障的概率以及故障造成的经济损失。当设备出现故障需要维修时，用户填写保修单并经相关负责人批准后，维修人员根据报修的项目进行维修，如果需要对设备组件进行更换，可在系统中查询备品库寻找该组件，在维修完成后在系统中录入维修日志作为设备历史信息备查，设备报修流程如图 4.8.2-2 所示。

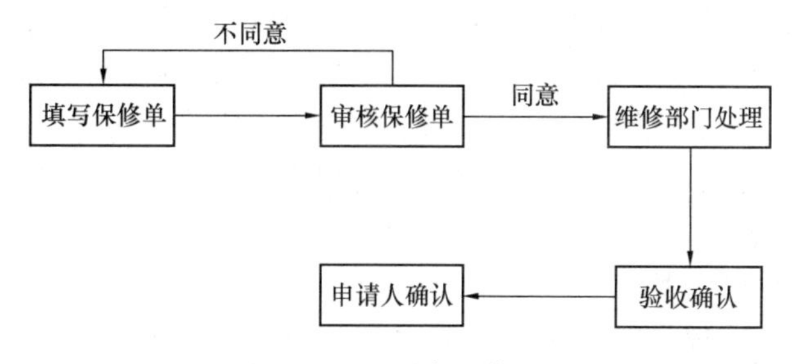

图 4.8.2-2　设备报修流程

4.8.3　资产管理

房屋建筑及其机电设备等资产是业主获取效益、实现财富增值的基础。有效的资产管理可以降低资产的闲置浪费，节省非必要开支，减少甚至避免资产的流失，从而实现资产收益的最大化。

基于 BIM 技术的资产管理将资产相关的海量信息分类存储和关联到建筑信息模型之中，并通过 3D 可视化功能直观展现各资产的使用情况、运行状态，帮助运维管理人员了解日常情况，完成日常维护等工作，同时对资产进行监控，快速准确定位资产的位置，减少因故障等原因造成的经济损失和资产流失。

基于 BIM 技术的资产管理还能对分类存储和反复更新的海量资产信息进行计算、分析和总结。资产管理系统可对固定资产的新增、删除、修改、转移、借用、归还等工作进行处理，并及时更新 BIM 数据库中的信息；管理资产的损耗折旧，包括计提资产月折旧、打印月折旧报表、对折旧信息进行备份等，提醒采购人员制定采购计划；核对资产盘点的数据与 BIM 数据库里的数据，得到资产的实际情况，并根据需要生成盘盈明细表、盘亏明细表、盘点汇总表等报表。管理人员可通过系统对所有生成的报表进行管理、分析，识别资产整体状况，预测资产变化趋势，从而帮助业主或者管理人员做出正确决策，通过合理安排资产的使用，降低资产的闲置浪费，提高资产的投资回报率。

4.8.4　能耗管理

建筑能耗管理是针对水、电等资源消耗的管理。对于建筑来说，要保证其在整个运维阶段正常运转，产生的能耗总成本将是一个很大的数字，尤其是如超高层建筑大型装配式建筑，在能耗方面的总成本将更为庞大，如果缺少有效的能耗管理，有可能出现资源浪费现象，这对业主来说是一笔非必要的巨大开支，对社会而言也有可能造成不可忽视的巨大损失。近些年来智能建筑、绿色建筑不断增多，建筑行业乃至社会对建筑的能耗控制的关注程度也越来越高。BIM 技术应用于建筑能耗管理，可以帮助业主实现能耗的高效管理，节约运营成本，提高收益。

1. 数据自动高效采集和分析

BIM 技术在能耗管理中应用的作用首先体现在数据的采集和分析上。传统能耗管理耗时、耗力、效率比较低，以水耗管理为例，管理人员需要每月按时对建筑内每一处水表进行查看和抄写，再分别与上月抄写值进行计算才能得到当月所用水量。在 BIM 和信息化技术的支持下，各计量装置能够对各分类、分项能耗信息数据进行实时的自动采集，并汇总存储到建筑信息模型相应数据库中，管理人员不仅可通过可视化图形界面对建筑内各部分能耗情况进行直观浏览，还可以在系统中对各能耗情况逐日、逐月、逐年汇总分析后，得到系统自动生成的各能耗情况相关报表和图表等成果。同时，系统能够自动对能耗情况进行同比、环比分析，对异常能耗情况进行报警和定位示意，协助管理人员对其进行排查，发现故障及时修理，及时制止浪费现象。

2. 智能化、人性化管理

BIM 技术在能耗管理中应用的作用还体现在建筑的智能化、人性化管理上。基于 BIM 的能耗管理系统通过采集设备运行的最优性能曲线、最优寿命曲线及设备设施监控数据等信息，并综合 BIM 数据库内其他相关信息，对建筑能耗进行优化管理。同时，BIM 技术可以与物联网技术、传感技术等相结合，实现对建筑内部的温度、湿度、采光等智能调节，为工作、生活在其中的人们提供既舒适又节能的环境，以空调系统为例，建筑管理系统通过室外传感器对室内外温湿度等信息进行收集和处理，智能调节建筑内部的温度，达到舒适性和节能之间的平衡，如图 4.8.4-1 所示。

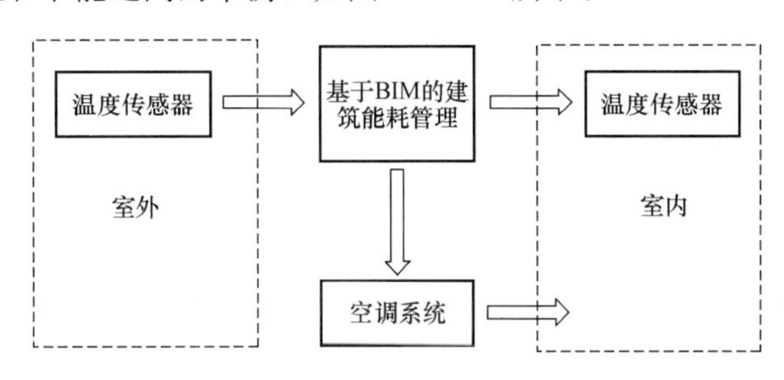

图 4.8.4-1 室内空调智能调节

4.8.5 物业管理

现代建筑业发端以来的信息都存在二维图纸包括其后的各种电子版本文件和各种机电设备的操作手册上，二维图纸有三个与生俱来的缺陷：抽象、不完整和无关联，需要使用的时候由专业人员自己去找到信息、理解信息，然后据此决策对建筑物进行一个恰当的动作，这是一个花费时间和容易出错的工作，往往会有装修的时候钻断电缆，水管破裂找不到最近的阀门，电梯没有按时更换部件造成坠落，发生火灾疏散不及时造成人员伤亡等，不一而足。

以为基础结合其他相关技术，实现物业管理与模型、图纸、数据一体化，如果业主相应了解建立物业运营健康指标，那么就可以很方便地指导、记录、提醒物业运营维护计划的执行。

4.8.6 建筑物改建拆除

运维阶段，软件以其阶段化设计方式实现对建筑物改造、扩建、拆除的管理，参数化的设计模式可以将房间图元的各种属性，如名称、体积、面积、用途、楼地板的做法等集合在模型内部，结合物联网技术在建筑安防监控、设备管理等方面的应用可以很好地对建筑进行全方位的管理。虽然现在电子标签的寿命并不足以满足一般民用建筑物设计使用期限年的要求，但是如果将来好技术更加成熟，标签寿命更长，我们可以将管理的实现延长到建筑物的拆除阶段，将满足建筑可靠性要求的构件重新利用，减少材料能源的消耗，满足可持续发展的需要。

4.8.7 灾害应急处理

装配式建筑作为人们进行政治、经济、文化、福利等社会活动的场所，注定了其人流量往往非常密集，如果发生地震、火灾等灾害事件但应对滞后，将会给人身、财产安全造成难以挽回的巨大损失，因此，针对灾害事件的应急管理极其必要。BIM 技术支持下的灾害应急管理不仅能出色完成传统灾害应急管理所包含的灾害应急救援和灾后恢复等工作，而且还可在灾害事件未发生的平时进行灾害应急模拟和灾害刚发生时的示警、应急处理，从而有效地减少人员伤亡，降低经济损失。

1. 灾害应急救援和灾后恢复

在火灾等灾害事件发生后，BIM系统可以对其发生位置和范围进行三位可视化显示，同时为救援人员提供完整的灾害相关信息，帮助救援人员迅速掌握全局，从而对灾情做出正确的判断，对被困人员及时实施救援。BIM系统还可为处在灾害中的被困人员提供及时的帮助。救援人员可以利用可视化BIM模型为被困人员制定疏散逃生路线，帮助其在最短时间内脱离危险区域，保证生命安全。

凭借数据库中保存的完整信息，BIM系统在灾后可帮助管理人员制定灾后恢复划，同时对受灾损失等情况进行统计，为灾后遗失资产的核对和赔偿等工作提供依据。

2. 灾害应急模拟及处理

在灾害未发生时，BIM系统可对建筑内部的消防设备等进行定位和保养维护，确保消火栓、灭火器等设备一直处于可用状态，同时综合BIM数据库内建筑结构等信息，与设备等其他管理子系统相结合，对突发状况下人员紧急疏散等情况进行模拟，寻找管理漏洞并加整改，制定出切实有效的应急处置预案。

在灾害刚发生时，BIM系统自动触发报警功能，向建筑管理人员以及内部普通人员示警，为其留出更多的反应时间。管理人员可通过BIM系统迅速做出反应，对于火灾可采取通过系统自动控制或者人工控制断开着火区域设备电源、打开喷淋消防系统、关闭防火调节阀等措施，对于水管爆裂情况可以指引管理人员快速赶到现场关闭阀，有效控制灾害波及范围，同时开启门禁，为人员疏散打开生命通路。

4.9　基于BIM的协同应用

4.9.1　协同的概念

协同即协调两个或者两个以上的不同资源或者个体，协同一致地完成某一目标的过程或能力。项目管理中由于涉及参与的各个专业较多，而最终的成果是各个专业成果的综合，这个特点决定了项目管理中需要密切的配合和协作。由于参与项目的人员因专业分工或项目经验等个种因素的影响，实际工程中经常出现因配合未到位而造成的工程返工甚至工程无法实现而不得不变更设计的情况。故在项目实施过程中对各参与方在各阶段进行信息数据协同管理意义重大。

以下从CAD时代和BIM时代两个时段对协同方式的改变进行简单介绍。

1. CAD时代的协同方式

在平面CAD时代，一般的设计流程是各专业将本专业的信息条件以电子版和打印出的纸质文件的形式发送给接收专业，接收专业将各文件落实到本专业的设计图中，然后再进一步将反馈资料提交给原提交条件的专业，最后会签阶段再检查各专业的图纸是否满足设计要求。在施工阶段，由施工单位根据设计单位提供的图纸信息进行项目工程施工。在竣工阶段，业主方根据图纸对工程完成情况逐项核对。这些过程都是单向进行的，并且是阶段性的，故各专业的信息数据不能及时、有效地传达。

一些信息化设施比较好的设计公司，利用公司内部的局域网系统和文件服务器，采用参考链接文件的形式，保持设计过程中建筑底图的及时更新。但这仍然是一个单向的过程，结构、机电向建筑反馈条件仍然需要提供单独的条件图。

2. BIM时代的协同方式

基于BIM技术创建三维可视化高仿真模型，各个专业设计的内容都以实际的形式存在于模型中。各参与方在各阶段中的数据信息可输入模型中，各参与方可根据模型数据进行相应的工作任务，且模型可视化程度高便于各参与方之间的沟通协调，同时也利于项目实施人员之间的技术交底和任务交接等，大大减少了项目实施中由于信息和沟通不畅导致的工程变更和工期延误等问题的发生，很大程度上提高了项目实施管理效率，从而实现项目的可视化、参数化、动态化协同管理。另外，基于BIM技术的协同平台的利用，实现了各信息、人员的集成和协同，大大提高了项目管理的效率。

4.9.2 协同的平台

为了保证各专业内和专业之间信息模型的无缝衔接和及时沟通，BIM项目需要在一个统一的平台上完成。这个平台可以是专门的平台软件，也可以利用windows操作系统实现。协同平台具有以下几种功能。

1. 建筑模型信息存储功能

建筑领域中各部门各专业设计人员协同工作的基础是建筑信息模型的共享与转换，这同时也是BIM技术实现的核心基础。所以，基于BIM技术的协同平台应具备良好的存储功能。目前在建筑领域中，大部分建筑信息模型的存储形式仍为文件存储，这样的存储形式对于处理包含大量数据且改动频繁的建筑信息模型效率是十分低下的，更难以对多个项目的工程信息进行集中存储。而在当前信息技术的应用中，以数据库存储技术的发展最为成熟、应用最为广泛。并且数据库具有存储容量大、信息输入输出和查询效率高、易于共享等优点，所以协同平台采用数据库对建筑信息模型进行存储，从而可以解决上文所述的当前BIM技术发展所存在的问题。

2. 具有图形编辑平台

在基于BIM技术的协同平台上，各个专业的设计人员需要对BIM数据库中的建筑信息模型进行编辑，转换、共享等操作。这就需要在BIM数据库的基础上，构建图形编辑平台。图形编辑平台的构建可以对BIM数据库中的建筑信息模型进行更直观地显示，专业设计人员可以通过它对BIM数据库内的建筑信息模型进行相应的操作。不仅如此，存储整个城市建筑信息模型的BIM数据库与GIS（Geographic Information System，地理信息系统）、交通信息等相结合，利用图形编辑平台进行显示，实现真正意义上的数字城市。

3. 兼容建筑专业应用软件

建筑业是一个包含多个专业的综合行业，如设计阶段，需要建筑师、结构工程师、暖通工程师、电气工程师、给水排水工程师等多个专业的设计人员协同工作，这就需要用到大量的建筑专业软件，如结构性能计算软件、光照计算软件等。所以，在BIM协同平台中，需兼容专业应用软件，以便于各专业设计人员对建筑性能的设计和计算。

4. 人员管理功能

由于在建筑全生命周期过程中有多个专业设计人员的参与，如何能够有效地管理是至关重要的。通过此平台可以各个专业的设计人员进行合理的权限分配、有效管理各个专业的建筑功能软件，合理分配设计流程、信息传输的时间和内容，从而实现项目人员高效的管理和协作。

下面以某施工单位在项目实施过程中的协同平台为例，对协同平台的功能和相关工作做具体介绍。

某施工总承包单位为有效协同各单位各项施工工作的开展，顺利执行BIM实施计划，组织协调工程其他施工相关单位，通过自主研发BIM平台实现了协同办公。协同办公平台工作模块包括：族库管理模块、模型物料模块、采购管理模块、统计分析模块、数据维护模块、工作权限模块、工程资料模块。所有模块通过外部接口和数据接口进行信息的提取、查看、实时更新数据。在BIM协同平台搭建完毕后，邀请发包方、设计及设计顾问、QS顾问、监理、专业分包、独立承包商和供应商等单位参加并召开BIM启动会。会议应明确工程BIM应用重点，协同工作方式，BIM实施流程等多项工作内容。该项目基于BIM的协同工作页面如图4.9.2-1所示。

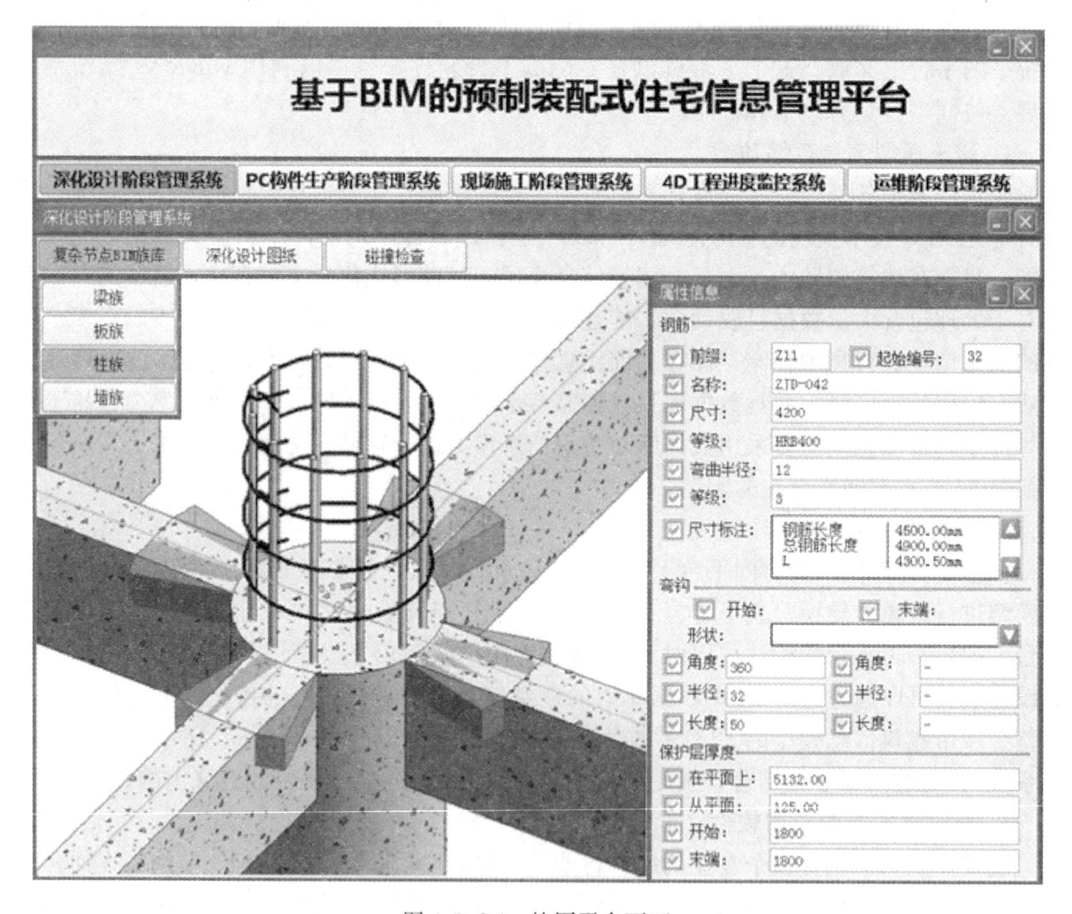

图4.9.2-1　协同平台页面

4.9.3　装配式BIM的协同应用

BIM模型以三维信息模型作为集成平台，在技术层面上适合各专业的协同工作，各专业可以基于同一模型进行工作。BIM模型还包含了建筑的材料信息、工艺设备信息、成本信息等，这些信息可以用来进行数据分析，从而使各专业的协同达到更高层次。

要实现混凝土结构的“设计—现场施工”模式向装配式混凝土结构的“设计—制造—安装”模式转变。协调设计方设计、工厂制造和现场安装之间的关系是建筑产业化发展的首要任务。首先要摆脱装配式混凝土结构“设计—制造—安装”中的两种传统模式：一是以设计院的构件设计为主导的模式；二是以工厂生产制造为主导的模式。基于BIM的3D协同设计是以信息为主导的方法，将有效地解决建筑产业化面临的技术和管理问题。借助BIM技术，构件在工厂实际开始制造以前，统筹考虑设计、制造和安装过程的各种要求，设计方利用BIM建模软件（如Revit）将参数化设计的构件建立成3D可视化模型，在同一数字化模型信息平台上使建筑、结构、设备协同工作，如图4.9.3-1所示，并对此设计进行构件制造模拟和施工安装模拟，有效进行碰撞检测，再次对参数化构件协调设计以满足工厂生产制造和现场施工的需求，使施工方案得到优化与调整，并确定最佳施工方案。最后施工方根据最优设计方案施工，完成工程项目要求，如图4.9.3-2所示。

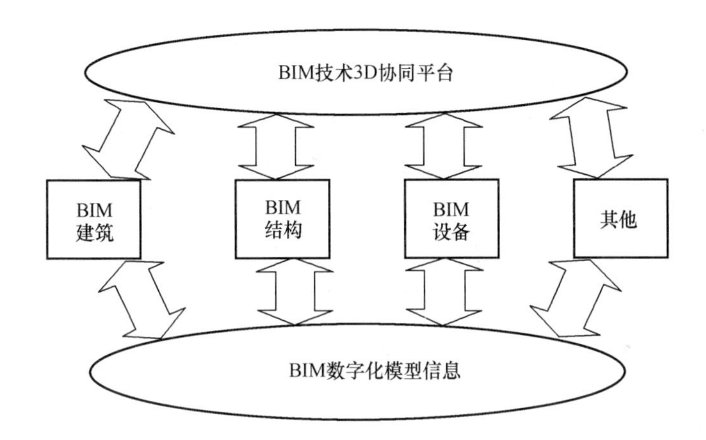

图4.9.3-1 各专业在同一平台共享数字化信息实现协同

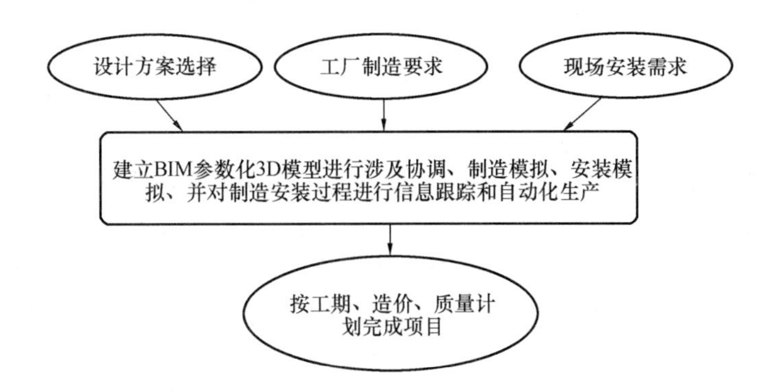

图4.9.3-2 通过BIM技术设计、指导和安装之间的协调

基于BIM的3D信息模型一旦出现设计方案与工厂制造、现场施工冲突，建筑、结构、设备碰撞冲突，即可在同一参数化信息模型上进行优化设计，参数化协同设计可做到一处参数修改，处处模型同步更新。如此便将构件在工厂制造现场安装前出现的所有问题

都在电脑里修改，达到构件设计、工厂生产制造和现场安装的高效协调，保障项目按计划的工期、造价、质量顺利完成，如图 4.9.3-3 所示。

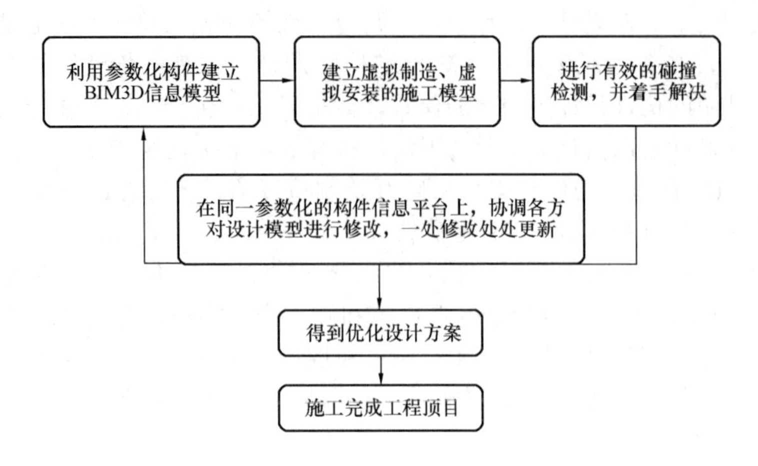

图 4.9.3-3　基于 BIM 的 3D 协同设计过程

BIM 技能最大价值在于信息化和协同办理，为参加各方提供了一个三维规划信息交互的渠道，将不一样专业的规划模型在同一渠道上交互合并，使各专业、各参加方协同作业成为可能。问题查看是针对全部建筑规划周期中的多专业协同规划，各专业将建好的 BIM 模型导入 BIM 问题软件，对施工流程进行模仿，展开施工问题查看，然后对问题点仔细剖析、扫除、评论，处理因信息不互通形成的各专业规划抵触，优化工程规划，在项目施工前预先处理问题，削减不必要的设计变更与返工。

课　后　习　题

一、单项选择题

1. 装配式结合 BIM 技术在项目的哪一个阶段，进行碰撞检查功能(　　)。

A. 设计阶段　　B. 现场施工

C. 构件生产　　D. 深化设计

2. 下列哪一项不属于装配式建筑采用 BIM 技术后，在设计阶段需要前置的工作(　　)。

A. 进行构件拆分　　B. 确定好装配式建筑的技术路线

C. 制定装配式技术产业化目标　　D. 构件生产加工指导

3. 模拟分析住宅区的热岛效应，采用合理优化建筑单体设计、群体布局和加强绿化等方式削弱热岛效应。综上所述，是在对建筑进行哪一项性能化分析(　　)。

A. 自然采光模拟　　B. 环境模拟分析

C. 风环境模拟分析　　D. 噪声模拟分析

4. 装配式建筑性能分析是在建筑的哪一个阶段进行操作(　　)。

A. 设计阶段　　B. 深化设计阶段

C. 出图阶段　　D. 构件拆分阶段

5. 对装配式建筑进行性能化分析，其中不包括(　　)。

A. 室外风环境模拟　　B. 自然采光模拟
C. 车流量分析模拟　　D. 自然通风模拟

6. 设计阶段的经计算量分析，实现了对项目哪一项内容的初步控制(　　)。
A. 项目进度　　B. 构件种类
C. 构件数量　　D. 项目成本

7. 在进行深化设计阶段的模型建立时，需要进行多方考虑，其中不包括(　　)。
A. 尊重设计阶段的最初方案和二维施工图的设计意图
B. 注意各专业、施工单位、构件厂间协同和沟通
C. 考虑是否满足施工需要
D. 对构件的几何属性进行可视化分析

8. 通过以下哪项技术，可实现预制构件的数字化建造(　　)。
A. ACM　　B. CAM
C. BAM　　D. ABM

9. BIM 在方案策划阶段的应用内容主要包括现状建模、成本核算、场地分析和(　　)。
A. 深化设计　　B. 碰撞检查
C. 总体规划　　D. 施工模拟

10. BIM 技术在施工阶段中预制加工管理不包括(　　)。
A. 基于 BIM 技术对关键工艺进行展示
B. 基于 BIM 技术实现钢筋准确下料
C. 基于 BIM 技术可对构件进行详细信息查询
D. 基于 BIM 技术可出具构件加工详图

11. BIM 在深化设计中的关键应用点不包括(　　)。
A. 模型的协同与沟通　　B. 机电碰撞检测
C. 建筑物性能分析　　D. 节点图出具

12. 装配式 BIM 在装修过程中的应用点，不包括(　　)。
A. 形成构件族库　　B. 模拟安装
C. 划分功能区域　　D. 采光模拟分析

13. BIM 在工程项目成本控制中的应用不包括(　　)。
A. 快速精确的成本核算　　B. 灾害应急管理
C. 预算工程量动态查询与统计　　D. 限额领料与进度款支付管理

14. 对建筑的空间、设备资产等进行科学管理，属于装配式 BIM 哪个阶段的管理内容(　　)。
A. 设计阶段　　B. 运维阶段
C. 施工阶段　　D. 生产阶段

15. BIM 技术应用于空间管理中具有以下几点优势，不包括(　　)。
A. 实现空间合理分配、规划，提高空间利用率
B. 管理租赁信息，预测收益发展趋势
C. 分析报表需求

D. 不影响运营收益

二、多项选择题

1. 装配式结合BIM技术可进行一些哪些性能分析(　　)?

A. 自然采光模拟　　B. 室外风环境模拟

C. 噪声模拟分析　　D. 热环境模拟分析

E. 室内自然通风模拟

2. BIM在设计阶段的应用有(　　)。

A. BIM构件族库建立　　B. BIM模型建立

C. 建筑性能化分析　　D. 构件安装模拟分析

E. 经济算量分析

3. 建立BIM数据库对整个工程项目的意义主要有(　　)。

A. 快速算量，精度提升　　B. 数据调用，决策支持

C. 精确计划，减少浪费　　D. 多算对比，有效管控

4. 下列选项属于BIM在物流运输过程中的应用的是(　　)。

A. 出厂管理　　B. 运输管理

C. 进场管理　　D. 吊装管理

E. 施工模拟

5. 装配式BIM应用包括哪些流程(　　)?

A. 建筑的设计及深化设计　　B. 构件生产

C. 物流运输　　D. 现场施工

E. 物业运维

6. 装配式BIM技术在设计阶段的应用主要体现在(　　)。

A. 可视化设计交流　　B. 设计分析

C. 协同设计与冲突检查　　D. 设计阶段造价控制

E. 施工图生成

7. 装配式BIM在深化设计阶段进行碰撞检查时，有哪些具体操作(　　)?

A. 设置碰撞忽略规则　　B. 修改碰撞类型以及碰撞参数

C. 选择碰撞对象　　D. 运行碰撞检查

E. 对检查出的碰撞进行复核

8. 在Revizto云平台可以实现以下哪些功能(　　)?

A. 漫游　　B. 查看

C. 测量　　D. 剖切模型

9. 装配式BIM在预制构件生产中的应用内容主要包括(　　)。

A. 构件加工图设计　　B. 构件加工指导

C. 预制构件的数字化制造　　D. 模型调整优化

10. 基于BIM和物联网技术集成应用的预制加工管理平台主要包括哪几个阶段的管理应用(　　)?

A. 浇筑前　　B. 浇筑

C. 入库　　D. 出厂

参考答案

一、单项选择题

1. D	2. D	3. B	4. A	5. C
6. D	7. D	8. B	9. C	10. A
11. C	12. D	13. B	14. B	15. D

二、多项选择题

1. ABCDE	2. ABCE	3. ABCD	4. ABCD	5. ABCDE
6. ABCDE	7. ABCDE	8. ABCD	9. ABC	10. ABCD

第 5 章　BIM 在装配式建筑中的作用

本章导读

本章首先从装配式设计阶段、预制构件生产阶段、施工阶段、运维阶应用 BIM 技术有哪些优势，能为装配式项目管理创造什么价值，以及开展项目管理中的 BIM 技术应用等做了介绍；最后以实际的装配式 BIM 技术应用案例，来向读者介绍整个项目的实施应用情况。

5.1 BIM在装配式建筑设计阶段的作用

5.1.1 提高装配式建筑设计效率

装配式建筑设计中，由于需要对预制构件进行各类预埋和预留的设计，因此更加需要各专业的设计人员密切配合。利用BIM技术所构建的设计平台，装配式建筑设计中的各专业设计人员能够快速地传递各自专业的设计信息，对设计方案进行“同步”修改。借助BIM技术与“云端”技术，各专业设计人员可以将包含有各自专业的设计信息的BIM模型统一上传至BIM设计平台，通过碰撞与自动纠错功能，自动筛选出各专业之间的设计冲突，帮助各专业设计人员及时找出专业设计中存在的问题；装配式建筑中预制构件的种类和样式繁多，出图量大，通过BIM技术的“协同”设计功能，某一专业设计人员修改的设计参数能够同步、无误地被其他专业设计人员调用，这方便了配套专业设计人员进行设计方案的调整，节省各专业设计人员由于设计方案调整所耗费的时间和精力。

此外，通过授予装配式建筑专业设计人员、构件拆分设计人员以及相关的技术和管理人员不同的管理和修改权限，可以使更多的技术和管理专业人士参与到装配式建筑的设计过程中，根据自己所处的专业提出意见和建议，减少预制构件生产和装配式建筑施工中的设计变更，提高业主对装配式建筑设计单位的满意度，从而提高装配式建筑的设计效率，减少或避免由于设计原因造成的项目成本增加和资源浪费。

5.1.2 实现装配式预制构件的标准化设计

标准化是随着社会生产力的提高逐步出现的，为提高建造效率、降低生产难度、减小生产成本、提高建筑产品质量，建筑工业化必须遵循标准化的原则。标准化后的产品应具有系列化、通用化的特点，按照标准化的设计原则能组合成通用性较强并满足多样性需求的产品。装配式结构的标准化设计必然通过分解和集合技术，形成满足一定多样性的建筑产品。

现今国内的预制装配结构技术和结构体系已出现很多，但是装配式结构的设计标准化概念不强，标准化设计的缺失导致预制建造成本较大，一些工程项目为了预制而预制。标准化设计是装配式结构设计的核心，贯穿整个设计、生产、施工安装过程中。逐渐实现住宅部品构件的标准化和住宅建筑体系的标准化，是装配式结构设计的趋势。在标准化设计中，模数化设计是标准化设计必须遵循的前提。模数化设计就是在进行建筑设计时使建筑尺寸满足模数数列的要求。为实现建筑工业化的大规模生产，使不同结构形式、材料的建筑构件等具有一定的通用性，必须实行模数化设计，以统一协调建筑的尺寸。

建筑模数是人们选定用于建筑设计、施工、材料选择等环节保证尺寸协调的尺寸单位。建筑模数包括基本模数和导出模数。基本模数是建筑模数中统一协调的基本单位，用M表示。导出模数分为两类：扩大模数和分模数。扩大模数是基本模数的整数倍，如3M，6M等；分模数是基本模数的分数值，如1/10M，1/5M等。由基本模数和导出模数可以派生出一系列尺寸，该系列尺寸即构成模数数列（表5.1.2-1），针对具体情况模数数列具有不同的使用范围。除特殊情况外，工业化建筑必须遵从相应的模数数列规定。

模数数列表　　　　表 5.1.2-1

数列名称	模数	幅度	进级（mm）	数列（mm）	使用范围
水平基本模数数列	1M	1～20M	100	100～20000	门窗构配件截面
竖向基本模数数列	1M	1～36M	100	100～3600	建筑物的层高、门窗和构配件截面
水平扩大模数数列	3M	3～75M	300	300～7500	开间、进深；柱距、跨度；构配件尺寸、门窗洞口
	6M	6～96M	600	600～9600	
	12M	12～120M	1200	1200～12000	
	15M	15～120M	1500	1500～12000	
	30M	30～360M	3000	3000～36000	
	60M	60～360M	6000	6000～36000	
竖向扩大模数数列	3M	不限			建筑物的高度、层高、门窗洞口
	3M	不限			
分模数数列	1/10M	1/10～2M	10	10～200	缝隙、节点构造、构配件截面
	1/5M	1/5～4M	20	20～400	
	1/2M	1/2～10M	50	50～1000	

装配式建筑是由成百上千个部品组成的，这些部品在不同的地点、不同的时间、以不同的方式按统一的尺寸要求生产出来，运输至施工现场进行装配安装，这些部品能够彼此协调地装配在一起，必须通过模数协调实现。模数协调是指，建筑的尺寸采用模数数列，使尺寸设计和生产活动协调，建筑生产的构配件、设备等不需修改就可以现场组装。

模数协调对装配式结构设计具有重要作用：

（1）模数协调可以实现对建筑物按照部位进行切割，以此形成相应的部品，使得部品的模数化达到最大限度。

（2）可以使构配件、设备的放线、安装规则化，使得各构配件、设备等生产厂家彼此不受约束，实现生产效益最大化，达到成本、效益的综合目标。

（3）促进各构配件、设备的互换性，使它们的互换与材料、生产方式、生产厂家无关，可以实施全寿命周期的改造。

（4）优化构配件的尺寸数量，使用少量的标准化构配件，建造不同类型的建筑，实现最大限度的多样化。

5.1.3　降低装配式建筑的设计误差

设计人员可以利用 BIM 技术对装配式建筑结构和预制构件进行精细化设计，减小装配式建筑在施工阶段容易出现的装配偏差问题。借助 BIM 技术，对预制构件的几何尺寸及内部钢筋直径、间距、钢筋保护层厚度等重要参数进行精准设计、定位。在 BIM 模型的三维视图中，设计人员可以直观地观察到待拼装预制构件之间的契合度，并可以利用 BIM 技术的碰撞检测功能，细致分析预制构件结构连接节点的可靠性，排除预制构件之间的装配冲突，从而避免由于设计粗糙而影响到预制构件的安装定位，减少由于设计误差带来的工期延误和材料资源的浪费。

5.1.4 调整进展与计划

经过对PC预制构件的拆分获取有关信息为PC构件出产供给准确的信息。在BIM模型中可将构件从出产、运输到吊装等进程与相对应的时间尺度有关联，对PC构件吊装计划进行三维动态模仿。再将BIM模型与项目Project进展计划有关联，可完成项目5D层面的使用。也可将计划与实际进展进行比照剖析，以完成对项目进展的操控与优化。BIM能够处理预制装配式修建对构件吊装的高要求下模仿施工现场环境提早规划起重机方位及途径，有助于进步工人的出产准确度，并能直接影响施工装置的精确度，最终达到验证、优化、调整、优选施工计划的目的。

5.2 BIM在预制构件生产阶段的作用

5.2.1 优化整合预制构件生产流程

装配式建筑的预制构件生产阶段是装配式建筑生产周期中的重要环节，也是连接装配式建筑设计与施工的关键环节。为了保证预制构件生产中所需加工信息的准确性，预制构件生产厂家可以从装配式建筑BIM模型中直接调取预制构件的几何尺寸信息，制定相应的构件生产计划，并在预制构件生产的同时，向施工单位传递构件生产的进度信息。预制构件生产商可直接从BIM信息平台调取预制构件的尺寸、材质等，制定构件生产计划，开展有计划地生产，同时将生产信息反馈至BIM信息平台，及时让施工方了解构件生产情况，以便施工方做好施工准备及计划，有助于在整个预制装配过程实现零库存、零缺陷的精益建造目标。

为了保证预制构件的质量和建立装配式建筑质量可追溯机制，生产厂家可以在预制构件生产阶段为各类预制构件植入含有构件几何尺寸、材料种类、安装位置等信息的RFID芯片，通过RFID技术对预制构件进行物流管理，提高预制构件仓储和运输的效率。在构件生产制作阶段，将BIM与物联网RFID技术相结合，根据用户需求，借鉴工程合同清单编码规则，对构件进行编码，编码具有唯一性、扩展性，从而确保构件信息的准确性。然后制作人员将含有构件类型、尺寸、材质、安装位置等信息的RFID芯片植入构件中，供各阶段工作人员读取、查阅并使用相关信息。根据实际施工情况，及时将构件质量、进度等信息反馈至BIM信息共享平台，以便生产方及时调整生产计划，减少待工、待料，通过BIM平台实现双方协同互通。

5.2.2 加快装配式建筑模型试制过程

为了保证施工的进度和质量，在装配式建筑设计方案完成后，设计人员将BIM模型中所包含的各种构配件信息与预制构件生产厂商共享，生产厂商可以直接获取产品的尺寸、材料、预制构件内钢筋的等级等参数信息，所有的设计数据及参数可以通过条形码的形式直接转换为加工参数，实现装配式建筑BIM模型中的预制构件设计信息与装配式建筑预制构件生产系统直接对接，提高装配式建筑预制构件生产的自动化程度和生产效率。还可以通过3D打印的方式，直接将装配式建筑BIM模型打印出来，从而极大地加快装配式建筑的试制过程，并可根据打印出的装配式建筑模型校验原有设计方案的合理性。

BIM 可以支持建筑设计的预制构件模型的信息传递用于工厂生产，借助于 BIM 技术的基础上的钢筋数字化自动加工、混凝土自动化浇筑和钢筋与 PC 构件生产的自动化融合。搭建合适的 BIM 信息化平台，在平台上可以直接提取构件的参数，确定构件尺寸、材质、做法、数量等信息，并且根据这些信息确定合理的生产流程，也可以对发来的构建信息进行复核，并且根据实际生产情况，向设计单位进行信息反馈，使得设计和生产环节实现信息双向流动，提高构件生产信息化程度。工厂还可以建立标准化的预制构件库，在生产的过程中对类似预制构件只需要调整模具尺寸即可以生产，通过标准化、流水线式构件生产作业，提高生产效率，增加构件的标准化程度，减少人工操作带来的失误，改善工人工作环境，节省人力物力等。

5.2.3　运输跟踪管理

在运输预制构件时，通常可采用在运输车辆上植入 RFID 芯片的方法，这样可准确地跟踪并收集到运输车辆的信息数据。在构件运输规划中，要根据构件大小合理选择运输工具（特别是特大构件），依据构件存储位置合理布置运输路线，依照施工顺序安排构件运输顺序，寻求路程及时间最短的运输线路，降低运输费用，加快工程进度。

5.3　BIM 在装配式建筑施工阶段的作用

5.3.1　预制构件现场管理

装配式建筑因预制构件种类繁多，经常会出现构件丢失、错用、误用等情况，所以对预制构件现场管理务必要严格。在现场管理中，主要将 RFID 技术与 BIM 技术结合，对构件进行实时追踪控制。构件入场时，在门禁系统中设置 RFID 阅读器，当运输车辆的入场信息被接收后，应马上组织人员进入现场检验，确认合格且信息准确无误后，按此前规划的线路引导到指定地点，并按构件存放要求放置，同时在 RFID 芯片中输入构配件到场的相关信息。在构件吊装阶段，工作人员手持阅读器和显示器，按照显示器上的信息依次进行吊运和装配，做到规范且一步到位，提升工作效率。

5.3.2　施工模拟仿真

装配式建筑施工机械化程度高，施工工艺复杂，安全防护要求也高，需要各方协调配合，为此在施工前，施工方可利用 BIM 技术进行装配吊装的施工模拟和仿真，进一步优化施工流程及施工方案，确保构件准确定位，从而实现高质量的安装。利用 BIM 技术优化施工场地布置，包括垂直机械、临时设施、构配件等位置合理布置，优化临时道路、车辆运输路线，尽可能降低二次搬运的浪费，降低施工成本，提升施工机械吊装效率，加快装配进度。在各工序施工前，利用 BIM 技术实现可视化技术交底，通过三维展示，使交底更直观，各部门沟通更高效。另外，施工方也可通过 BIM 技术模拟安全突发事件，完善应急预案，减少安全事故发生概率。

5.3.3 施工质量进度成本控制

通过将BIM与施工进度计划相链接，将空间信息与时间信息整合在一个可视的4D（3D+Time）模型中，可以直观、精确地反映整个建筑的施工过程。基于BIM的虚拟建造技术的进度管理通过反复的施工过程模拟，让那些在施工阶段可能出现的问题在模拟的环境中提前发生，逐一修改，并提前制定应对计划，使进度计划化和施工方案最优，再用来指导实际的施工，从而保证项目施工的顺利完成。施工模拟应用于项目整个建造阶段，真正地做到前期指导施工、过程把控施工、结果校核施工，实现项目的精细化管理。

为了有效解决传统横道图等表达方式的可视化不足等问题，基于BIM技术，通过BIM模型与施工进度计划的链接，将时间信息附加到可视化三维空间模型中，不仅可以直观、精确地反映整个建筑的施工过程，还能够实时追踪当前的进度状态，分析影响进度的因素，协调各专业，制定应对措施，以缩短工期、降低成本、提高质量。

在此基础上再引入资源维度，形成“5D-BIM”模型，施工方可通过此模型模拟装配施工过程及资源投入情况，建立装配式建筑“动态施工规划”，对质量、进度、成本实现动态管理。

5.3.4 构件现场吊装办理及长期可视化监控

施工方案确定后，将储存构件吊装方位及施工时序等信息的BIM模型导入平板手持设备中，根据三维模型查验施工方案，实现施工吊装的无纸化和可视化辅佐。构件吊装前必须进行查验承认，手持机更新当日施工方案后对工地堆场的构件进行扫描，在准确识别构件信息后进行吊装，并记载构件施工时刻。构件装置就位后，查看员担任校核吊装构件的方位及其他施工细节，查看合格后，通过现场手持机扫描构件芯片，承认该构件施工完结，同时记录构件竣工时刻。所有构件的拼装进程、实践装置的方位和施工时刻都记录在体系中，以便查看。这种方法减少了过错的发生，提高了施工效率。

5.3.5 清单式质量控制

为确定施工质量控制部位，即检查对象需要对施工单元或构件编号，称为构件ID识别码，以便于在BIM模型中调用基本信息，同时保存检查结果。在施工阶段的质量控制，首先是收集与分析建筑物的相关数据，包括：质量要求、工作分解结构的工作包、工作进度等。建筑物本体的质量要求主要由设计文件、企业标准及验收规范构成。施工的技术措施，如脚手架、模板及支架等也由相应的企业标准与验收规范规定。BIM模型建立后，建筑物的物理和功能特性已通过数据形式包含其中，通过工作分解结构，可以将建筑本体与施工技术措施的质量要求进行分解，通过对这些有层次结构工作分解结构工作包的定义，建筑物形成过程整体的质量要求可分解成为一个个建筑构件的质量要求。这些定义的信息与建筑模型和施工进度计划相联系，不仅整个建筑物有了明晰的质量构成和建筑物构件数量，在构成建筑的构件层次上，每个构件也有了各自明确的质量要求与参数，同时因为结合了施工进度，可以以这些建筑构件的质量控制要求为导向，完成按建筑构件工序划分的质量控制清单。

建造现场的质量数据采集是施工中质检员必须完成的工作，BIM生成的清单，从建筑构件以及施工工序的层次明示了建筑构件需要满足的质量信息。通过清单中载明的构件ID，质检员可获得该构件在模型中的具体方位，按照清单顺序及构件部位实施检查和进行建筑构件的质量信息采集，将结果填入清单表中，同时还可以采集包括工序进行时间、环境温湿度、施工班组、施工所用设备、施工方法、检查工具和（或）检测设备编号等信息，并及时进行数据录入。飞速发展的移动技术为BIM模型的质量数据采集提供了新途径，通过BIM模型建立模块：质量控制清单模块、地理位置信息模块、数据库模块。所有相关数据存储在一个单一的数据库中，形成基于地理位置信息的质量控制清单，经与局域网或与移动设备（如智能手机或平板电脑）连接的通信网络，质检员能将BIM模型与施工现场结合成一个整体，基于位置信息，实时向数据库发出数据请求，在移动设备上生成特定部位且需要的质量控制清单用于质量控制，采集到的数据也由此无线网络自动提交到建筑信息数据库中，BIM模型提供设计的质量数据，质检员采集并返回施工的质量数据。从数据层面，BIM模型增添了新维度，设计数据和施工数据从虚拟和现实角度表示了建筑物的质量信息。施工中，可以通过数据的量化分析，判断施工过程是否处于统计控制状态，当处于受控状态后，也可以通过数据趋势，采取措施保持过程所处的状态。

5.4　BIM在装配式建筑运维阶段的作用

5.4.1　提高运维阶段的设备维护管理水平

借助BIM和RFID技术搭建的信息管理平台可以建立装配式建筑预制构件及设备的运营维护系统。以BIM技术的资料管理与应急管理功能为例，在发生突发性火灾时，消防人员利用BIM信息管理系统中的建筑和设备信息可以直接对火灾发生位置进行准确定位，并掌握火灾发生部位所使用的材料，有针对性地实施灭火工作。此外，运维管理人员在进行装配式建筑和附属设备的维修时，可以直接从BIM模型中调取预制构件、附属设备的型号、参数和生产厂家等信息，提高维修工作效率。

5.4.2　加强运维阶段的质量和能耗管理

BIM技术可实现装配式建筑的全寿命信息化，运维管理人员利用预制构件中的RFID芯片，获取保存在芯片中预制构件生产厂商、安装人员、运输人员等的重要信息。一旦发生后期的质量问题，可以将问题从运维阶段追溯至生产阶段，明确责任的归属。BIM技术还可以实现预制装配式建筑的绿色运维管理，借助预埋在预制构件中的RFID芯片，BIM软件可以对建筑物使用过程中的能耗进行监测和分析，运维管理人员可以根据BIM软件的处理数据在BIM模型中准确定位高耗能所在的位置并设法解决。此外，预制建筑在拆除时可以利用BIM模型筛选出可回收利用的资源进行二次开发回收利用，节约资源，避免浪费。

5.5 BIM+装配式应用案例

某物流工程B东地块公租房项目住宅结构产业化技术体系中，预制构件有叠合楼板、叠合阳台板、空调机搁板、楼梯梯段、夹心保温外墙板、内墙板、女儿墙板、PCF板、装饰板等。

采用BIM技术的主要目的是解决因设计、施工、构件加工对接不足造成的能源、资源浪费。通过建立BIM技术的参数化构件族，深化施工模型的设计，利用三维施工模拟、提取构件工程信息等手段，将装配式产业化工程从现场粗放的"土建工程"转变为细致的"安装工程"，在建造过程中，体现其缩短工期、合理利用劳动力、提高工程质量、降低能耗和控制成本等优势。

本工程施工过程中，充分发挥了BIM参数化优势建立高精度符合模数要求的族模型，分析、测算构件指标含量，提供工程过程结算依据；将设计及施工意图引入BIM应用，使施工更完美地实现设计蓝图（如预设塔式起重机锚固点等），提高工程质量；利用BIM可视化的特点，充分论证装配式构件安装与现浇组合的施工方案施工；采用多种软件综合应用与自主研发软件相结合的BIM软件策略，辅助工程管理。

1. 产业化施工的难点

（1）预制构件精细化管理难度大

本工程涉及上百种装配式构件型号且采用结构保温一体化外墙技术，施工单位面临着进场构件型号与数量难以提取、施工现场物资分配码放难以控制、施工过程中构件指标含量难以统计等问题，不利于生产管理与成本控制。

（2）设计与施工无缝对接难度大

在传统设计中，只考虑结构选型及计算，较少思考涉及施工中可能出现的问题。本工程建造过程中，由于建筑物主体和大型机械设备发生支撑、锚固等关系，会导致构件修改、返厂、增加构造做法等情况，造成人力、物力和时间的消耗，增加工程成本。

（3）专业化施工能力培养难度大

目前施工单位对装配式混凝土结构施工尚无经验，专项施工技术能力不足。采用常规的技术交底，对施工及管理人员的培养效率较低，不利于工程质量的控制，也不利于建立专业化施工队伍。

2. BIM技术解决方案

（1）制订符合本工程的BIM实施标准

依据《企业级BIM实施标准》制订《××物流工程××地块公租房装配式混凝土结构产业化项目标准》，在遵循企业标准的前提下，规定了本工程的BIM实施原则和目标、BIM应用范围和软件的选择。规范了装配式混凝土结构工程的BIM模型标准，如参数信息要求、建模注意事项及交付定制族的说明、构件库和装配式混凝土结构知识库的使用说明等，形成了装配式混凝土结构产业化工程设计一施工一体化工作流程。

（2）建立参数化构件族

装配式混凝土结构工程与常规现浇混凝土工程的BIM模型存在差异，主要体现为构件族的参数化建立。通过BIM模型，实现构件加工图纸与构件模型双向的参数化信息连接，包括图纸编号、构件ID码、物理数据、保温层、钢筋信息和外架体系预留孔等。

构件参数统计 表5.5-1

族	构件型号	楼层	混凝土用量（单个）	聚苯体积（单个）	混凝土强度	设计图编码	重量（单个）	数量	混凝土用量	聚苯体积
YNB-3	YNB-3	三层	1.91	0.54	C30	S6内墙板	4.77	1	1.91	0.54
YNB-4	YNB-4	三层	1.26	0.14	C30	S6内墙板	3.15	6	7.56	0.84

在创建构件族中，发现族文件在创建混凝土浇筑板时，由于混凝土板为实心板，因绑扎的钢筋占用了空间（板内为空心板），会多出相当于钢筋体积部分的混凝土量，导致板的混凝土用量增加。对此采用参数化族的方式，通过修改预留位的参数信息解决了混凝土、保温材料等工程量的精确性问题。本工程共建立水平构件参数化族310个，垂直构件参数化族609个。

（3）构件模型管理

采用BIM结合物联网技术实现了通过信息管理系统查看模型资料，指导施工人员吊装定位；实现构件参数属性查询，将竣工信息上传到数据库，做到施工质量记录可追溯如图5.5-1。

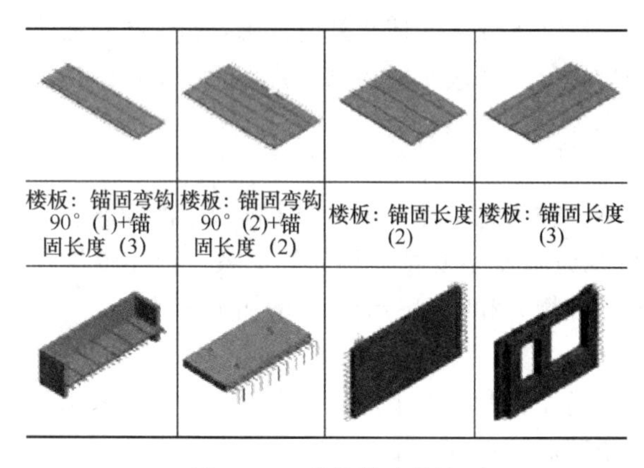

图5.5-1 构件样式统计

（4）构件模型库管理

通过建立BIM构件，搭建完成了CSI构件族库管理系统平台；并通过内网/外网环境，实现了快捷的项目管理和对族、组件、模块的平台化管理。

构件库创新点包括：①系统采用C/S与B/S混合结构，实现Revit嵌入式运用和web远程使用；②系统不仅支持Revit工具，还可支持其他文件类型的BIM工具，实现多种软件CSI构件在一个统一平台集中管理；③支持通过上传新的自定义私有族文件，获取在一定时间内下载公共族或下载一定量族文件的权限，实现族库的自我更新。

企业内部BIM实施规范性族构件的统一管理和共享，加快了BIM建模的效率，有利于BIM的实施推广。族库中定额信息的关联和利用，提升了BIM数据对施工管理的价值。

（5）构件模族资料管理

① PC端：通过CSI构件库中的BIM模型将构件的试验报告、进场外观检查和构件图纸等信息相关联，可更好地管理项目，提高施工质量、安全水平，把控施工进度。

② 手机APP端：通过手机端将图片、视频、音频、文字等信息发送至网页端指定

位置，方便项目部时刻查看并记录施工进度、质量、安全情况。还可将上述信息与图纸的相关位置关联，更精准地把控项目，通过实时语音或视频对话，快捷地展现施工现场问题，快速查出变更位置，为施工提供便利，也为后期的施工索赔及洽商变更提供依据。

（6）构件可视化安装模拟

① 建立高精度模型，表现各阶段构件安装

分离每一个步骤的模型并加以组合，实现用模型反映构件安装过程的不同阶段（图5.5-2）。

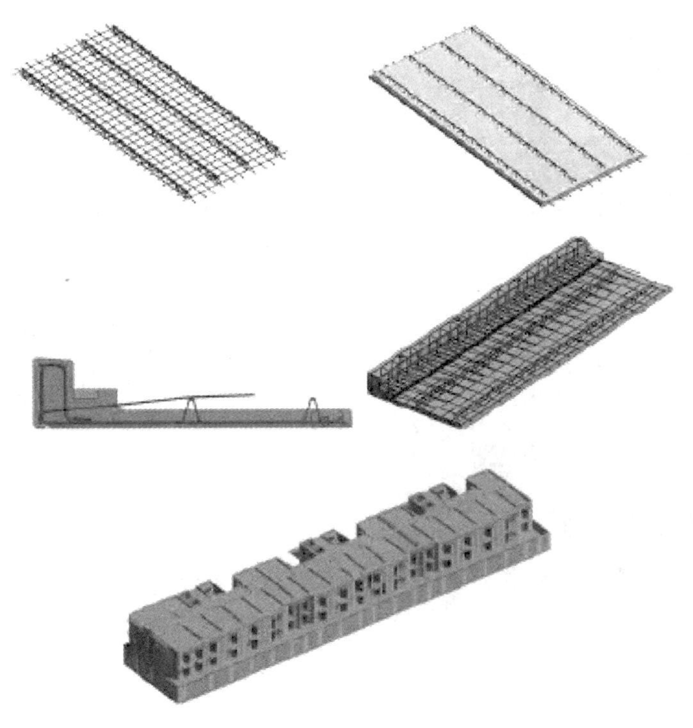

图5.5-2 构件安装过程

② 通过施工过程模拟，论证施工方案

现阶段住宅产业化基础数据缺乏，尚无有效的可指导施工的基础数据（如机械设备的分配、场地物资的堆放承受能力等）。本工程建造阶段，首先遇到一次运输构件施工现场码放不开；寻找指定安装构件困难；二次搬运增加构件破损，损耗大量人力及时间等问题。通过BIM4D预测施工进度，结合构件厂产能与场地条件控制，可控制构件到货量；通过BIM技术进行吊装测算，调整构件的码放顺序和位置；通过BIM模型，依据塔式起重机工作半径范围，统计构件型号，模拟验证构件码放位置的合理性和吊装顺序，合理布置构件码放区的放置顺序（高层构件在下，底层构件在上）。

③ 模拟构件及机械的空间关系制订施工方案

通过引入构件参数与人及机械设备、施工材料的关系如图5.5-3所示，可提前发现问题；通过BIM技术管理构件进场、堆放与搬运，分离每步骤模型并加以组合，用模型反映构件不同阶段的安装过程，模拟构件吊装时与工人的空间关系，制订吊装方案。

④ 构件可视化安装模拟

目前工人对构件拼装顺序和三维空间坐标准确性操作尚存在难度，主要表现在：构件的钢筋与现浇部分的钢筋穿筋节点不清；安装垂直构件时，工人对垂直构件找平及找标高缺少数据支撑。

对构件拼装顺序和三维空间坐标准确性操作有难度的问题，在现场通过三维可视化模拟模板构件拼接，实现同类构件不同公差的安装方案。通过质检测量数据录入BIM模型，实现构件还原实际构件条件，用于指导选择安装方案如图5.5-4所示，减少了返工率。

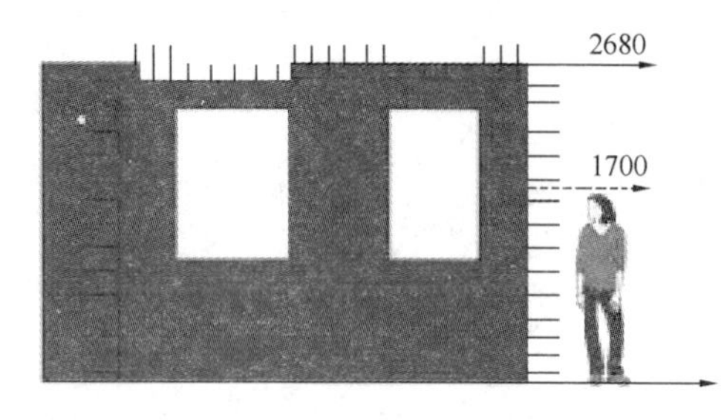

图5.5-3 构件吊装时与工人的空间关系模拟

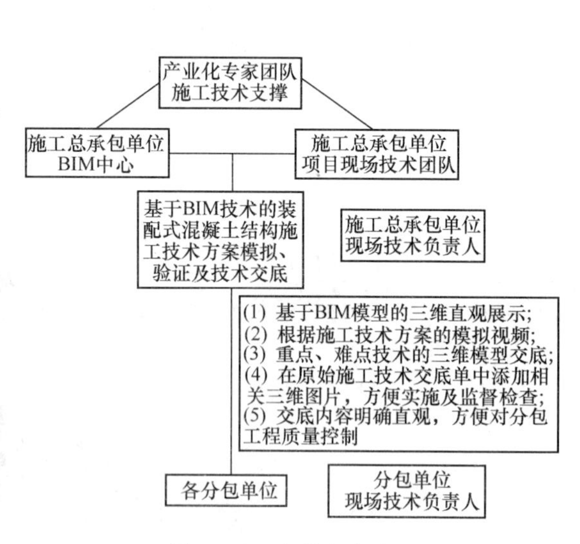

图5.5-4 安装方案流程

(7) 基于BIM技术的装配式混凝土结构三维技术交底

一般劳务队伍对产业化施工要求了解不够，技术水平不足，可通过借用BIM技术模拟施工做法，采用三维演示向劳务交底，并形成知识库。

(8) 构建构件质量跟踪平台

结合物联网技术，质量跟踪平台在构件中设置RFID芯片。通过追踪识别芯片关联构件库信息，构件可视化安装模拟。目前工人对构件拼装顺序和三维空间坐标准确性操作尚存在难度，主要表现在：构件的钢筋与现浇部分的钢筋穿筋节点不清；安装垂直构件时，工人对垂直构件找平及找标高缺少数据支撑。在现场通过三维可视化模拟模板构件拼接，实现同类构件不同公差的安装方案。通过质检测量数据录入BIM模型，实现构件还原实际构件条件，用于指导选择安装方案，减少了返工率。

3. 应用BIM的主要效果

(1) 产业化建造工期可控，效率提高

本工程设计方案采用BIM技术建立标准构件库，提升了设计单位、构件厂和施工企业的可视化协同能力，实现了将生产工艺集中在工业流水线上，现场以安装构件为主的住宅产业化目标，避免了建筑材料浪费，可减少人力劳动，增加机械生产，提高生产效率，降低建造成本。

通过研究，实现设计阶段对施工阶段劳动力的综合分析，在引用 BIM 技术对 CSI 住宅产业化虚拟三维模拟建造的过程中引入劳动力、物资和场地的概念，从而提高设计对施工的指导，减少劳务选择风险及因设计不合理而造成的施工进度滞后等问题，可有效控制并缩短工期。

(2) 实现设计、施工一体化建造

本工程基于 BIM 的 CSI 设计主要特点是精度高，覆盖设计、构件加工、现场施工等住宅产业化的关键环节，解决了以往住宅设计图纸控制宽泛、对现场施工指导性差的问题。通过强化设计与施工的联系，搭建基于 BIM 技术预制装配式设计施工一体化协同平台。该平台根据设计阶段完成的施工图，搭建预制装配式 BIM 模型，包括构件模板图、预埋预留件图，模型等级定为 LOD400 等级标准，并进行拆分模拟。根据设计阶段的 BIM 成果，完成 PC 运输、施工过程中各种工况的相关深化设计计算；通过结构计算确定脱模、存放时的吊装和支撑位置。根据 PC 的 BIM 模型搭建及深化设计，生成完整的 BIM 信息模型，形成深化设计图纸，用于指导后期生产和施工。

(3) 培养专业队伍

目前施工企业对装配式混凝土结构施工尚缺少经验，对此现场依据工程特点和技术的难易程度选择不同的技术交底形式，例如套筒灌浆、叠合板支撑、各种构件（外墙板、内墙板、叠合板、楼梯等）的吊装等施工方案通过 BIM 技术三维直观展示，模拟现场构件安装过程和周边环境。对劳务队伍则采用三维技术交底，指导工人安装。交底内容明确直观，方便了施工现场对分包工程质量的控制。

本工程采用三维技术交底的方式，建立了产业化施工标准，拥有了产业化设计施工团队，培养了专业化人才，提高了对工程质量的控制水平。

课 后 习 题

一、单项选择题

1. 装配式 BIM 技术各阶段应用协同主要体现在以下哪个方面(　　)。

A. 信息的开放与共享　　　　B. 碰撞检查

C. 建筑性能化分析　　　　D. 模型传递

2. 在设计阶段将 BIM 模型上传至云平台，主要运用到 BIM 技术与哪项技术的结合(　　)。

A. 大数据　　　　B. RFID

C. 协同　　　　D. 云技术

3. 采用 BIM 技术，避免了在传统技术中装配偏差问题的出现，主要应用到 BIM 哪一个特点(　　)。

A. 一体化　　　　B. 参数化

C. 可视化　　　　D. 仿真性

4. 利用 BIM 技术优化施工场地布置，包括垂直机械、临时设施、构配件等位置合理布置，优化临时道路、车辆运输路线，尽可能降低二次搬运的浪费。综上所述是 BIM 技术哪个阶段的应用内容（　　）。

A. 构件生产　　　　　　　　　　　　B. 施工模拟仿真

C. 进组成本控制　　　　　　　　　　D. 标准化设计

5. 在设计阶段采用 BIM 技术可以给项目带来以下优点，其中不包括（　　）。

A. 减少预制构件生产和装配式建筑施工中的设计变更

B. 提高业主对装配式建筑设计单位的满意度

C. 提高装配式建筑的设计效率

D. 对质量、进度、成本实现动态管理

6. 下列哪项内容不属于 BIM 在装配式建筑施工阶段的作用（　　）。

A. 将 RFID 技术与 BIM 技术结合，对构件进行实时追踪控制

B. 利用 BIM 技术进行装配吊装的施工模拟和仿真

C. 通过 RFID 技术对预制构件进行物流管理

D. 将“3D-BIM”模型转换成“4D-BIM”可视化模型

二、多项选择题

1. 将 BIM 与物联网 RFID 技术相结合，借鉴工程合同清单编码规则，对构件进行编码，编码具有以下哪些特性（　　）？

A. 协同性　　　　　　　　　　　　B. 唯一性

C. 资源性　　　　　　　　　　　　D. 扩展性

E. 专业领域层

2. 采用 BIM 技术可提高装配式建筑设计效率，主要体现在（　　）。

A. 碰撞检查功能

B. BIM 技术的“协同”设计功能

C. 快速地传递各自专业的设计信息

D. 节省各专业设计人员由于设计方案调整所耗费的时间和精力

3. 采用 BIM 技术可降低装配式建筑的设计误差，主要体现在（　　）。

A. 对预制构件的几何尺寸的精准设计定位

B. 利用 BIM 技术三维可视化特点，可以直观地观察到待拼装预制构件之间的契合度

C. 运用 BIM 技术的碰撞检测功能，排除预制构件之间的冲突

D. 通过 BIM 平台实现多方协同互通

E. 建筑工程设计信息模型的建立和交付，在符合本标准的情况下，可不必符合国家现行有关标准的规定

参考答案

一、单项选择题

1. A　　2. D　　3. C　　4. B　　5. D　　6. C

二、多项选择题

1. BD　　2. ABCD　　3. ABCD

第 6 章　BIM 技术与装配式建筑标准与流程

本章导读

本章节内容首先介绍了 BIM 应用发展现状的市场性分析，其次将《建筑工程施工信息模型应用标准》的内容做了简单介绍，以加强读者对 BIM 标准与流程的理解。

6.1 BIM应用现状政策分析

1. 国务院

国家BIM应用政策　　表6.1-1

发布日期	政策	内容
2016年2月	《关于进一步加强城市规划建设管理工作的若干意见》	加大政策支持力度，力争用10年左右时间，使装配式建筑占新建建筑的比例达到30%。积极稳妥推广钢结构建筑
2016年3月	李克强总理《政府工作报告》	积极推广绿色建筑和建材，大力发展钢结构和装配式建筑，加快标准化建设，提高建筑技术水平和工程质量
2016年9月	李克强总理在国务院常务会议中提出	决定大力发展装配式建筑，推动产业结构调整升级
2016年9月	《关于大力发展装配式建筑的指导意见》	以京津冀、长三角、珠三角三大城市群为重点推进地区，常住人口超过300万的其他城市为积极推进地区，其余城市为鼓励推进地区，因地制宜发展装配式混凝土结构、钢结构和现代木结构等装配式建筑。力争用10年左右的时间，使装配式建筑占新建建筑面积的比例达到30%
2017年1月	《"十三五"节能减排综合工作方案》	实施绿色建筑全产业链发展计划，推行绿色施工方式，推广节能绿色建材、装配式和钢结构建筑
2017年2月	李克强总理在国务院常务会议中提出	深化建筑业"放管服"改革，推广智能和装配式建筑
2017年2月	《国务院办公厅关于促进建筑业持续健康发展的意见》	要坚持标准化设计、工厂化生产、装配化施工、一体化装修、信息化管理、智能化应用，推动建造方式创新，大力发展装配式混凝土和钢结构建筑，在具备条件的地方倡导发展现代木结构建筑，不断提高装配式建筑在新建建筑中的比例。力争用10年左右的时间，使装配式建筑占新建建筑面积的比例达到30%

2. 住房城乡建设部

部委BIM应用政策　　表6.1-2

发布日期	政策	内容
2016年11月	住房城乡建设部在上海召开全国装配式建筑现场会	部长陈政高提出"大力发展装配式建筑，促进建筑业转型升级"，并明确了发展装配式建筑必须抓好的七项工作
2016年12月	印发《装配式建筑工程消耗量定额》	该定额于2017年3月1日实施
2016年12月	印发住《装配式混凝土结构建筑工程施工图设计文件技术审查要点》	
2017年1月	发布国家标准《装配式混凝土建筑技术标准》、《装配式钢结构建筑技术标准》、《装配式木结构建筑技术标准》	2017年6月1日起实施

续表

发布日期	政策	内容
2017年3月	印发《建筑节能与绿色建筑发展“十三五”规划》	大力发展装配式建筑，加快建设装配式建筑生产基地，培育设计、生产、施工一体化龙头企业；完善装配式建筑相关政策、标准及技术体系。积极发展钢结构、现代木结构等建筑结构体系
2017年3月	印发2017年工作要点	将从制定发展规划、完善技术标准体系、提升装配式建筑产业配套能力、加强装配式建筑队伍建设四个方面全面推进装配式建筑
2017年3月	印发《“十三五”装配式建筑行动方案》《装配式建筑示范城市管理办法》《装配式建筑产业基地管理办法》三大文件	全面推进装配式建筑发展。提出：到2020年，全国装配式建筑占新建建筑的比例达到15%以上，其中重点推进地区达到20%以上，积极推进地区达到15%以上，鼓励推进地区达到10%以上；培育50个以上装配式建筑示范城市，200个以上装配式建筑产业基地，500个以上装配式建筑示范工程，建设30个以上装配式建筑科技创新基地
2017年12月12日	住房城乡建设部关于发布国家标准《装配式建筑评价标准》	现批准《装配式建筑评价标准》为国家标准，编号为GB/T 51129—2017，自2018年2月1日起实施。原国家标准《工业化建筑评价标准》GB/T 51129—2015同时废止

6.2 《建筑工程施工信息模型应用标准》

6.2.1 总则

1. 为贯彻执行国家技术经济政策，规范和引导建筑工程施工信息模型应用，支撑建筑工程施工领域信息化实施，提高信息应用效率和效益，制定本标准。

2. 本标准适用于建筑工程施工信息模型的创建、使用和管理。

3. 建筑工程施工信息模型应用，除应符合本标准外，尚应符合国家现行有关规范、规程和标准的规定。

6.2.2 术语

1. 建筑信息模型 building information model/ building information modeling（BIM）这个术语有两层含义：①建设工程及其设施物理和功能特性的数字化表达，在全生命期内提供共享的信息资源，并为各种决策提供基础信息，简称模型；②建筑信息模型的创建、使用和管理过程，简称模型应用。

2. 建筑信息模型元素 BIM element 建筑信息模型的基本组成单元，简称模型元素。

3. 模型细度 level of development（LOD）模型元素组织及其几何信息和非几何信息的详细程度。

4. 施工信息模型 building information model in construction 在施工阶段应用的建筑信息模型，是深化设计模型、施工过程模型、竣工模型等的统称，简称施工模型。

6.2.3 基本规定

1. 施工BIM应用宜覆盖工程项目深化设计、施工实施、竣工验收与交付等整个施工阶段，也可根据工程实际情况只应用于某些环节或任务。

2. 施工模型宜在设计模型基础上创建，也可在施工图等已有工程文件基础上创建。

3. 各相关方应采取协议约定等措施，保证施工模型中需共享的数据在施工各环节之间交换和应用。

4. 各相关方应根据BIM应用目标和范围选用具备相应功能的BIM软件。

5. BIM软件应具备下列基本功能：

（1）模型输入、输出；

（2）模型浏览或漫游；

（3）模型信息处理；

（4）相应的专业应用功能；

（5）应用成果处理和输出。

6.2.4 施工BIM应用策划与管理

6.2.4.1 一般规定

1. 工程项目宜根据企业和项目特点、合约要求、各相关方BIM应用水平等，确定BIM应用目标和应用范围。

2. 项目相关方应事先制定BIM应用策划，并遵照策划完成BIM应用过程管理。

3. 施工BIM应用策划应与项目整体计划协调一致。

4. 施工BIM应用宜明确BIM应用基础条件，建立与BIM应用配套的人员组织结构和软硬件环境。

6.2.4.2 施工BIM应用策划

1. 施工BIM应用策划宜包括下列主要内容：

（1）工程概况；

（2）编制依据；

（3）应用预期目标和效益；

（4）应用内容和范围；

（5）应用人员组织和相应职责；

（6）应用流程；

（7）模型创建、使用和管理要求；

（8）信息交换要求；

（9）模型质量控制规则；

（10）进度计划和模型交付要求；

（11）应用基础技术条件要求，包括软硬件的选择，以及软件版本。

2. BIM应用流程宜分整体流程和详细流程两个层次编制，并满足下列要求：

（1）在整体流程中，宜描述不同BIM应用之间的顺序关系、信息交换要求，并为每项BIM应用指定责任方；

（2）在详细流程中，宜描述 BIM 应用的详细工作顺序，包括每项任务的责任方、参考信息和信息交换要求等。

3. 施工 BIM 应用策划宜按下列步骤进行：

（1）明确 BIM 应用为项目带来的价值，以及 BIM 应用的范围；

（2）以 BIM 应用流程图形式表述 BIM 应用过程；

（3）定义 BIM 应用过程中的信息交换需求；

（4）明确 BIM 应用的基础条件，包括：合同条款、沟通途径，以及技术和质量保障措施等。

4. 施工 BIM 应用策划应分发给项目各相关方，并纳入工作计划。

5. 施工 BIM 应用策划调整应获得各相关方认可。

6.2.4.3　施工 BIM 应用管理

1. 各相关方应明确施工 BIM 应用责任、技术要求、人员及设备配置、工作内容、岗位职责、工作进度等。

2. 各相关方应基于 BIM 应用策划，建立定期沟通、协商会议等 BIM 应用协同机制，建立模型质量控制计划，规定模型细度、模型数据格式、权限管理和责任方，实施 BIM 应用过程管理。

3. 模型质量控制宜包括下列内容：

（1）浏览检查：保证模型反映工程实际；

（2）拓扑检查：检查模型中不同模型元素之间相互关系；

（3）标准检查：检查模型是否符合相应的标准规定；

（4）信息核实：复核模型相关定义信息，并保证模型信息准确、可靠。

4. 宜结合 BIM 应用目标，对 BIM 应用效果进行定性或定量评价，并总结实施经验及改进措施。

6.2.5　施工模型

6.2.5.1　一般规定

1. 施工模型可划分为深化设计模型、施工过程模型、竣工模型。

2. 项目施工模型应根据 BIM 应用相关专业和任务的需要创建，其模型元素和模型细度应满足深化设计、施工过程和竣工验收等各项任务的要求。

3. 施工模型可采用集成方式统一创建，也可采用分工协作方式按专业或任务分别创建。项目施工模型应采用全比例尺和统一的坐标系、原点、度量单位。

4. 在模型转换和传递过程中，应保证完整性，不应发生信息丢失或失真。

5. 模型元素信息宜包括：尺寸、定位等几何信息；名称、规格型号、材料和材质、生产厂商、功能与性能技术参数，以及系统类型、连接方式、安装部位、施工方式等非几何信息。

6.2.5.2　施工模型创建

1. 深化设计模型宜在施工图设计模型基础上，通过增加或细化模型元素创建。

2. 施工过程模型宜在施工图设计模型或深化设计模型基础上创建。宜按照工作分解结构（Work Breakdown Structure，WBS）和施工方法对模型元素进行必要的切分或合并处理，并在施工过程中对模型及模型元素动态附加或关联施工信息。

3. 竣工模型宜在施工过程模型基础上，根据项目竣工验收需求，通过增加或删除相关信息创建。

4. 若发生设计变更，应相应修改施工模型相关模型元素及关联信息，并记录工程及模型的变更信息。

5. 模型或模型元素的增加、细化、切分、合并、合模、集成等所有操作均应保证模型数据的正确性和完整性。

6.2.5.3 模型细度

1. 施工模型按模型细度可划分为深化设计模型、施工过程模型和竣工模型，其等级代号应符合表6.2.5.3-1的规定，模型细度可按附表A采用。

施工模型细度 表6.2.5.3-1

名称	代号	形成阶段
施工图设计模型	LOD300	施工图设计阶段（设计交付）
深化设计模型	LOD350	深化设计阶段
施工过程模型	LOD400	施工实验阶段
竣工模型	LOD500	竣工验收和交付阶段

2. 土建、机电、钢结构、幕墙、装饰装修等深化设计模型，应支持深化设计、专业协调、施工工艺模拟、预制加工、施工交底等BIM应用。

3. 施工过程模型宜包括施工模拟、进度管理、成本管理、质量安全管理等模型，应支持施工模拟、预制加工、进度管理、成本管理、质量安全管理、施工监理等BIM应用。

4. 在满足BIM应用需求的前提下，宜采用较低的模型细度。

5. 在满足模型细度的前提下，可使用文档、图形、图像、视频等扩展模型信息。

6. 模型元素应具有统一的分类、编码和命名。模型元素信息的命名和格式应统一。

6.2.5.4 模型信息共享

1. 施工模型应满足项目各相关方协同工作的需要，支持各专业和各相关方获取、更新、管理信息。

2. 对于用不同软件创建的施工模型，宜应用开放或兼容数据交换格式，进行模型数据转换，实现各施工模型的合模或集成。

3. 共享模型元素应能被唯一识别，可在各专业和各相关方之间交换和应用。

4. 模型应包括信息所有权的状态、信息的创建者与更新者、创建和更新的时间以及所使用的软件及版本。

5. 各相关方之间模型信息共享和互用协议应符合有关标准的规定。

6. 模型信息共享前，应进行正确性、协调性和一致性检查，并应满足下列要求：

（1）模型数据已经过审核、清理；

（2）模型数据是经过确认的最终版本；

（3）模型数据内容和格式符合数据互用协议。

6.2.6 深化设计 BIM 应用

6.2.6.1 一般规定

1. 建筑施工中的现浇混凝土结构、预制装配式混凝土结构、钢结构、机电、幕墙、装饰装修等深化设计工作宜应用 BIM 技术。

2. 深化设计应制定设计流程，确定模型校核方式、校核时间、修改时间、交付时间等。

3. 深化设计软件应具备空间协调、工程量统计、深化设计图和报表生成等功能。

4. 深化设计图除应包括二维图外，也可包括必要的模型三维视图。

6.2.6.2 现浇混凝土结构深化设计 BIM 应用

1. 应用内容

(1) 现浇混凝土结构中的二次结构设计、预留孔洞设计、节点设计（包括：梁柱节点钢筋排布，型钢混凝土构件节点设计）、预埋件设计等工作宜应用 BIM 技术。

(2) 在现浇混凝土结构深化设计 BIM 应用中，可基于施工图设计模型和施工图创建土建深化设计模型，完成二次结构设计、预留孔洞设计、节点设计、预埋件设计等设计任务，输出工程量清单、深化设计图等（图 6.2.6.2-1）。

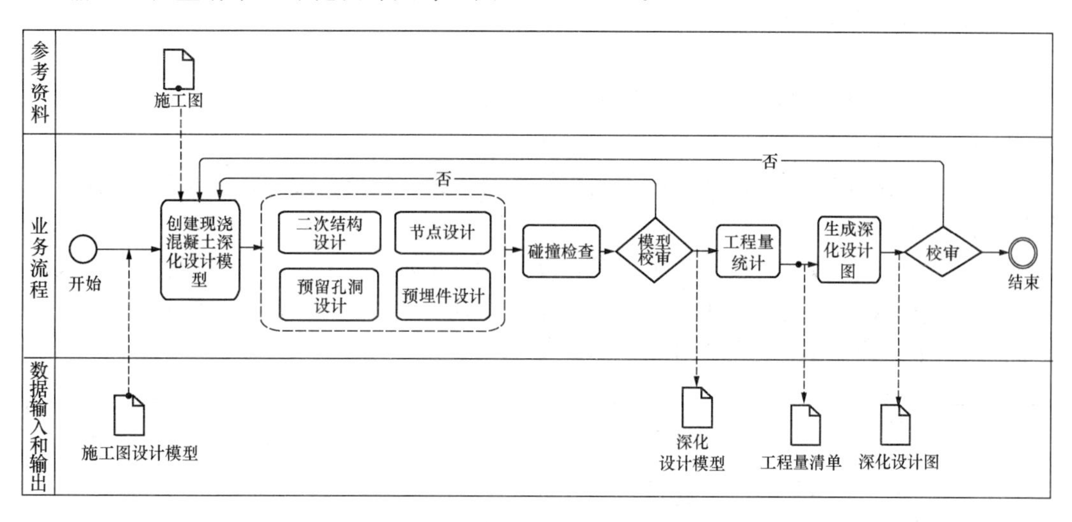

图 6.2.6.2-1 现浇混凝土深化设计 BIM 典型应用示意

2. 模型元素

现浇混凝土结构深化设计模型除应包括施工图设计模型元素外，还应包括二次结构、预埋件和预留孔洞、节点等类型的模型元素，其内容宜符合表 6.2.6.2-1 规定。

现浇混凝土结构土建深化设计模型元素及信息　　表 6.2.6.2-1

模型元素类型	模型元素及信息
施工图设计模型包括的元素类型	施工图设计模型元素及信息
二次结构	构造柱、过梁、止水反梁、女儿墙、压顶、填充墙、隔墙等。几何信息应包括：准确的位置和几何尺寸。非几何信息应包括：类型、材料、工程量等信息
预埋件及预留孔洞	预埋件、预埋管、预埋螺栓等，以及预留孔洞。几何信息应包括：准确的位置和几何尺寸。非几何信息应包括：类型、材料等信息

续表

模型元素类型	模型元素及信息
节点	构成节点的钢筋、混凝土，以及型钢、预埋件等。节点的几何信息应包括：准确的位置、几何尺寸及排布，非几何信息应包括：节点编号、节点区材料信息、钢筋信息（等级、规格等）、型钢信息、节点区预埋信息等

3. 交付成果和交付成果和软件要求

（1）现浇混凝土结构深化设计 BIM 交付成果宜包括：深化设计模型、碰撞检查分析报告、工程量清单、深化设计图等。

（2）碰撞检查分析报告应包括碰撞点的位置、类型、修改建议等内容。

（3）现浇混凝土结构深化设计 BIM 软件还宜具有下列专业功能：

① 二次结构设计；

② 孔洞预留；

③ 节点设计；

④ 预埋件设计；

⑤ 模型的碰撞检查；

⑥ 深化图生成。

6.2.6.3　预制装配式混凝土结构深化设计 BIM 应用

1. 应用内容

（1）预制装配式混凝土结构中的预制构件平面布置、拆分、设计，以及节点设计等工作宜应用 BIM 技术。

（2）可基于施工图设计模型或施工图，以及预制方案、施工工艺方案等创建深化设计模型，完成预制构件拆分、预制构件设计、节点设计等设计工作，输出工程量清单、平立面布置图、节点深化图、构件深化图等（图 6.2.6.3-1）。

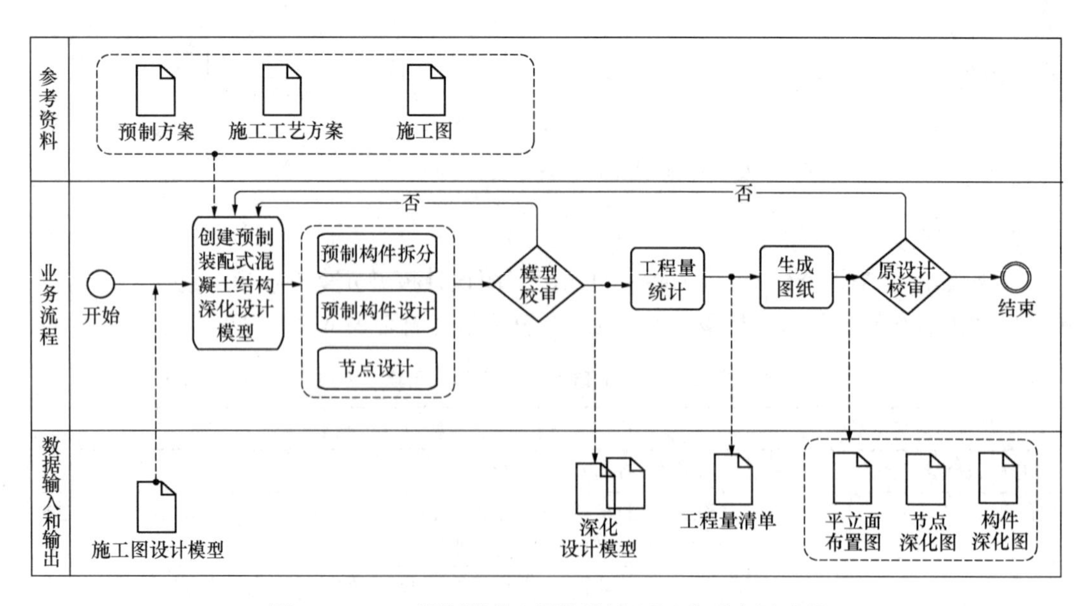

图 6.2.6.3-1　预制混凝土深化设计 BIM 典型应用示意

(3) 预制构件拆分时，其位置、尺寸等信息可依据施工吊装设备、运输设备和道路条件、预制厂家生产条件等因素，按照标准模数确定。

(4) 可应用深化设计模型进行安装节点碰撞检查、专业管线及预留预埋之间的碰撞检查、施工工艺的碰撞检查和安装可行性验证。

2. 模型元素

预制装配式混凝土结构深化设计模型除包括施工图设计模型元素外，还应包括预埋件和预留孔洞、节点和临时安装措施等类型的模型元素，其细度宜符合表 6.2.6.3-1 规定。

预制装配式混凝土结构土建深化模型元素及信息　　表 6.2.6.3-1

模型元素类型	模型元素及信息
施工图设计模型包括的元素类型	施工图设计模型元素及信息
预埋件	预埋件、预埋管、预埋螺栓等，以及预留孔洞。几何信息应包括：准确的位置和几何尺寸。非几何信息应包括：类型、材料等信息
节点连接	节点连接的材料、连接方式、施工工艺等。几何信息应包括：准确的位置、几何尺寸及排布。非几何信息应包括：节点编号、节点区材料信息、钢筋信息（等级、规格等）、型钢信息、节点区预埋信息等
临时安装措施	预制混凝土构件安装设备及相关辅助设施。非几何信息应包括：设备设施的性能参数等信息

3. 交付成果和交付成果和软件要求

(1) 预制装配式混凝土结构深化设计阶段的交付成果宜包括：深化设计模型、专业协调分析报告、设计说明、平立面布置图，以及节点、预制构件深化图和计算书等。

(2) 预制装配式混凝土结构深化设计 BIM 软件除具有上述共性功能外，还宜具有下列专业功能：

① 预制构件拆分；

② 预制构件设计计算；

③ 节点设计计算；

④ 预留预埋件设计；

⑤ 模型的碰撞检查；

⑥ 深化图生成。

6.2.6.4　机电深化设计 BIM 应用

1. 应用内容

(1) 机电深化设计中的专业协调、管线综合、参数复核、支吊架设计、机电末端和预留预埋定位等工作宜应用 BIM 技术。

(2) 在机电深化设计 BIM 应用中，可基于施工图设计模型或建筑、结构和机电专业设计文件创建机电深化设计模型，完成机电多专业模型综合，校核系统合理性，输出工程量清单、机电管线综合图、机电专业施工深化图和相关专业配合条件图等（图 6.2.6.4-1)。

(3) 深化设计过程中，应在模型中补充或完善设计阶段未确定的设备、附件、末端等模型元素。

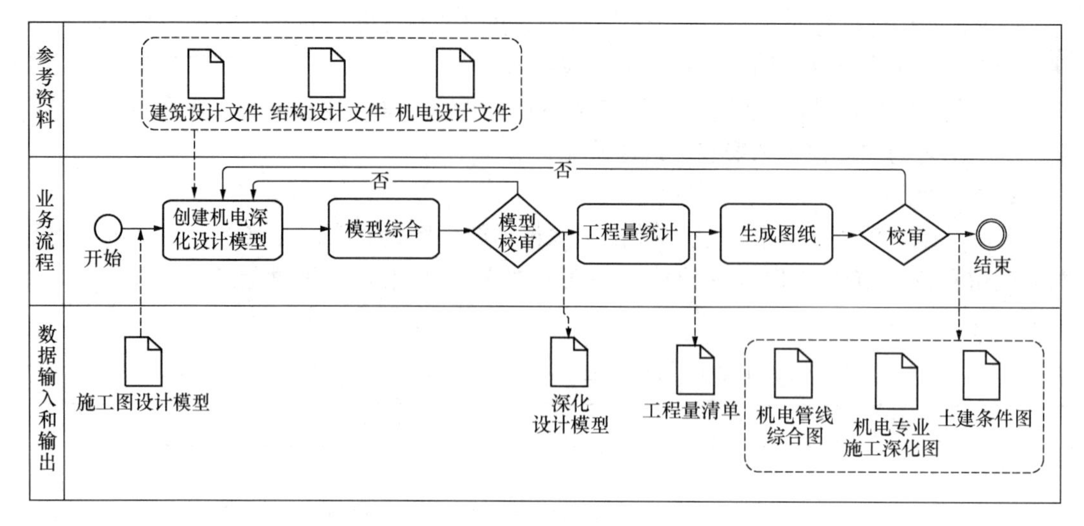

图 6.2.6.4-1　机电深化设计 BIM 典型应用示意

(4) 管线综合布置完成后应对系统参数进行复核，复核的参数包括水泵扬程及流量、风机风压及风量、管线截面尺寸、支架受力、冷热负荷、灯光照度等。

2. 模型元素

(1) 机电深化设计模型元素宜在施工图设计模型元素基础上，有具体的尺寸、标高、定位和形状，并应补充必要的专业信息和产品信息，其内容宜符合表6.2.6.4-1规定。

机电深化设计模型元素及信息　　　　**表 6.2.6.4-1**

专业	模型元素	模型元素信息
给水排水	给水排水及消防管道、管件、管道附件、仪表、喷头、卫浴装置、消防器具等。	几何信息： 尺寸大小等形状信息。 平面位置、标高等定位信息。 非几何信息： 规格型号、材料和材质信息、生产厂商、技术参数等产品信息。 系统类型、连接方式、安装部位、施工方式等安装信息
暖通空调	风管、风管附件、风管管件、风道末端；暖通水管道、管件、管道附件、仪表、机械设备等。	
电气	桥架、电缆桥架配件、母线、电气配管、照明设备、开关插座、配电箱柜、电气设备、弱电末端装置等。	

(2) 机电深化设计模型应包括给水排水、暖通空调、电气等各系统的模型元素，以及支吊架、减震设施、套管等用于支撑和保护的相关模型元素。同一系统的模型元素之间应保持连续。

(3) 机电深化设计模型可按专业、楼层、功能区域等进行组织。

3. 交付成果交付成果和软件要求

(1) 机电深化设计 BIM 交付成果宜包括：机电深化设计模型、碰撞检查分析报告、工程量清单、机电深化设计图等。

(2) 机电深化设计图宜包括内容如表 6.2.6.4-2 所示。

机电深化设计图内容 表 6.2.6.4-2

序号	名称	内容
1	管线综合图	图纸目录、设计说明、综合管线平面图、综合管线剖面图、区域净空图、综合天花图
2	综合预留预埋图	图纸目录，建筑结构一次留洞图，二次砌筑留洞图，电气管线预埋图
3	设备运输路线图及相关专业配合条件图	图纸目录、设备运输路线图、相关专业配合条件图
4	机电专业施工图	图纸目录，设计说明、各专业深化施工图
5	局部详图、大样图	包括图纸目录、机房、管井、管廊、卫生间、厨房、支架、室外管井和沟槽详图、安装大样图

(3) 机电深化设计 BIM 软件除具上述共性功能外，还宜具有下列专业功能：

① 管线综合；

② 参数复核计算；

③ 模型的碰撞检查；

④ 深化设计图生成；

⑤ 具备与厂家真实产品对应的构件库。

6.2.6.5 钢结构深化计 BIM 应用

1. 应用内容

(1) 钢结构深化设计中的节点设计、预留孔洞、预埋件设计、专业协调等工作宜应用 BIM 技术。

(2) 在钢结构深化设计 BIM 应用中，可基于施工图设计模型和设计文件、施工工艺文件创建钢构深化设计模型，完成节点深化设计，输出工程量清单、平立面布置图、节点深化图等（图 6.2.6.5-1）。

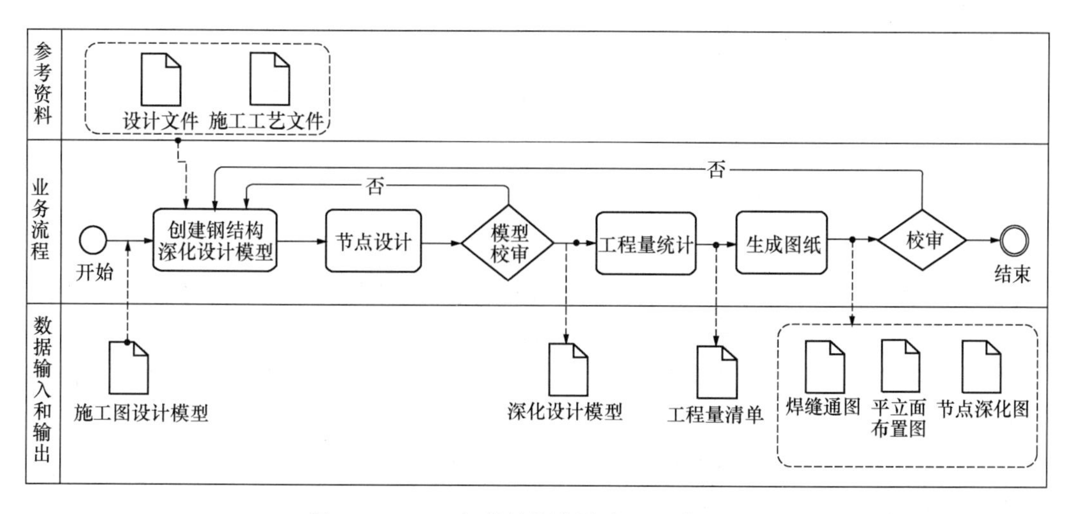

图 6.2.6.5-1 钢结构深化设计 BIM 典型应用

(3) 节点深化设计应完成结构施工图中所有钢结构节点的细化设计，包括节点深化图、焊缝和螺栓等连接验算、以及与其他专业协调等内容。

2. 模型元素

（1）钢结构深化设计模型除应包括施工图设计模型元素外，还应包括预埋件、预留孔洞等模型元素，其内容宜符合表 6.2.6.5-1 规定。

钢结构深化设计模型元素及信息　　　　**表 6.2.6.5-1**

模型元素类型	模型元素及信息
钢结构施工图设计模型包括的元素类型	钢结构施工图设计模型元素及信息
节点	几何信息包括： ① 钢结构连接节点位置，连接板及加劲板的位置和尺寸； ② 现场分段连接节点位置，连接板及加劲板的位置和尺寸； 非几何信息包括： ① 钢构件及零件的材料属性； ② 钢结构表面处理方法； ③ 钢构件的编号信息
预埋件	几何信息：准确位置和尺寸
预留孔洞	钢梁、钢柱、钢板墙、压型金属板等构件上的预留孔洞。几何信息：准确位置及尺寸

（2）钢结构深化设计模型元素宜根据构件名称按附录 B 编码。

3. 交付成果交付成果和软件要求

（1）钢结构深化设计阶段的交付成果宜包括：钢结构深化设计模型、专业协调碰撞报告、设计总说明、平立面布置图、节点深化图及计算书等。

（2）钢结构深化设计还宜具有下列专业功能：

① 钢结构节点设计计算；

② 钢结构零部件设计；

③ 预留孔洞、预埋件设计；

④ 模型的碰撞检查；

⑤ 深化设计图生成。

6.2.7　施工模拟 BIM 应用

6.2.7.1　一般规定

1. 施工模拟前应确定 BIM 应用内容、BIM 应用成果分阶段（期）交付的计划，并应对项目中需基于 BIM 技术进行模拟的重点和难点进行分析。

2. 涉及施工难度大、复杂及采用新技术、新材料的施工组织和施工工艺宜应用 BIM 技术。

6.2.7.2　施工组织模拟 BIM 应用

1. 应用内容

（1）施工组织中的工序安排、资源组织、平面布置、进度计划等工作宜应用 BIM 技术。

（2）在施工组织模拟 BIM 应用中，可基于上游模型和施工图、施工组织设计文档等创建施工组织模型，并将工序安排、资源组织和平面布置等信息与模型关联，输出施工进度、资源配置等计划，指导模型、视频、说明文档等成果的制作（图 6.2.7.2-1）。

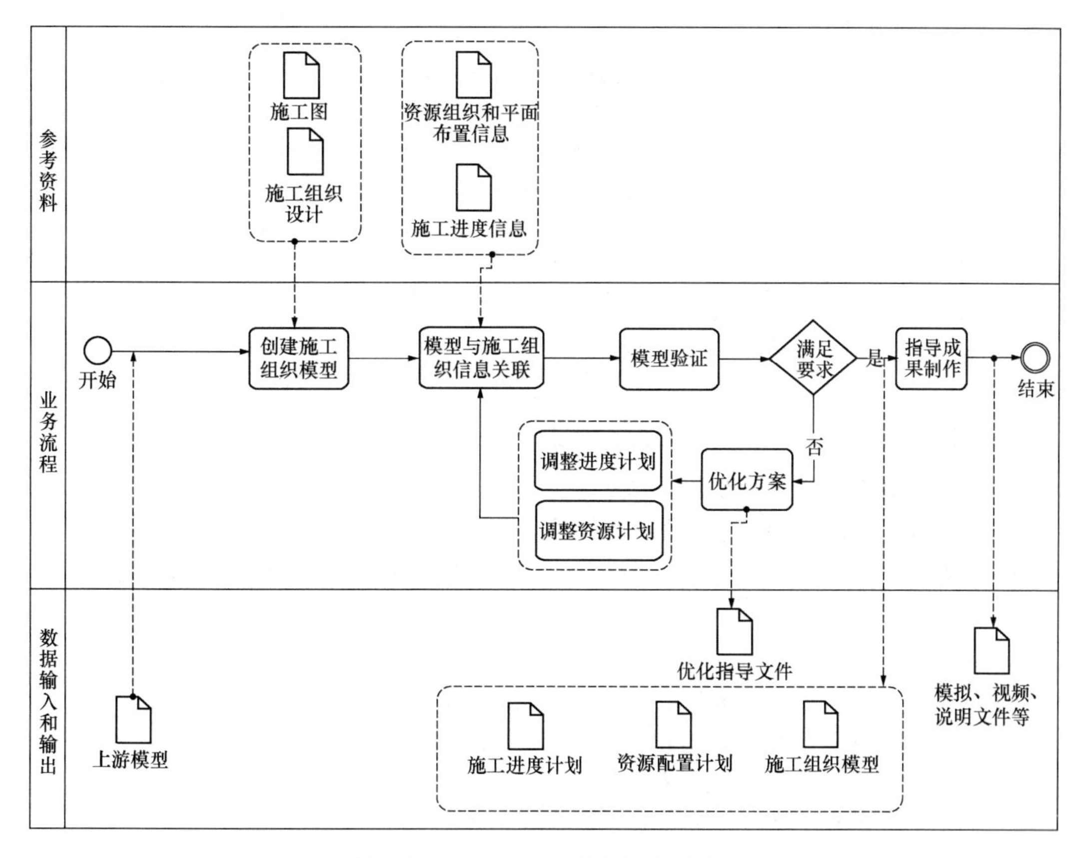

图 6.2.7.2-1 施工组织模拟应用示意

（3）施工组织模拟前应制订工程初步实施计划，形成施工顺序和时间安排。

（4）上游模型根据项目所处阶段可为设计模型或深化设计模型。

（5）宜根据模拟需要将施工项目的工序安排、资源组织和平面布置等信息附加或关联到模型中，并按施工组织流程进行模拟。

（6）工序安排模拟通过结合项目施工工作内容、工艺选择及配套资源等，明确工序间的搭接、穿插等关系，优化项目工序组织安排。

（7）资源组织模拟通过结合施工进度计划、合同信息以及各施工工艺对资源的需求等，优化资源配置计划。

（8）平面组织模拟宜结合施工进度安排，优化各施工阶段的塔吊布置、现场车间加工布置以及施工道路布置等，满足施工需求的同时，避免塔吊碰撞、减少二次搬运、保证施工道路畅通等问题。

（9）在进行施工模拟过程中应及时记录出现的工序安排、资源配置、平面布置等方面不合理的问题，形成施工组织模拟问题分析报告等指导文件。

（10）施工组织模拟后宜根据模拟成果对工序安排、资源配置、平面布置等进行协调、优化，并将相关信息更新到模型中。

2. 模型元素

施工组织模型除应包括设计模型或深化设计模型元素外，还应包括场地布置、周边环境等类型的模型元素，其内容宜符合表 6.2.7.2-1 规定。

施工组织模型元素及信息　　表 6.2.7.2-1

模型元素类别	模型元素及信息
设计模型或深化设计模型包括的元素类型	设计模型元素或深化设计模型元素及信息
场地布置	现场场地、临时设施、施工机械设备、道路等。几何信息应包括：位置、几何尺寸（或轮廓）。非几何信息包括：机械设备参数、生产厂家以及相关运行维护信息等
场地周边	临近区域的既有建（构）筑物、周边道路等。几何信息应包括：位置、几何尺寸（或轮廓）。非几何信息包括：周边建筑物设计参数及道路的性能参数等
其他	施工组织所涉及的其他资源信息

3. 交付成果和交付成果和软件要求

(1) 施工组织模拟 BIM 应用成果宜包括：施工组织模型、虚拟漫游文件、施工组织优化报告等。施工组织优化报告应包括施工进度计划优化报告及资源配置优化报告等。

(2) 施工组织模拟 BIM 软件除具有上述共性功能外，还宜具有下列专业功能：

① 工作面区域模型划分；

② 将施工进度计划及资源配置计划等相关信息与模型关联；

③ 进行碰撞检查（包括空间冲突和时间冲突检查）和净空检查等；

④ 对项目所有冲突进行完整记录；

⑤ 输出模拟报告以及相应的可视化资料。

6.2.7.3 施工工艺模拟 BIM 应用

1. 应用内容

(1) 建筑施工中的土方工程、大型设备及构件安装（吊装、滑移、提升等）、垂直运输、脚手架工程、模板工程等施工工艺模拟宜应用 BIM 技术。

(2) 在施工工艺模拟 BIM 应用中，可基于施工组织模型和施工图创建施工工艺模型，并将施工工艺信息与模型关联，输出资源配置计划、施工进度计划等，指导模型创建、视频制作、文档编制等工作（图 6.2.7.3-1）。

(3) 在施工工艺模拟前应完成相关施工方案的编制，确认工艺流程及相关技术要求。

(4) 土方工程施工工艺模拟可通过综合分析土方开挖量、土方开挖顺序、土方开挖机械数量安排、土方运输车辆运输能力、基坑支护类型及对土方开挖要求等因素，优化土方工程施工工艺，并可进行可视化展示或施工交底。

(5) 模板工程施工工艺模拟可优化确定模板数量、类型、支设流程和定位、结构预埋件定位等信息，并可进行可视化展示或施工交底。

(6) 临时支撑施工工艺模拟可优化确定临时支撑位置、数量、类型、尺寸和受力信息，可结合支撑布置顺序、换撑顺序、拆撑顺序进行可视化展示或施工交底。

(7) 大型设备及构件安装工艺模拟可综合分析墙体、障碍物等因素，优化确定对大型设备及构件到货需求的时间点和吊装运输路径等，并可进行可视化展示或施工交底。

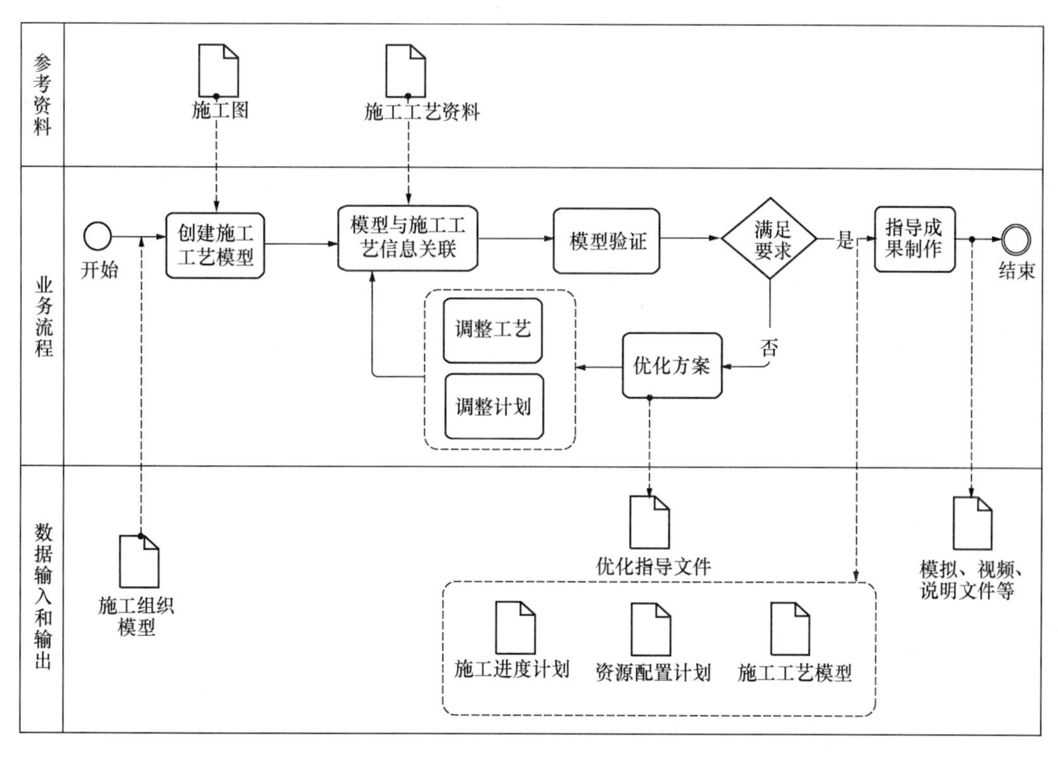

图 6.2.7.3-1 施工工艺模拟 BIM 应用示意

(8) 复杂节点施工工艺模拟可优化确定节点各构件尺寸，各构件之间的连接方式和空间要求，以及节点的施工顺序，并可进行可视化展示或施工交底。

(9) 垂直运输施工工艺模拟可综合分析运输需求，垂直运输器械的运输能力等因素，结合施工进度优化确定垂直运输组织计划，并可进行可视化展示或施工交底。

(10) 脚手架施工工艺模拟可综合分析脚手架组合形式、搭设顺序、安全网架设、连墙杆搭设、场地障碍物等因素，优化脚手架方案，并可进行可视化展示或施工交底。

(11) 预制构件预拼装施工工艺模拟包括钢结构预制构件、机电预制构件、幕墙以及混凝土预制构件等，可综合分析连接件定位、拼装部件之间的搭接方式、拼装工作空间要求以及拼装顺序等因素，检验预制构件加工精度，并可进行可视化展示或施工交底。

(12) 在模拟过程中宜将涉及的时间、工作面、人力、施工机械及其工作面要求等组织信息与模型进行关联。

(13) 在进行施工模拟过程中，宜及时记录模拟过程中出现的工序交接、施工定位等问题，形成施工模拟分析报告等方案优化指导文件。

(14) 根据模拟成果进行协调优化，并将相关信息同步更新或关联到模型中。

2. 模型元素

(1) 施工工艺模拟模型可从已完成的施工组织设计模型中提取，并根据需要进行补充完善，也可在施工图、设计模型或深化设计模型基础上创建。

(2) 在施工工艺模拟前应明确所涉及的模型范围，根据模拟任务需要调整模型，并满足下列要求：

① 模拟过程涉及尺寸碰撞的，应确保足够的模型细度及所需工作面大小。

② 模拟过程涉及其他施工穿插，应保证各工序的时间逻辑关系。

③ 模型还应满足除上述1、2款以外对应专项施工工艺模拟的其他要求。

3. 交付成果和交付成果和软件要求

（1）施工工艺模拟BIM应用成果宜包括：施工工艺模型、施工模拟分析报告、可视化资料等。

（2）施工工艺模拟BIM软件除具有上述共性功能外，还宜具有下列专业功能：

① 将施工进度计划以及成本计划等相关信息与模型关联；

② 实现模型的可视化、漫游及实时读取其中包括的项目信息；

③ 进行时间和空间冲突检查；

④ 计算分析及设计功能；

⑤ 对项目所有冲突进行完整记录；

⑥ 输出模拟报告以及相应的可视化资料。

6.2.8 预制加工BIM应用

6.2.8.1 一般规定

1. 建筑施工中的混凝土预制构件生产、钢筋工业化加工、幕墙预制加工、装饰装修预制加工、机电产品加工和钢结构构件加工等工作宜应用BIM技术。

2. 预制加工生产宜从深化设计模型中获取加工依据，并将预制加工成果信息附加或关联到模型中，形成预制加工模型。

3. 预制加工单位宜根据本单位实际情况，建立数字化编码体系和工作流程。

4. 预制加工BIM软件应具备加工图生成功能。

5. 数控加工设备应配备专用数字化加工软件，输入数据格式应与数控加工平台及模型兼容。

6. 宜将条码、电子标签等成品管理物联网标示信息附加或关联到预制加工模型。

7. 预制加工产品的安装和物流运输等信息应附加或关联到模型。

6.2.8.2 预制构件生产BIM应用

1. 应用内容

（1）混凝土预制构件生产过程中的工艺设计、构件生产、成品管理等工作宜应用BIM技术。

（2）在混凝土预制构件生产BIM应用，可基于深化设计模型和生产确认函、变更确认函、设计文件等完成混凝土预制构件生产模型创建，通过提取生产料单和编制排产计划形成构件生产所需资源配置计划和加工图，并在构件生产和质量验收阶段形成构件生产的进度、成本和质量追溯等信息（图6.2.8.2-1）。

（3）混凝土预制构件生产模型可从深化设计模型中提取，并增加模具、生产工艺等信息。

（4）宜根据设计图和混凝土预制构件生产模型，对钢筋进行翻样，并生成钢筋下料文件及清单，相关信息宜附加或关联到模型中。

（5）宜针对产品信息建立标准化编码体系，主要包括构件编码体系和生产过程管理编

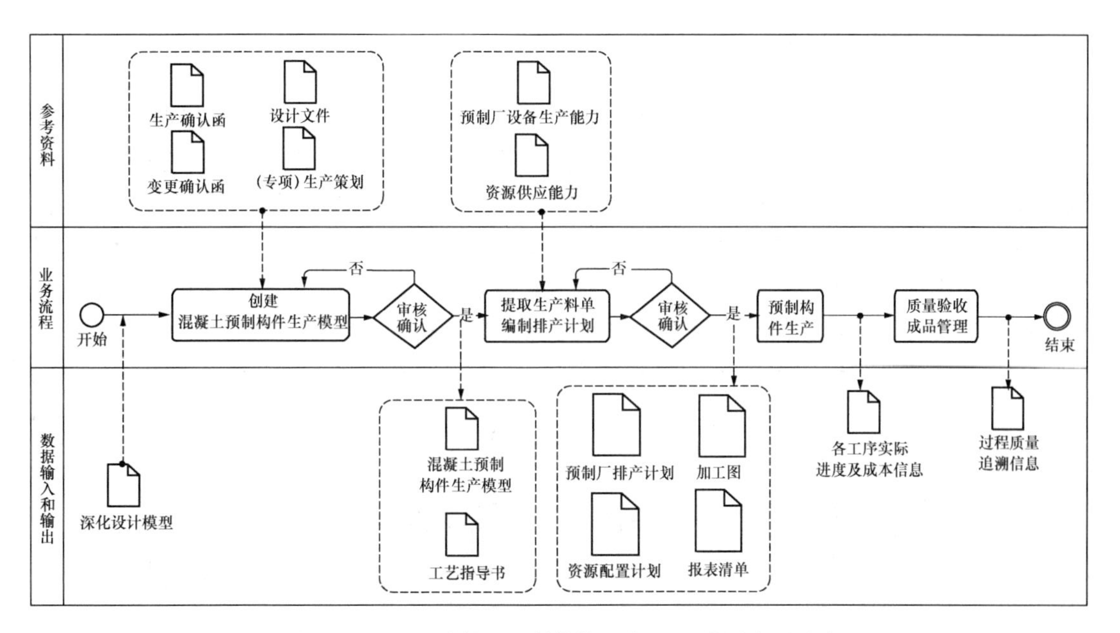

图 6.2.8.2-1　混凝土预制构件生产 BIM 典型应用示意

码体系。构件编码体系应与混凝土预制构件生产模型数据相一致，主要包括构件类型码、识别码、材料属性编码、几何信息编码体系。生产过程管理编码体系主要应包括合同编码、工位编码、设备机站编码、管理人员与工人编码体系等。

2. 模型元素

混凝土预制构件生产模型宜在深化设计模型基础上，附加或关联生产信息、构件属性、构件加工图、工序工艺、质检、运输控制、生产责任主体等信息，其内容宜符合表 6.2.8.2-1 规定。

混凝土预制构件模型元素及信息　　　　**表 6.2.8.2-1**

模型元素类别	模型元素及信息
深化设计模型包括的元素类型	深化设计模型元素及信息
混凝土预制构件生产模型	增加的非几何信息：生产信息（工程量、构件数量、工期、任务划分等）、构件属性（构件编码、材料、图纸编号等）、加工图（说明性通图、布置图、构件详图、大样图等）、工序工艺（支模、钢筋、预埋件、混凝土浇筑、养护、拆模、外观处理等工序信息，数控文件、工序参数等工艺信息）、构件生产质检信息、运输控制信息（二维码、芯片等物联网应用相关信息）、生产责任主体信息（生产责任人与责任单位信息，具体生产班组人员信息等）

3. 应用成果和软件要求

（1）混凝土预制构件生产 BIM 应用交付成果宜包括：混凝土预制构件生产模型、加工图，以及构件生产相关文件等。

（2）混凝土预制构件生产 BIM 软件除具有上述共性功能外，还宜具有下列专业功能：

① 创建、存储、读取混凝土预制构件库；

② 记录、管理、展示加工生产和质检信息；

③ 输出仓储、运输及工程安装所需信息。

6.2.8.3　机电产品加工 BIM 应用

1. 应用内容

（1）机电产品加工的产品模块准备、产品加工、成品管理等工作宜应用 BIM 技术。

（2）在机电产品加工 BIM 应用中，可基于深化设计模型和加工确认函、变更确认函、设计文件创建机电产品加工模型，基于专项加工方案和技术标准规范完成模型细部处理，基于材料采购计划提取模型工程量，基于工厂设备加工能力、排产计划及工期和资源计划完成预制加工模型的分批，基于工艺指导书等资料编制工艺文件，在构件生产和质量验收阶段形成构件生产的进度信息、成本信息和质量追溯信息（图 6.2.8.3-1）。

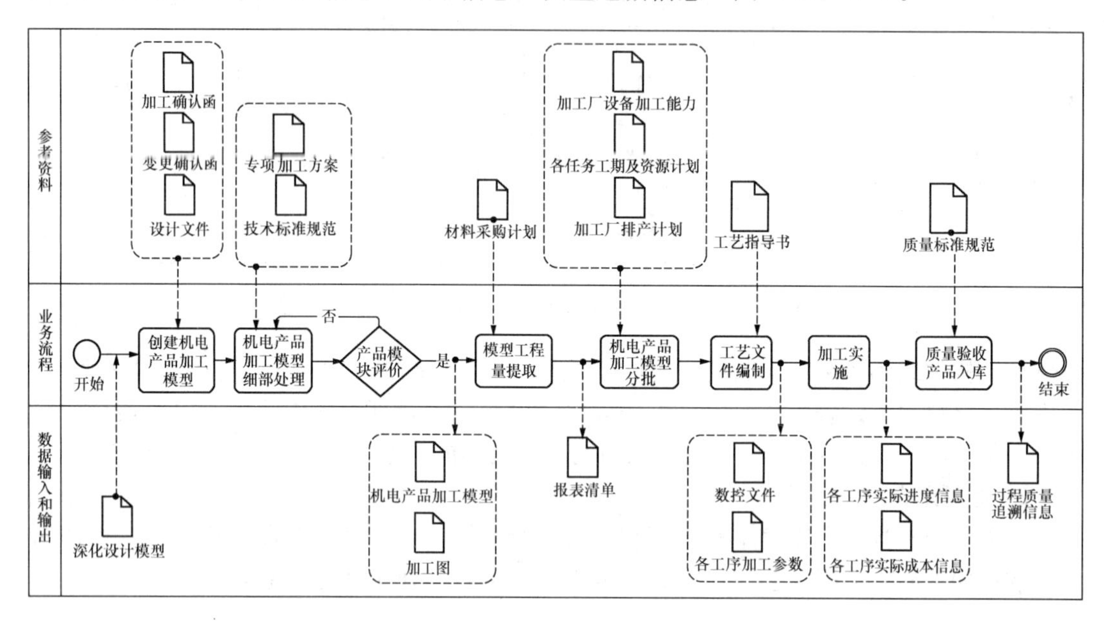

图 6.2.8.3-1　机电产品加工 BIM 典型应用示意图

（3）建筑机电产品宜按照其功能差异划分为不同层次的模块，建立模块数据库。

（4）机电产品模块编码应唯一性。

（5）可基于模型采用拼装工艺模拟方式检验机电产品模块的加工精度。

2. 模型元素

机电产品加工模型元素宜在深化设计模型元素基础上，附加或关联生产信息、加工图、工序工艺、质检、运输控制、生产责任主体等信息，其内容宜符合表 6.2.8.3-1 规定。

机电加工模型元素及信息　　　　**表 6.2.8.3-1**

模型元素类别	模型元素及信息
深化设计模型包括的元素类型	深化设计模型元素及信息
生产信息	工程量、产品模块数量、工期、任务划分等信息
属性信息	编码、材料、图纸编号等
加工图	说明性通图、布置图、产品模块详图、大样图等

续表

模型元素类别	模型元素及信息
工序工艺信息	毛坯和零件成形、机械加工、材料改性与处理、机械装配等工序信息，数控文件、工序参数等工艺信息
成品管理信息	二维码、芯片等物联网标示信息，生产责任人与责任单位信息，具体生产班组人员信息等

3. 交付成果和软件要求

（1）机电产品加工 BIM 交付成果宜包括：机电产品加工模型、加工图，以及产品模块相关技术参数和安装要求等信息。

（2）机电产品加工 BIM 软件除具有上述共性功能外，还宜具有下列专业功能：

① 与数字化加工设备进行数据交换；

② 支持基于模型的产品模块拆分、工艺设计、虚拟制造、预装配和性能评价；

③ 记录和管理产品模块准备、数字化生产、产品物流运输和安装的信息；

④ 包括设计信息和生产过程的可视化，产品加工的虚拟仿真，虚拟加工模块产品的装配仿真，以及虚拟加工过程中的人机协同作业等。

6.2.8.4 钢结构构件加工 BIM 应用

1. 应用内容

（1）钢结构构件加工中技术工艺管理、材料管理、生产管理、质量管理、文档管理、成本管理、成品管理等工作宜应用 BIM 技术。

（2）在钢结构构件加工 BIM 应用中，可基于深化设计模型和加工确认函、变更确认函、设计文件创建钢结构构件加工模型，基于专项加工方案和技术标准规范完成模型细部处理，基于材料采购计划提取模型工程量，基于工厂设备加工能力、排产计划及工期和资源计划完成预制加工模型的分批，基于工艺指导书等资料编制工艺文件，并在构件生产和质量验收阶段形成构件生产的进度信息、成本信息和质量追溯信息（图 6.2.8.4-1）。

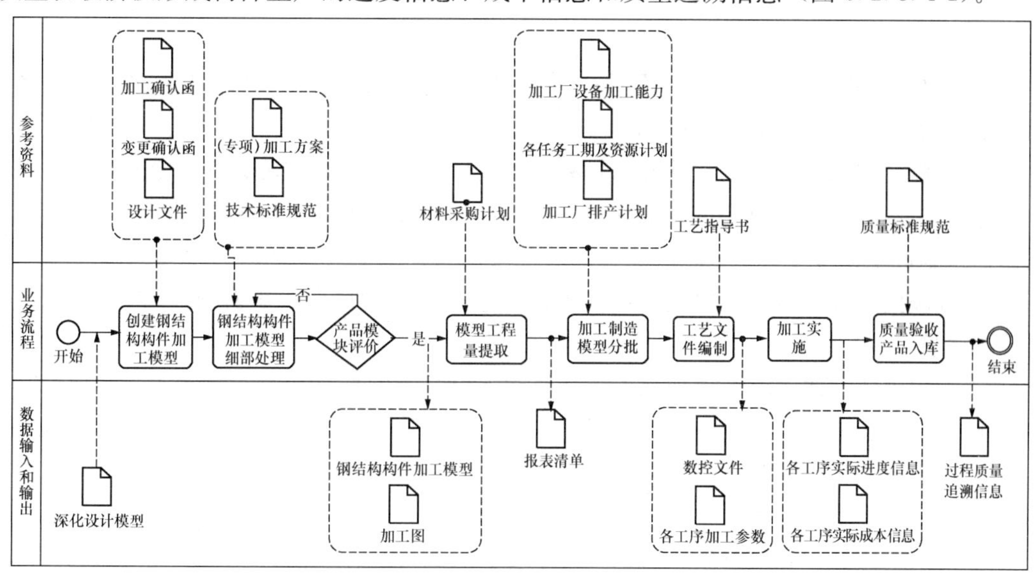

图 6.2.8.4-1 钢结构构件加工 BIM 典型应用示意图

（3）发生设计变更时，应按变更后的深化设计图或模型更新构件加工模型。

（4）应根据设计图、设计变更、加工图等文件要求，从预制加工模型中提取相关信息进行排版套料，形成材料采购计划。

（5）存在材料代用时，宜在钢结构构件加工模型中注明代用材料的编号及规格等信息，包括原材料信息、质量检验信息、物流信息、使用信息、设计变更信息等。

（6）产品加工过程相关信息宜附加或关联到钢结构构件加工模型，实现加工过程的追溯管理。

2. 模型元素

钢结构加工模型元素宜在深化设计模型元素基础上，附加或关联材料信息、生产批次信息、构件属性、零构件图、工序工艺、工期成本信息、质检信息、生产责任主体等信息，其内容宜符合表 6.2.8.4-1 规定。

钢结构加工模型元素及信息　　表 6.2.8.4-1

模型元素类别	模型元素及信息
钢结构深化设计模型包括的元素类型	钢结构深化设计模型元素及信息
材料信息	材质、规格、产品合格证明、生产厂家、进场复验情况等
生产信息	生产批次、工程量、构件数量、工期、任务划分信息等
构件属性信息	编码、材质、数量、图纸编号等信息
零构件图	零件图、构件图、布置图、说明性通图、排版图、大样图、工序卡等
工序工艺信息	下料、组立、焊接、外观处理等工序信息，数控文件、工序参数等工艺信息
工期成本信息	具体生产批次零构件工期、成本等
质量管理信息	生产批次零构件质检信息、生产负责人与责任单位信息，具体加工班组人员构成信息等

3. 交付成果和软件要求

（1）钢结构构件加工 BIM 应用的交付成果宜包括：钢结构构件加工模型、加工图，以及钢结构构件相关技术参数和安装要求等信息。

（2）钢结构构件加工 BIM 软件除具有上述共性功能外，还宜具有下列专业功能：

① 可对预制加工模型进行分批计划管理，结合加工厂加工能力形成排产计划，并能反馈到预制加工模型中；

② 可按批次从预制加工模型中获取零件信息，处理后形成排版套料文件，并形成物料追溯信息；

③ 可按工艺方案要求形成加工工艺文件和工位路线信息；

④ 可根据加工确认函、变更确认函、设计文件等管理图纸文件的版次、变更记录等，并能反馈到预制加工模型中；

⑤ 可将加工工艺参数（数控代码等）按照标准格式传输给数控加工设备；

⑥ 可将构件生产和质量验收阶段形成的生产进度信息、成本信息和质量追溯信息进行收集、整理，并能反馈到预制加工模型中。

6.2.9 进度管理 BIM 应用

6.2.9.1 一般规定

1. 建筑施工中的进度计划编制和进度控制等工作宜应用 BIM 技术。

2. 进度计划编制 BIM 应用应根据项目特点和进度控制需求，编制不同深度、不同周期的进度计划。

3. 进度控制 BIM 应用过程中，应对实际进度的原始数据进行收集、整理、统计和分析，并将实际进度信息附加或关联到进度计划模型。

6.2.9.2 进度计划编制 BIM 应用

1. 应用内容

(1) 进度计划编制中的 WBS 创建、计划编制、与进度相对应的工程量计算、资源配置、进度计划优化、进度计划审查、形象进度可视化等工作宜应用 BIM 技术。

(2) 在进度计划编制 BIM 应用中，可基于项目特点创建工作分解结构，并编制进度计划，可基于深化设计模型创建进度管理模型，基于定额完成工程量和资源配置、进度计划优化，通过进度计划审查形成进度管理模型（图 6.2.9.2-1）。

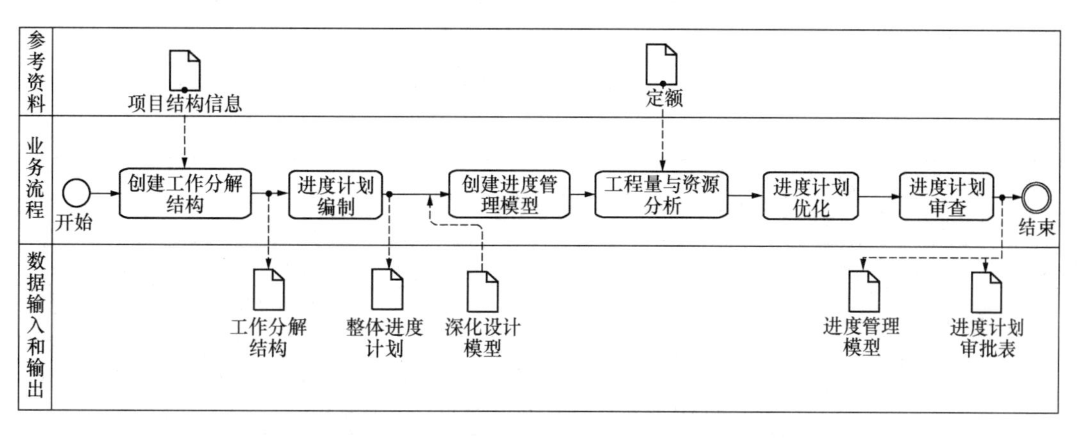

图 6.2.9.2-1 进度计划编制 BIM 典型应用示意

(3) 将项目按整体工程、单位工程、分部工程、分项工程、施工段、工序依次分解，最终形成完整的工作分解结构，并满足下列要求：

① 工作分解结构中的施工段可表示施工作业空间或局部模型，支持与模型关联；

② 工作分解结构宜达到可支持制定进度计划的详细程度，并包括任务间关联关系；

③ 在工作分解结构基础上创建的信息模型应与工程施工的区域划分、施工流程对应。

(4) 根据验收的先后顺序，明确划分项目的施工任务及节点；按照施工部署要求，确定工作分解结构中每个任务的开、竣工日期及关联关系，并确定下列信息：

① 里程碑节点及其开工、竣工时间；

② 结合任务间的关联关系、任务资源、任务持续时间以及里程碑节点的时间要求，编制进度计划，明确各个节点的开竣工时间以及关键线路。

(5) 创建进度管理模型时，应根据工作分解结构对导入的深化设计模型或预制加工模型进行切分或合并处理，并将进度计划与模型关联。

（6）宜基于进度管理模型估算各任务节点的工程量，并在模型中附加或关联定额信息。

（7）进度计划优化宜按照下列工作步骤和内容进行：

① 根据企业定额和经验数据，并结合管理人员在同类工程中的工期与进度方面的工程管理经验，确定工作持续时间；

② 根据工程量、用工数量及持续时间等信息，检查进度计划是否满足约束条件，是否达到最优；

③ 若改动后的进度计划与原进度计划的总工期、节点工期冲突，则需与各专业工程师共同协商。过程中需充分考虑施工逻辑关系，各施工工序所需的人、材、机，以及当地自然条件等因素。重新调整优化进度计划，将优化的进度计划信息附加或关联到模型中；

④ 根据优化后的进度计划，完善人工计划、材料计划和机械设备计划；

⑤ 当施工资源投入不满足要求时，应对进度计划进行优化。

2. 模型元素

（1）在进度计划编制 BIM 应用中，进度管理模型宜在深化设计模型或预制加工模型基础上，附加或关联工作分解结构、进度计划、资源信息和进度管理流程等信息，其内容宜符合表 6.2.9.2-1 规定。

进度计划编制中进度管理模型元素及信息　　表 6.2.9.2-1

模型元素类别	模型元素及信息
深化设计模型或预制加工模型包括的元素类型	深化设计模型或预制加工模型元素及信息
工作分解结构信息	模型元素之间应表达工作分解的层级结构、任务之间的序列关联
进度计划信息	单个任务模型元素的标识、创建日期、制定者、目的以及时间信息（最早开始时间、最迟开始时间、计划开始时间、最早完成时间、最迟完成时间、计划完成时间、任务完成所需时间、任务自由浮动的时间、允许浮动时间、是否关键、状态时间、开始时间浮动、完成时间浮动、完成的百分比）等
资源信息	资源信息模型元素的唯一标识、类别、消耗状态、数量、人力资源、材料供应商、材料使用比例、机械等
进度管理流程信息	进度计划申请单模型元素的编号、提交的进度计划、进度编制成果以及负责人签名等信息；进度计划审批单模型元素的进度计划编号、审批号、审批结果、审批意见、审批人等信息

（2）附加或关联信息到进度管理模型，宜符合下列要求：

① 工作分解结构的每个节点均宜附加进度信息；

② 人力、材料、设备等定额资源信息宜基于模型与进度计划关联；

③ 进度管理流程中需要存档的表单、文档以及施工模拟动画等成果宜附加或关联到模型。

3. 交付成果和交付成果和软件要求

（1）进度计划编制 BIM 应用成果宜包括：进度管理模型、进度审批文件，以及进度优化与模拟成果等。

（2）进度计划编制 BIM 软件除具有上述共性功能外，还宜具有下列专业功能：

① 接收、编制、调整、输出进度计划等；

② 工程定额数据库；

③ 工程量计算；

④ 进度与资源优化；

⑤ 进度计划审批流程。

6.2.9.3　进度控制 BIM 应用

1. 应用内容

（1）进度控制工作中的实际进度和计划进度跟踪对比分析、进度预警、进度偏差分析、进度计划调整等工作宜应用 BIM 技术。

（2）可基于进度管理模型和实际进度信息完成进度对比分析，也可基于偏差分析结果调整进度管理模型（图 6.2.9.3-1）。

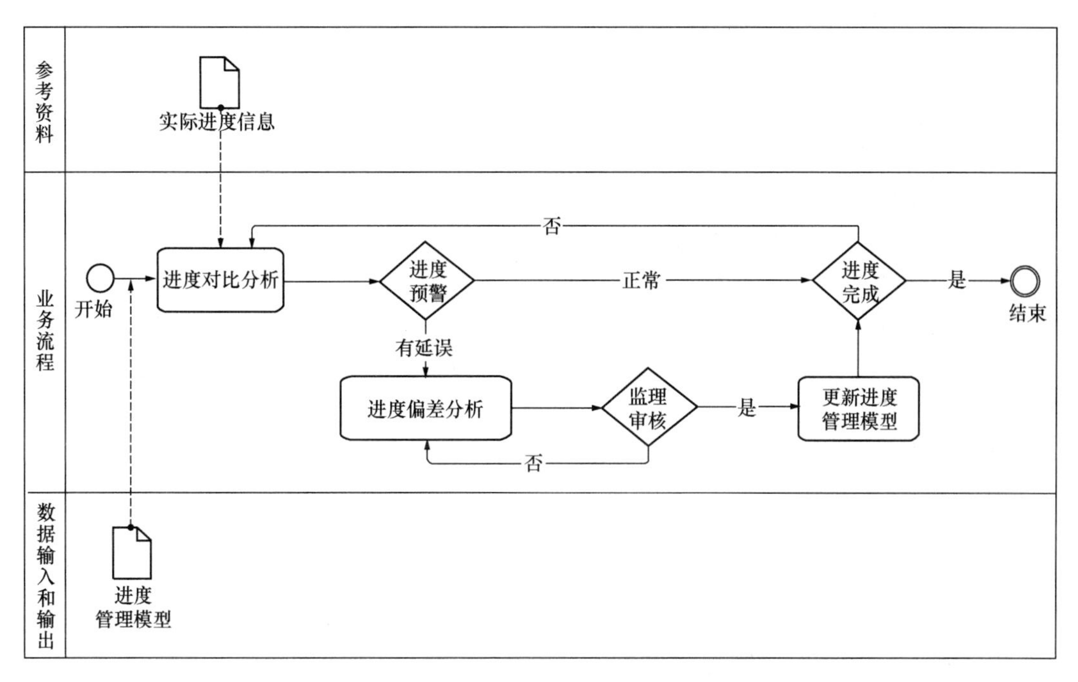

图 6.2.9.3-1　进度控制 BIM 典型应用示意

（3）可基于附加或关联到模型的实际进度信息和与之关联的项目进度计划、资源及成本信息，对项目进度进行分析，并对比项目实际进度与计划进度，输出项目的进度时差。

（4）可制定预警规则，明确预警提前量和预警节点，并根据进度分析信息，对应规则生成项目进度预警信息。

（5）可根据项目进度分析结果和预警信息，调整后续进度计划，并相应更新进度管理模型。

2. 模型元素

进度控制中进度管理模型宜在进度计划编制中进度管理模型基础上，增加实际进度和进度控制等信息，其内容宜符合表 6.2.9.3-1 规定。

进度控制中进度管理模型元素　　表6.2.9.3-1

模型元素类别	模型元素及信息
进度计划编制中进度管理模型包括的元素类型	进度计划编制中进度管理模型元素及信息
实际进度信息	实际开始时间、实际完成时间、实际需要时间、剩余时间、状态时间完成的百分比等
进度控制信息	进度预警信息包括：编号、日期、相关任务等信息。 进度计划变更信息包括：编号、提交的进度计划、进度编制成果以及负责人签名等信息。 进度计划变更审批信息包括：进度计划编号、审批号、审批结果、审批意见、审批人等信息

3. 交付成果和软件要求

（1）进度控制BIM应用交付成果宜包括：进度管理模型、进度预警报告、进度计划变更文档等。

（2）进度控制BIM软件除具有上述共性功能外，还宜具有下列专业功能：

① 进度计划调整；

② 实际进度附加或关联到模型；

③ 不同视图下的进度对比分析；

④ 进度预警；

⑤ 进度计划变更审批。

6.2.10　预算与成本管理BIM应用

6.2.10.1　一般规定

1. 建筑施工中的施工图预算和成本管理等工作宜应用BIM技术。

2. 在成本管理BIM应用中，应根据项目特点和成本控制需求，编制不同层次（整体工程、单位工程、单项工程、分部分项工程等）、不同周期的成本计划。

3. 在成本管理BIM应用中，应对实际成本的原始数据进行收集、整理、统计和分析，并将实际成本信息附加或关联到成本管理模型。

6.2.10.2　施工图预算BIM应用

1. 应用内容

（1）施工图预算中的工程量清单项目确定、工程量计算、分部分项计价、总价计算等工作宜应用BIM技术。

（2）在施工图预算BIM应用中，可基于施工图设计模型创建施工图预算模型，基于清单规范和消耗量定额（包括内部定额）确定工程量清单项目，完成工程量计算、分部分项计价和总价计算，输出招标清单项目、招标控制价或投标清单项目及投标报价单（图6.2.10.2-1）。

（3）创建施工图预算模型时，应根据施工图预算要求，对导入的施工图设计模型进行调整。

（4）确定工程量清单项目和计算工程量时，应针对每个构件模型元素识别出其所属的

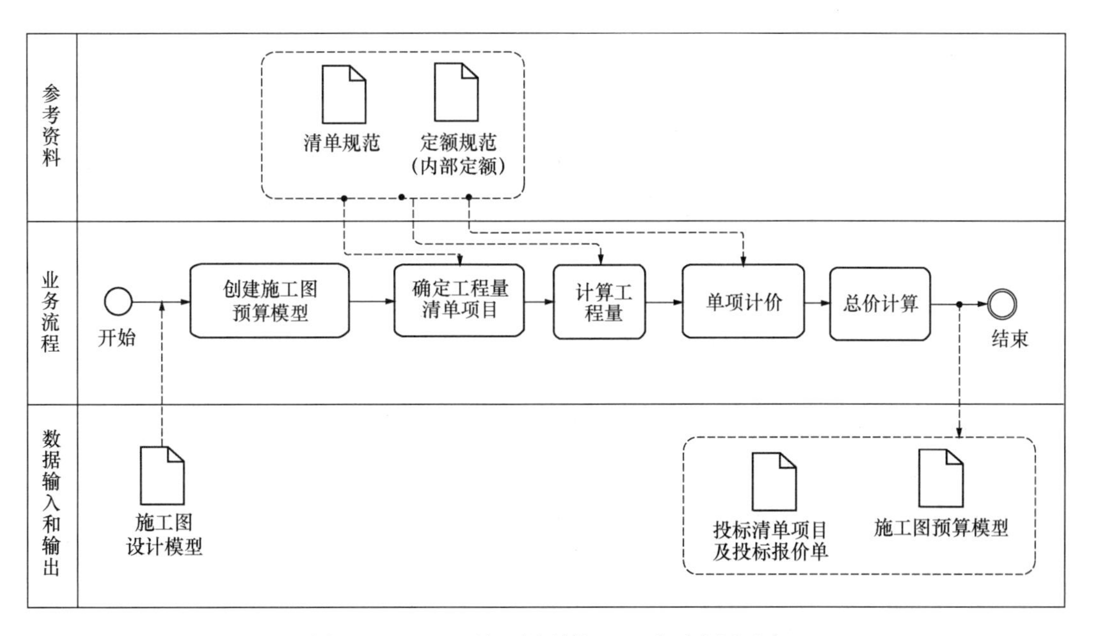

图 6.2.10.2-1 施工图预算 BIM 典型应用示意

工程量清单项目并计算其工程量。

（5）分部分项计价时，应针对每个工程量清单项目根据定额规范或企业内部定额确定综合单价，并在此基础上计算每个构件模型元素的成本。

（6）总价计算时，除应对每个构件模型元素的分部分项价格求和外，还应计算措施费用、规费及利税，在此基础上得出总价。

2. 模型元素

在施工图预算 BIM 应用中，施工图预算模型宜在施工图设计模型基础上，附加或关联预算信息，其内容宜符合表 6.2.10.2-1 规定。

施工图预算模型元素 **表 6.2.10.2-1**

模型元素类型	模型元素及信息
施工图设计模型包括的元素类型	施工图设计模型元素及信息
土建信息	增加信息包括：混凝土浇筑方式（现浇、预制）、钢筋连接方式、钢筋预应力张拉类型（无预应力、先张、后张）、预应力粘结类型（有粘结、无粘结）、预应力锚固类型、混凝土添加剂、混凝土搅拌方法等。 增加脚手架模型元素，包括信息：脚手架类型、脚手架获取方式（自有、租赁）。 增加混凝土模板模型元素，包括信息：模板类型、模板材质、模板获取方式等
钢结构信息	增加信息包括：钢材型号和质量等级（必要时提出物理、力学性能和化学成分要求）；连接件的型号、规格；加劲肋做法；焊缝质量等级；防腐及防火措施；钢构件与下部混凝土构件的连结构造；加工精度；施工安装要求等
机电信息	增加信息包括：规格、型号、材质、安装或敷设方式等信息，大型设备还应具有相应的荷载信息

续表

模型元素类型	模型元素及信息
工程量清单项目信息	增加信息包括：措施项目、规费、税金、利润等。 对构件模型元素需有汇总：工程量清单项目的预算成本，工程量清单项目与构件模型元素的对应关系，工程量清单项目对应的定额项目，工程量清单项目对应的人机材量，工程量清单项目的综合单价

3. 交付成果和软件要求

(1) 施工图预算 BIM 交付成果宜包括：施工图预算模型、招标预算工程量清单、招标控制价、投标预算工程量清单与报价单等。

(2) 施工图预算 BIM 软件除具有上述共性功能外，还宜具有下列专业功能：

① 接收或创建施工图预算模型；

② 编制招标预算工程量清单、招标控制价、投标预算工程量清单与报价单；

③ 符合《建设工程工程量清单计价规范》GB 50500、相应地方各专业定额规范；

④ 导入企业定额；

⑤ 生成工程量清单项目和确定综合单价；

⑥ 输出招标预算工程量清单、招标控制价、投标预算工程量清单与报价单；

⑦ 输出施工图预算模型。

6.2.10.3　成本管理 BIM 应用

1. 应用内容

(1) 成本管理中的成本计划制定、进度信息集成、合同预算成本计算、三算对比、成本核算、成本分析等工作宜应用 BIM 技术。

(2) 在成本管理 BIM 应用中，可基于深化设计模型或预制加工模型，以及清单规范和消耗量定额确定成本计划并创建成本管理模型，通过计算合同预算成本和集成进度信息，定期进行三算对比、纠偏、成本核算、成本分析工作（图 6.2.10.3-1）。

(3) 确定成本计划时，宜使用深化设计模型或预制加工模型按照本标准第 10.2.2

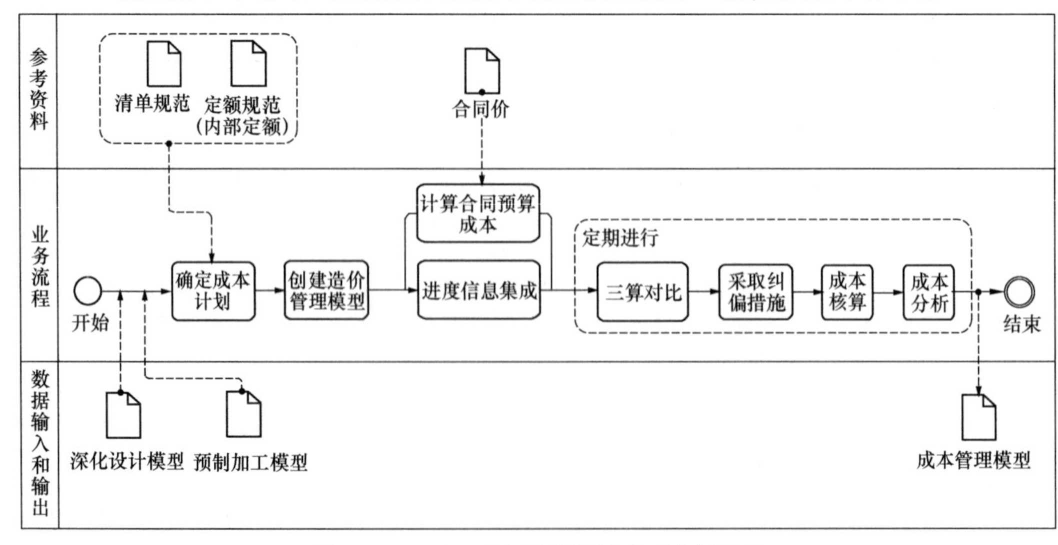

图 6.2.10.3-1　成本管理 BIM 典型应用示意

条确定施工预算，并在此基础上确定成本计划。

(4) 创建成本管理模型时，应根据成本管理要求，对导入的深化设计模型或预制加工模型进行调整。

(5) 进度信息集成时，应为每个构件模型元素附加进度信息；合同预算成本可在施工图预算基础上确定，成本核算与成本分析时，宜按周或月定期进行。

(6) 宜按周或月定期进行三算对比，即将实际成本与预算成本和合同收入分别进行对比，并根据对比结果，采取适当的纠偏措施。

2. 模型元素

(1) 在成本管理 BIM 应用中，成本管理模型宜在施工图预算模型基础上增加成本管理信息，其内容宜符合表 6.2.10.3-1 规定。

成本管理模型元素及信息 **表 6.2.10.3-1**

模型元素类型	模型元素及信息
施工图预算模型包括的元素类型	施工图预算模型元素及信息
成本管理信息	增加的信息包括：施工任务，施工时间，施工任务与模型元素的对应关系。 具体到构件模型元素或构件模型元素组合，并需有汇总： 工程量清单项目的合同预算成本、施工预算成本、实施成本

(2) 成本管理 BIM 交付成果宜包括：成本管理模型、成本分析报告等。

(3) 成本管理 BIM 软件除具有上述共性功能外，还宜具有下列专业功能：

① 编制施工预算成本；

② 编制并附加合同预算成本；

③ 附加或关联施工进度信息；

④ 附加或关联实际进度及实际成本信息；

⑤ 进行三算对比；

⑥ 按进度、部位、分项、分包方等多维度生成材料清单及施工预算报表；

⑦ 按进度、部位、分项、分包方等多维度进行成本核算和成本分析。

6.2.11 质量与安全管理 BIM 应用

6.2.11.1 一般规定

1. 建筑工程质量管理及安全管理等工作宜应用 BIM 技术。

2. 质量与安全管理 BIM 应用应根据项目特点和质量与安全管理需求，编制不同范围、不同周期的质量与安全管理计划。

3. 质量与安全管理 BIM 应用过程中，应根据施工现场的实际情况和工作计划，对危险源和质量控制点进行动态管理。

6.2.11.2 质量管理 BIM 应用

1. 应用内容

(1) 建筑工程质量管理中的质量验收计划确定、质量验收、质量问题处理、质量问题分析等工作宜应用 BIM 技术。

(2) 在质量管理 BIM 应用中，可基于深化设计模型或预制加工模型创建质量管理模型，基于质量验收规程和施工资料规程确定质量验收计划，批量或特定事件时进行质量验收、质量问题处理、质量问题分析工作（图 6.2.11.2-1）。

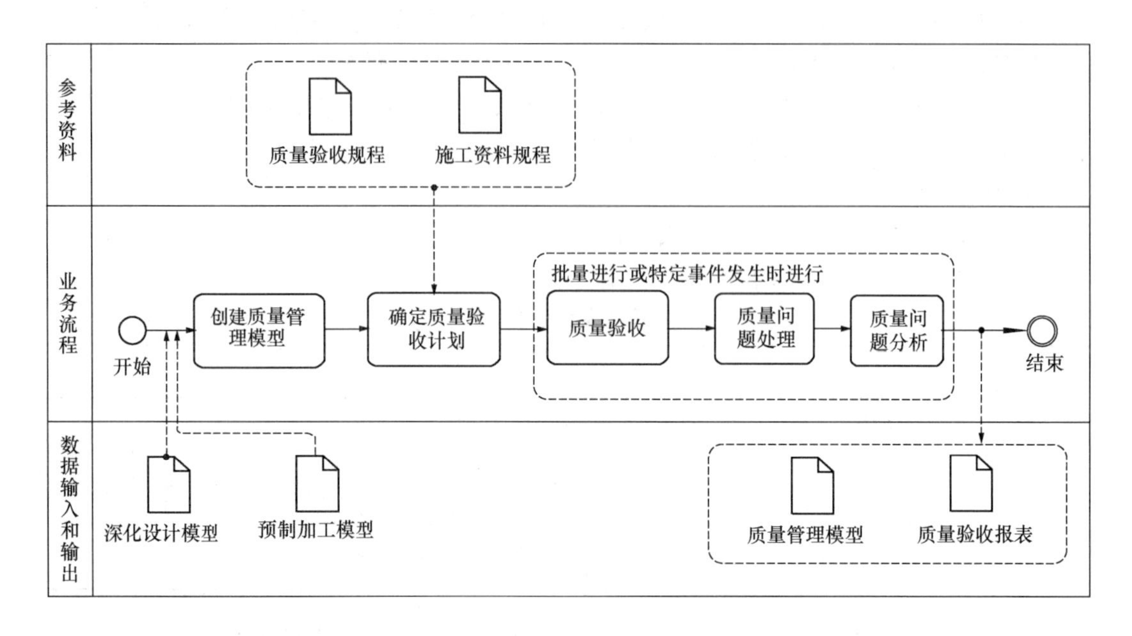

图 6.2.11.2-1　质量管理 BIM 典型应用示意

(3) 在创建质量管理模型环节，宜对导入的深化设计模型或预制加工模型进行适当调整，使之满足质量验收要求。

(4) 在确定质量验收计划时，宜利用模型针对整个工程确定质量验收计划，并将验收检查点附加或关联到对应的构件模型元素或构件模型元素组合上。

(5) 在质量验收时，应将质量验收信息附加或关联到对应的构件模型元素或构件模型元素组合上。

(6) 在质量问题处理时，应将质量问题处理信息附加或关联到对应的构件模型元素或构件模型元素组合上。

(7) 在质量问题分析时，应利用模型按部位、时间等角度对质量信息和质量问题进行汇总和展示，为质量管理持续改进提供参考和依据。

2. 模型元素

质量管理模型元素宜在深化设计模型元素或预制加工模型元素基础上，附加或关联中质量管理信息，其内容宜符合表 6.2.11.2-1 规定。

质量管理模型元素及信息　　　　**表 6.2.11.2-1**

模型元素类型	模型元素及信息
深化设计模型或预制加工模型包括的元素类型	深化设计模型或预制加工模型元素及信息

续表

模型元素类型	模型元素及信息
建筑工程分部分项质量管理信息	建筑工程分部主要包括地基与基础、主体结构、建筑装饰装修、建筑屋面、建筑给水、排水及采暖、建筑电气、智能建筑、通风与空调、电梯等。非几何信息包括： 1 质量控制资料，包括：原材料合格证及进场检验试验报告、材料设备试验报告、隐蔽工程验收记录、施工记录以及试验记录； 2 安全和功能检验资料，各分项试验记录资料等； 3 观感质量检查记录，各分项观感质量检查记录； 4 质量验收记录，包括：检验批质量验收记录、分项工程质量验收记录、分部（子分部）工程质量验收记录等

3. 交付成果和软件要求

（1）质量管理 BIM 交付成果宜包括：质量管理模型、质量管理信息（含质量问题处理信息）、质量验收报表等。

（2）质量管理 BIM 软件除具有上述共性功能外，还宜具有下列专业功能：

① 根据质量验收计划，能够生成质量验收检查点；

② 支持相应地方的建筑工程施工质量验收资料规程；

③ 支持质量验收信息的附加，并将其与模型元素或模型元素组合关联起来；

④ 支持质量问题及其处置信息的附加，并将其与模型元素或模型元素组合关联起来；

⑤ 支持结合模型查询、浏览及显示质量验收、质量问题及其处置信息；

⑥ 输出质量验收表。

6.2.11.3 职业健康安全管理 BIM 应用

1. 应用内容

（1）职业健康安全管理中的职业健康安全技术措施制定、实施方案策划、实施过程监控及动态管理、安全隐患分析及事故处理等工作宜应用 BIM 技术。

（2）在职业健康安全管理 BIM 应用中，可基于深化设计或预制加工等模型创建安全管理模型，基于职业健康管理规程确定职业健康安全技术措施计划，批量或特定事件发生时实施职业健康安全技术措施计划、处理安全问题、分析安全隐患和事故（图 6.2.11.3-1）。

（3）在创建安全管理模型时，可基于深化设计模型或预制加工模型形成，使之满足职业健康安全管理要求。

（4）在确定职业健康安全技术措施计划环节，宜使用安全管理模型辅助相关人员识别风险源。

（5）在职业健康安全技术措施计划实施时，宜使用安全管理模型向有关人员进行安全技术交底，并将安全交底记录附加或关联到模型元素或模型元素组合之间。

（6）在职业健康安全隐患和事故处理时，宜使用安全管理模型制定相应的整改措施，并将安全隐患整改信息附加或关联到模型元素或模型元素组合上；当职业健康安全事故发生时，宜将事故调查报告及处理决定附加或关联到模型元素或构件模型元素组合上。

（7）在职业健康安全问题分析时，宜利用安全管理模型，按部位、时间等角度对职业健康安全信息和问题进行汇总和展示，为职业健康安全管理持续改进提供参考和依据。

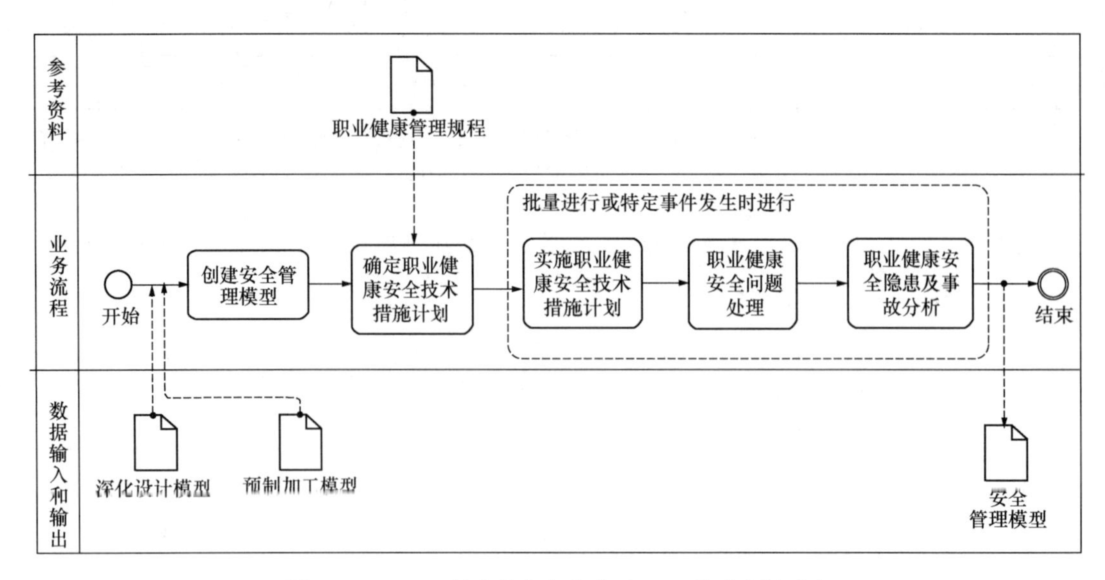

图 6.2.11.3-1　职业健康安全管理 BIM 典型应用示意

2. 模型元素

（1）安全管理模型元素宜在深化设计模型元素或预制加工模型元素基础上，附加或关联安全检查信息、风险源信息、事故信息，其内容宜符合表 6.2.11.3-1 规定。

安全管理模型元素及信息　　表 6.2.11.3-1

模型元素类型	模型元素及信息
深化设计模型或预制加工模型包括的元素类型	深化设计模型或预制加工模型元素及信息
职业健康安全生产/防护设施模型	脚手架、垂直运输设备、临边防护设施、洞口防护、临时用电、深基坑等。几何信息：准确的位置、几何尺寸等。非几何信息：设备型号、生产能力、功率等
安全检查信息	安全生产责任制、安全教育、专项施工方案、危险性较大的专项方案论证情况、机械设备维护保养、分部分项工程安全技术交底等
风险源信息	风险隐患信息、风险评价信息、风险对策信息等
事故信息	事故调查报告及处理决定等

（2）建筑工程职业健康安全管理 BIM 交付成果宜包括：安全管理模型、安全管理信息（含安全问题处理信息）、安全检查结果报表。

（3）职业健康安全管理 BIM 软件除具有上述共性功能外，还宜具有下列专业功能：

① 根据职业健康安全技术措施计划，能够识别职业健康安全风险源；

② 支持相应地方的建筑工程施工安全资料规定；

③ 支持结合模型直观地进行建筑工程职业健康安全交底；

④ 附加或关联职业健康安全隐患及事故信息；

⑤ 附加或关联职业健康安全检查信息；

⑥ 支持结合模型查询、浏览和显示建筑工程职业健康、风险源、安全隐患及事故信息。

6.2.12 施工监理BIM应用

6.2.12.1 一般规定

1. 施工准备阶段及施工阶段的监理控制、监理合同与信息管理等工作可应用BIM技术。

2. 施工监理BIM应用应遵循工作职责对应一致的原则，按照与建设单位合约规定配合建设单位完成相关工作。

6.2.12.2 监理控制BIM应用

1. 应用内容

(1) 在施工监理控制BIM应用中，可基于施工图设计模型、深化设计模型、施工过程模型等协助建设单位进行模型会审和设计交底，并将模型会审记录和设计交底记录附加或关联到相关模型。

(2) 施工监理控制中的质量控制、进度控制、造价控制、安全生产管理、工程变更控制以及竣工验收等工作宜应用BIM技术，并将监理控制的过程记录附加或关联到施工过程模型中相应的进度管理、成本管理、质量管理、安全管理等模型，将竣工验收监理记录附加或关联到竣工验收模型（图6.2.12.2-1）。

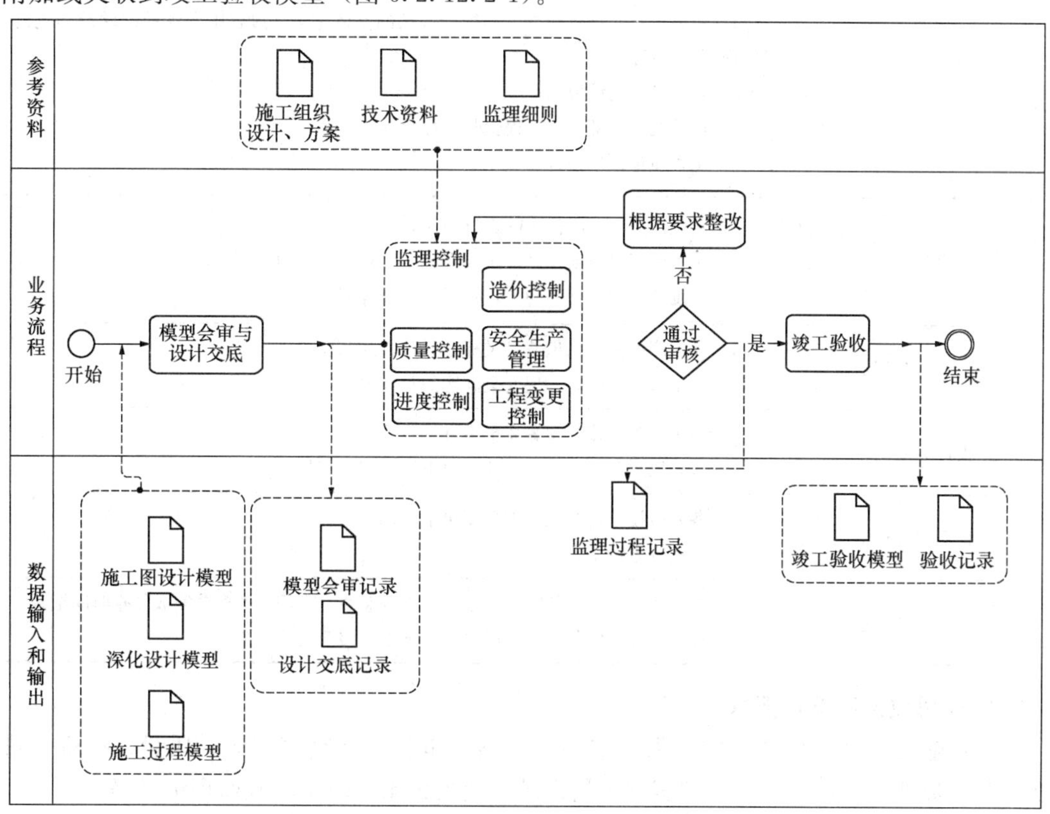

图6.2.12.2-1 监理控制BIM典型应用示意

2. 模型元素

在监理控制BIM应用中，监理模型元素宜在深化设计模型元素或施工过程模型元素基础上，附加或关联模型会审与设计交底信息、施工质量、施工进度、施工造价、施工安全、工程变更等监理控制信息，其内容宜符合表 6.2.12.2-1 规定。

监理控制中监理模型元素及信息　　表 6.2.12.2-1

模型元素类型	模型元素及信息
深化设计模型或施工过程模型包括的元素类型	深化设计模型或施工过程模型元素及信息
模型会审记录	模型会审的时间、地点、人员、评审记录、结论、设计回复意见、签名等信息
设计交底记录	设计交底的时间、地点、人员、措施、要求、回复落实记录、签名等信息
施工资料审查记录	各类施工资料审查清单、记录和结论等信息
质量控制信息	1　自检结果信息：施工方隐蔽工程、检验批、分部分项工程等的自检结果信息； 2　材料质量证明信息：重点部位、关键工序所用原材料见证取样检测的记录；原材料质量合格与否的判定结论；原材料是否能够用于现场的判定结论；检验环节发现不符合质量标准的原材料退场记录等信息； 3　测量放样信息：测量复核的成果数据；对施工单位测量复核有效性的判定结论；其他实测实量数据；现场检测和试验结论；施工过程中检查复测的具体记录、过程中发现的问题及问题的处理记录等信息； 4　质检记录：进行抽查、巡视、旁站的具体记录，过程中发现的问题及问题的处理记录等信息； 5　实测实量记录数据； 6　检验批、分部分项工程验收过程及具体记录； 7　工程质量评估报告
进度控制信息	1　对施工单位开工报审的审批记录； 2　项目施工总进度计划、阶段性进度计划审查、确认记录； 3　进度控制中发现的问题，对问题的处理记录
安生生产管理信息	1　各工序的安全隐患信息及标准处理方式和要求； 2　安全检查报告，发现安全问题的具体描述
投资控制信息	1　施工预算审核，预算变更审查； 2　各阶段工程节点的工程款支付申请、支付审核
工程变更管理信息	1　各阶段设计、施工等工程变更信息； 2　工程变更单审查信息
竣工验收信息	1　组织竣工预验收的时间记录；竣工预验收存在问题的整改完成复查时间记录； 2　单位工程的验收结论、质量合格证书、整改处理结果

3. 交付成果和软件要求

(1) 施工监理控制的交付成果宜包括：模型会审、设计交底记录，质量、投资、进度、安全管理等过程记录，监理实测实量记录、变更记录、竣工验收监理记录等。

(2) 监理控制 BIM 软件除具有上述共性功能外，还宜具有下列专业功能：

① 监理控制信息、记录及文档与模型关联；

② 质量、造价、进度、安全、工程变更、竣工验收等监理业务功能；

③ 监理控制信息查询、统计、分析及报表输出。

6.2.12.3 监理合同与信息管理 BIM 应用

1. 应用内容

(1) 施工监理过程中的合同管理、信息与资料管理工作宜应用 BIM 技术。

(2) 在监理合同与信息管理 BIM 应用中，可基于深化设计模型或施工过程模型，将合同管理（合同分析、合同跟踪、索赔与反索赔）记录和文件档案资料附加或关联到模型上（图 6.2.12.3-1）。

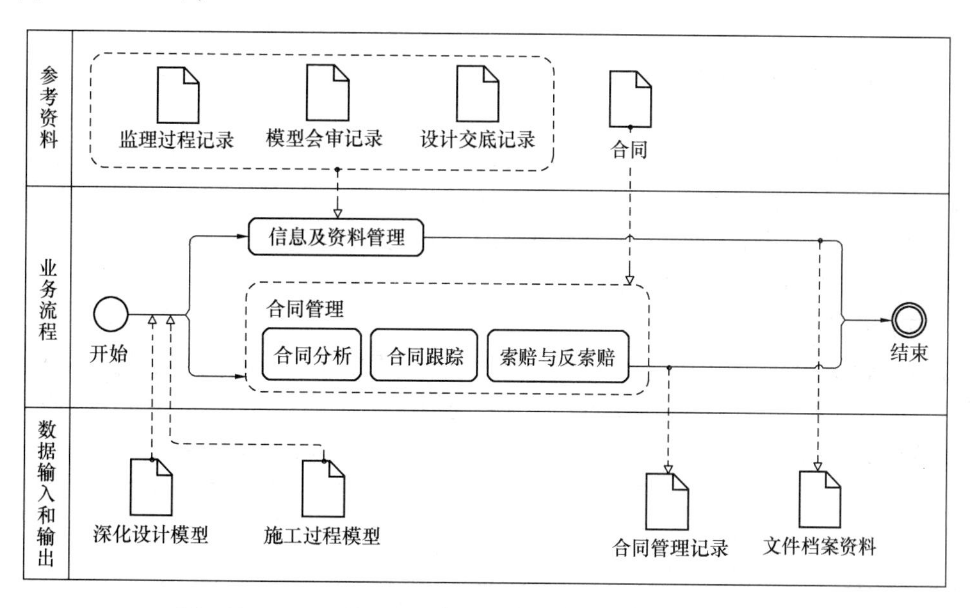

图 6.2.12.3-1 施工监理合同与信息管理 BIM 典型应用示意

2. 模型元素

在监理合同与信息管理 BIM 应用中，监理模型元素宜在深化设计模型元素或施工过程模型元素基础上，附加或关联管理信息、合同信息等信息，其内容宜符合表 6.2.12.3-1 规定。

监理合同与信息管理中监理模型元素信息及信息 表 6.2.12.3-1

模型元素类型	模型元素及信息
深化设计模型或施工过程模型包括的元素类型	深化设计模型或施工过程模型元素及信息
项目管理信息	项目信息与信息流的要求；项目资料格式规定；项目管理流程规定；监理文件档案资料，如：监理规划、监理实施细则、监理日记、监理例会会议纪要、监理月报、监理工作总结等
合同管理信息	合同分析结论；合同履行的监督记录；索赔相关文件记录，如：索赔通知书、证明材料、处理记录等

3. 交付成果和软件要求

(1) 施工监理合同与信息管理 BIM 应用的交付成果宜包括：合同管理记录、监理文件档案资料等。

(2) 监理合同与信息管理 BIM 软件除具有上述共性功能外，还宜具有下列专业功能：

① 信息及资料的模型关联；

② 合同管理；

③ 信息、资料的查询、统计、分析及报表输出。

6.2.13　付竣工验收与交付 BIM 应用

6.2.13.1　一般规定

1. 建筑工程竣工预验收、竣工验收和竣工交付等工作宜应用 BIM 技术。

2. 竣工验收模型应与工程实际状况一致，宜基于施工过程模型形成，并附加或关联相关验收资料及信息。

3. 与竣工验收模型关联的竣工验收资料应符合现行标准《建筑工程施工质量验收统一标准》GB 50300 和《建筑工程资料管理规程》JGJ/T 185 等标准规范的规定要求。

4. 竣工交付模型宜根据交付对象的要求，在竣工验收模型基础上形成。

6.2.13.2　竣工验收 BIM 应用

1. 应用内容

在竣工验收 BIM 应用中，施工单位应在施工过程模型基础上进行模型补充和完善，预验收合格后应将工程预验收形成的验收资料与模型进行关联，竣工验收合格后应将竣工验收形成的验收资料与模型关联，形成竣工验收模型（图 6.2.13.2-1）。

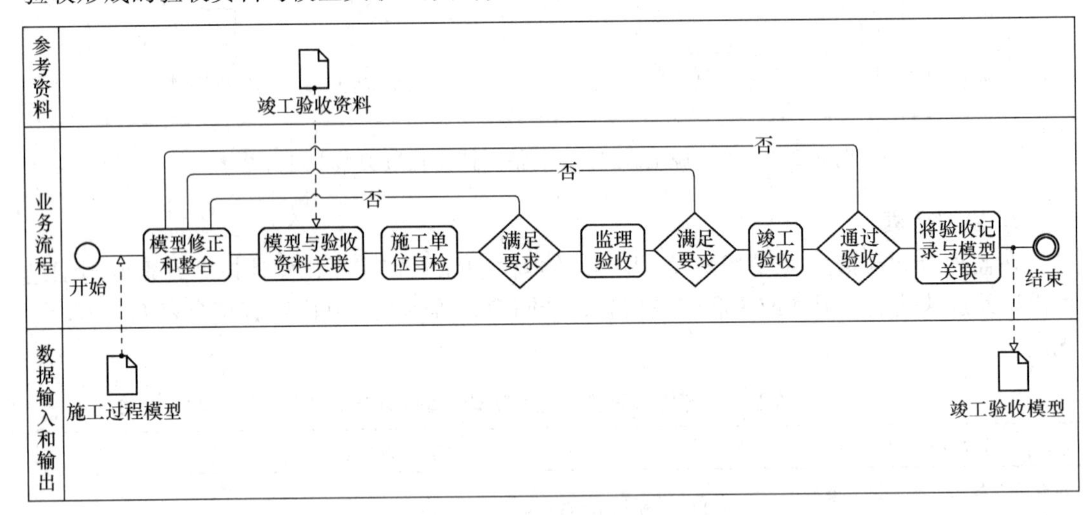

图 6.2.13.2-1　竣工验收 BIM 应用流程示意

2. 模型元素

竣工验收模型除应包括施工过程模型中相关模型元素外，还应附加或关联竣工验收相关资料，其内容宜符合表 6.2.13.2-1 规定。

竣工验收模型元素及信息　　表 6.2.13.2-1

模型元素类型	模型元素及信息
施工过程模型包括的元素类型	施工过程模型元素及信息
设备信息	设备厂家、型号、操作手册、试运行记录、维修服务等信息

续表

模型元素类型	模型元素及信息
竣工验收信息	1 施工单位工程竣工报告； 2 监理单位工程竣工质量评估报告； 3 勘察单位勘察文件及实施情况检查报告； 4 设计单位设计文件及实施情况检查报告； 5 建设工程质量竣工验收意见书或单位（子单位）工程质量竣工验收记录； 6 竣工验收存在问题整改通知书； 7 竣工验收存在问题整改验收意见书； 8 工程的具备竣工验收条件的通知及重新组织竣工验收通知书； 9 单位（子单位）工程质量控制资料核查记录； 10 单位（子单位）工程安全和功能检验资料核查及主要功能抽查记录； 11 单位（子单位）工程观感质量检查记录； 12 住宅工程分户验收记录； 13 定向销售商品房或职工集资住宅的用户签收意见表； 14 工程质量保修合同； 15 建设工程竣工验收报告； 16 竣工图

3. 交付成果和软件要求

(1) 竣工验收 BIM 应用的交付成果宜包括竣工验收模型及相关文档。

(2) 竣工验收 BIM 软件除除具有上述共性功能外，还宜具有下列专业功能：

① 将模型与验收资料链接；

② 从模型中查询、提取竣工验收所需的资料；

③ 与实测模型比照。

6.2.13.3 竣工交付 BIM 应用

1. 竣工交付 BIM 应用的交付成果应包括：竣工交付模型和相关文档。

2. 竣工交付对象为政府主管部门时，施工单位可按照与建设单位合约规定配合建设单位完成竣工交付。

3. 竣工交付对象为建设单位时，施工单位可按照与建设单位合约规定交付成果。

4. 当竣工交付成果用于企业内部归档时，竣工交付成果应符合企业相关要求，相关工作应由项目部完成，经企业相关管理部门审核后归档。

课 后 习 题

一、单项选择题

1. BIM element 是建筑信息模型的基本组成单元，简称为(　　)。

A. 信息模型　　　　B. 建筑模型

C. 模型元素　　　　D. 建筑元素

2. 施工信息模型 building information model in construction 在施工阶段应用的建筑信息模型，是下列选项的总称，其中不包括(　　)。

A. 深化设计模型　　　　B. 初步设计模型

C. 施工过程模型　　　　D. 竣工模型

3. 明确 BIM 应用为项目带来的价值，以及 BIM 应用的范围。属于 BIM 在哪个阶段的步骤工作(　　)。

A. 施工 BIM 应用策划　　B. 施工应用管理

C. 施工深化设计　　D. 施工实施管理

4. 检查模型中不同模型元素之间相互关系，指的是模型质量哪项检查(　　)?

A. 浏览检查　　B. 拓扑检查

C. 标准检查　　D. 信息核实

5. 项目运用 BIM 技术所建立的模型，有精细度的划分，下列哪项表示的是模型精细度的代号(　　)。

A. LED　　B. LCD

C. LCE　　D. LOD

6. 在施工实施阶段形成的施工过程模型，需要达到的精细度是(　　)。

A. LOD300　　B. LOD350

C. LOD400　　D. LOD500

7. LOD350 属于在施工过程中哪个阶段形成的模型精细度(　　)?

A. 施工图设计阶段　　B. 施工实施阶段

C. 竣工交付阶段　　D. 深化设计阶段

二、多项选择题

1. BIM 软件应具备下列基本共性功能(　　)。

A. 模型输入、输出　　B. 模型浏览或漫游

C. 模型信息处理　　D. 相应的专业应用功能

E. 应用成果处理和输出

2. 模型质量控制宜包括下列内容(　　)。

A. 浏览检查　　B. 拓扑检查

C. 标准检查　　D. 信息核实

E. 出图优化

3. 施工模型包括(　　)。

A. 初步设计模型　　B. 深化设计模型

C. 施工过程模型　　D. 竣工模型

4. 机电深化设计包括哪些内容(　　)。

A. 管线综合　　B. 支吊架设计

C. 机电末端和预留预埋定位　　D. 参数复核

E. 专业协调

5. 机电深化设计图中，下列哪项属于管线综合图(　　)。

A. 预留洞口图　　B. 区域净空图

C. 管线平面图　　D. 设计说明

E. 支架详图

6. 施工组织模型包括哪些元素(　　)。

A. 场地布置　　B. 设计模型

C. 深化设计模型　　　　　　　　　　D. 场地周边环境

参考答案

一、单项选择题

1. C　2. B　3. A　4. B　5. D

6. C　7. D

二、多项选择题

1. ABCDE　2. ABCD　3. BCD　4. ABCDE　5. BCD

6. ABCD

参 考 文 献

[1] 杨爽. 装配式建筑施工安全评价体系研究[D]. 沈阳建筑大学，2016.

[2] 刘明. BIM技术在建筑工程施工质量控制中的应用研究[D]. 兰州交通大学，2016.

[3] 孙钰钦. BIM技术在我国建筑工业化中的研究与应用[D]. 西南交通大学，2016.

[4] 戴文莹. 基于BIM技术的装配式建筑研究[D]. 武汉大学，2017.

[5] 杜康. BIM技术在装配式建筑虚拟施工中的应用研究[D]. 聊城大学，2017.

[6] 姬丽苗. 基于BIM技术的装配式混凝土结构设计研究[D]. 沈阳建筑大学，2014.

[7] 庞元明. 装配式建筑工程施工过程中BIM技术应用实践[J/OL]. 中国建材科技：[2018-2-1]. http：//kns. cnki. net/kcms/detail/11. 2931. TU. 20180117. 1603. 002. html.

[8] 齐宝库，李长福. 基于BIM的装配式建筑全生命周期管理问题研究[J]. 施工技术，2014，43(15)：25-29.

[9] 田东方. BIM技术在预制装配式住宅施工管理中的应用研究[D]. 湖北工业大学，2017.

[10] 王召新. 混凝土装配式住宅施工技术研究[D]. 北京工业大学，2012.

[11] 周蝉. 混凝土装配式住宅建筑施工技术优势[J]. 黑龙江科技信息，2015(5)：154.

[12] 柏青. 混凝土装配式住宅施工技术[J]. 智能城市，2016，2(4)：188，190.

[13] 付亚静. 基于ERP-BIM的装配式住宅建筑项目管理研究[D]. 武汉科技大学，2016.

[14] 刘琼，李向民，许清风. 预制装配式混凝土结构研究与应用现状[J]. 施工技术，2014，43(22)：9-14，36.

[15] 魏江洋. 浅析预制装配式混凝土(PC)技术在民用建筑中的应用与发展[D]. 南京大学，2016.

[16] 王俊. 预制装配剪力墙结构推广应用技术的改进研究[D]. 东南大学，2016.

[17] 张超. 基于BIM的装配式结构设计与建造关键技术研究[D]. 东南大学，2016.

[18] 叶国仁. BIM技术在预制装配式结构中的应用[J]. 甘肃科技，2017，33(14)：85-86，51.

[19] 祁敏，刘雷，杨磊. 装配式(PC)砼外墙体与现浇砼墙体连接施工处理技术[J]. 江苏建材，2017(6)：45-47.

[20] 张帆. 预制装配式建筑精细化设计研究[J]. 建筑知识，2017，37(14)：11-12.

[21] 樊则森，李新伟. 装配式建筑设计的BIM方法[J]. 建筑技艺，2014(6)：68-76.

[22] 岳莹莹. 基于BIM的装配式建筑信息共享途径和方法研究[D]. 聊城大学，2017.

[23] 韩友强. 装配式建筑施工仿真研究[D]. 北京建筑大学，2017.

[24] 李天华，袁永博，张明媛. 装配式建筑全寿命周期管理中BIM与RFID的应用[J]. 工程管理学报，2012，26(3)：28-32.

[25] 张家昌，马从权，刘文山. BIM和RFID技术在装配式建筑全寿命周期管理中的应用探讨[J]. 辽宁工业大学学报(社会科学版)，2015，17(2)：39-41.

[26] 刘俊娥，高思，郭章林. BIM技术在装配式建筑中的应用探究[J]. 价值工程，2017，36(23)：161-163.

[27] 白庶，张艳坤，韩凤，张德海，李微. BIM技术在装配式建筑中的应用价值分析[J]. 建筑经济，2015，36(11)：106-109.

[28] 邹文芳. 基于BIM的预制装配建筑体系应用技术[J]. 建材与装饰，2017(38)：24-25.

[29] 陈建飞. 基于BIM的装配式建筑全生命周期管理问题研究[J]. 居业，2016(3)：156-157.

[30] 贾爽，黎亚亮，薛永胜. 基于BIM的装配式建筑全生命周期管理问题研究[J]. 河南科技，2015(23)：32-33.
[31] 李雅琦，朱成峰，王园园. 浅谈装配式建筑的发展现状及对策研究[J]. 科技资讯，2017，15(30)：70，72.
[32] 包胜，邱颖亮，金鹏飞，顾益斌. BIM在建筑工业化中的应用研究[J]. 建筑经济，2017，38(12)：13-16.
[33] 杨亚丽，刘可心，李彦婕. BIM技术在装配式建筑中的应用研究综述[J]. 黑龙江科技信息，2017(5)：258-259.
[34] 林文明. 浅谈BIM理念下的装配式建筑全生命周期管理[J]. 价值工程，2018，37(1)：51-52.
[35] 何山. 基于BIM的装配式建筑全生命周期管理问题探析[J]. 科技创新与应用，2016(5)：65.
[36] 闵立，刘璐. 浅谈贯穿装配式住宅全生命周期的BIM信息化管理[J]. 住宅科技，2014，34(6)：53-56.
[37] 闫浩，邓思华，李晨光，郄泽. BIM技术在装配式混凝土框架结构中的研究与应用[J]. 建材技术与应用，2016(4)：33-34.
[38] 康鹏. 基于BIM的预制装配式建筑在新农村建设中的应用研究[D]. 西安科技大学，2017.
[39] 刘占省，赵明，徐瑞龙. BIM技术在我国的研发及工程应用[J]. 建筑技术，2013，44(10)：893-897.
[40] 刘占省，王泽强，张桐睿，徐瑞龙. BIM技术全寿命周期一体化应用研究[J]. 施工技术，2013，42(18)：91-95.
[41] 刘占省，赵明，徐瑞龙. BIM技术在建筑设计、项目施工及管理中的应用[J]. 建筑技术开发，2013，40(3)：65-71.
[42] 刘占省. BIM技术在我国的研发及应用[N]. 建筑时报，2013-11-11(4).
[43] 周哲敏. BIM技术在国内外的发展及使用情况研究[A]//天津大学、天津市钢结构学会. 第十七届全国现代结构工程学术研讨会论文集[C]. 天津大学、天津市钢结构学会，2017：7.
[44] 刘沛. 基于BIM思维的住宅产业化应用研究[D]. 青岛理工大学，2016.
[45] 孙钰钦. BIM技术在我国建筑工业化中的研究与应用[D]. 西南交通大学，2016.
[46] 段梦恩. 基于BIM的装配式建筑施工精细化管理的研究[D]. 沈阳建筑大学，2016.
[47] 丁勇. 关于装配式建筑发展的几点思考[A]//中国科学技术协会、云南省人民政府. 第十六届中国科协年会——分7绿色设计与制造信息技术创新论坛论文集[C]. 中国科学技术协会、云南省人民政府，2014：5.
[48] 雷洋. 信息化技术在预制装配式建筑中的应用[J]. 建设科技，2016(21).
[49] 李俊杰，杨晖. 基于BIM技术的建筑工业化发展研究[J]. 建筑经济，2016(11).
[50] 胡珉，蒋中行. 预制装配式建筑的BIM设计标准研究[J]. 建筑技术，2016(8).
[51] 陈振基. 我国建筑工业化60年政策变迁对比[J]. 建筑技术，2016(4).
[52] 于龙飞，张家春. 基于BIM的装配式建筑集成建造系统[J]. 土木工程与管理学报，2015(4).
[53] 白庶，张艳坤，韩凤，张德海，李微. BIM技术在装配式建筑中的应用价值分析[J]. 建筑经济，2015(11).
[54] 姜腾腾. 绿色建筑背景下基于BIM技术的建筑工业化发展机制研究[J]. 土木建筑工程信息技术，2015(2).
[55] 陈振基. 中国住宅建筑工业化发展缓慢的原因及对策[J]. 建筑技术，2015(3).
[56] 齐宝库，李长福. 基于BIM的装配式建筑全生命周期管理问题研究[J]. 施工技术，2014(15).
[57] 闵立，刘璐. 浅谈贯穿装配式住宅全生命周期的BIM信息化管理[J]. 住宅科技，2014(6).
[58] 田东，李新伟，马涛. 基于BIM的装配式混凝土建筑构件系统设计分析与研究[J]. 建筑结构，

2016(17).

[59] 马跃强，施宝贵，武玉琼. BIM 技术在预制装配式建筑施工中的应用研究[J]. 上海建设科技，2016(4).

[60] 罗志强，赵永生. BIM 技术在建筑工业化中的应用初探[J]. 聊城大学学报(自然科学版)，2015(4).

[61] 白庶，张艳坤，韩凤，张德海，李微. BIM 技术在装配式建筑中的应用价值分析[J]. 建筑经济，2015(11).

[62] 齐宝库，朱娅，刘帅，马博. 基于产业链的装配式建筑相关企业核心竞争力研究[J]. 建筑经济，2015(8).

[63] 刘占省，马锦姝，卫启星，徐瑞龙. BIM 技术在徐州奥体中心体育场施工项目管理中的应用研究[J]. 施工技术，2015(6).

[64] 齐宝库，李长福. 基于 BIM 的装配式建筑全生命周期管理问题研究[J]. 施工技术，2014(15).

[65] 李华峰，崔建华，甘明，张胜. BIM 技术在绍兴体育场开合结构设计中的应用[J]. 建筑结构，2013(17).

[66] 贺灵童. BIM 在全球的应用现状[J]. 工程质量，2013(3).

[67] 张建平，李丁，林佳瑞，颜钢文. BIM 在工程施工中的应用[J]. 施工技术，2012(16).

[68] 宋建华，周军，陈涛. 浅谈装配式建筑的发展及项目监管[J]. 住宅科技，2015，35(4)：16-18.

[69] 朱传娣，华勇. 我国装配式钢筋混凝土建筑的历史回顾及对未来的思考[J]. 建筑砌块与砌块建筑，2014(6)：4-6，8.

[70] 麦俊明，杨豹. 预制装配式混凝土建筑发展现状及展望[J]. 广东建材，2014，30(1)：72-73.

[71] 王茜，毛晓峰. 浅谈装配式建筑的发展[J]. 科技信息，2012(21)：354，381.

[72] 蒋勤俭. 国内外装配式混凝土建筑发展综述[J]. 建筑技术，2010，41(12)：1074-1077.

[73] 马军庆. 装配式建筑综述[J]. 黑龙江科技信息，2009(8)：271.

[74] 鲁伟娜，田莉梅，张春丽. 装配式混凝土剪力墙结构及应用技术综述[J]. 廊坊师范学院学报(自然科学版)，2016，16(1)：95-97.

[75] 韩韫. 国内外装配式建筑发展现状研究[J]. 建材与装饰，2017(45)：35.

[76] 顾泰昌. 国内外装配式建筑发展现状[J]. 工程建设标准化，2014(8)：48-51.

[77] 崔润心，张帆. 关于中国建筑行业之装配式建筑发展前景[J]. 内燃机与配件，2017(9)：145-146.

[78] 王晓锋，蒋勤俭，赵勇.《混凝土结构工程施工规范》GB 50666—2011 编制简介——装配式结构工程[J]. 施工技术，2012，41(6)：15-19.

[79] 刘天姿，闫少华，王维. 装配式混凝土结构研究现状与展望[J]. 山西建筑，2016，42(13)：55-57.

[80] 蒋勤俭. 国内外装配式混凝土建筑发展综述[J]. 建筑技术，2010，41(12)：1074-1077.

[81] 林楠. 浅谈我国装配式建筑的发展方向[J]. 江西建材，2015(20)：35-37.

[82] 李传坤. 制约我国建筑工业化发展的关键问题及应对措施研究[D]. 聊城大学，2014.

[83] 刘占省，赵雪锋. BIM 技术与施工项目管理 [M]. 北京：中国电力出版社，2015.

[84] 赵雪锋，李炎锋，王慧琛. 建筑工程专业 BIM 技术人才培养模式研究[J]. 中国电力教育，2014，2：53-54.

[85] 何关培. 建立企业级 BIM 生产力需要哪些 BIM 专业应用人才？[J]. 土木建筑工程信息技术，2012，1：57-60.

[86] 张春霞. BIM 技术在我国建筑行业的应用现状及发展障碍研究[J]. 建筑经济，2011(9)：96-98.

[87] 贺灵童. BIM 在全球的应用现状[J]. 工程质量，2013，31(3)：12-19.

[88] National Building Information Modeling Standard[S]. National Institute of Building Sciences, 2007.
[89] 刘占省. 由500m口径射电望远镜(FAST)项目看建筑企业BIM应用[J]. 建筑技术开发, 2015, 4: 16-19.
[90] 陈花军. BIM在我国建筑行业的应用现状及发展对策研究[J]. 黑龙江科技信息, 2013(23): 278-279.
[91] 祝连波, 田云峰. 我国建筑业BIM研究文献综述[J]. 建筑设计管理, 2014(2): 33-37.
[92] 庞红, 向往. BIM在中国建筑设计的发展现状[J]. 建筑与文化, 2015(1): 158-159.
[93] 柳建华. BIM在国内应用的现状和未来发展趋势[J]. 安徽建筑, 2014(6): 15-16.
[94] 龚彦兮. 浅析BIM在我国的应用现状及发展阻碍[J]. 中国市场, 2013(46): 104-105.
[95] 何清华, 钱丽丽, 段运峰, 李永奎. BIM在国内外应用的现状及障碍研究[J]. 工程管理学报, 2012, 26(1): 12-16.
[96] 赵源煜. 中国建筑业BIM发展的阻碍因素及对策方案研究[D]. 清华大学, 2012.
[97] 杨德磊. 国外BIM应用现状综述[J]. 土木建筑工程信息技术, 2013, 05(6): 89-94, 100.
[98] 何关培. BIM总论[M]. 北京: 中国建筑工业出版社, 2011.
[99] 张兰兰, 郝风田, 张卫伟. 基于BIM的装配式建筑施工成本控制研究[J]. 价值工程, 2017, (34): 44-46.
[100] BIM技术在预制装配式建筑中的应用点V20, 百度文库, 2018年5月1日, https: //wenku.baidu. com/view/798a9d4c0166f5335a8102d276a20029bd6463e4. html.
[101] 刘占省. 装配式建筑BIM技术应用[M]. 北京: 中国建筑工业出版社, 2018.

附件　建筑信息化 BIM 技术系列岗位职业技术考试管理办法

北京绿色建筑产业联盟文件

联盟　通字　【2018】09 号

通　　知

各会员单位，BIM 技术教学点、报名点、考点、考务联络处以及有关参加考试的人员：

根据国务院《2016－2020 年建筑业信息化发展纲要》《关于促进建筑业持续健康发展的意见》（国办发〔2017〕19 号），以及住房和城乡建设部《关于推进建筑信息模型应用的指导意见》《建筑信息模型应用统一标准》等文件精神，北京绿色建筑产业联盟组织开展的全国建筑信息化 BIM 技术系列岗位人才培养工程项目，各项培训、考试、推广等工作均在有效、有序、有力的推进。为了更好地培养和选拔优秀的实用性 BIM 技术人才，搭建完善的教学体系、考评体系和服务体系。我联盟根据实际情况需要，组织建筑业行业内 BIM 技术经验丰富的一线专家学者，对于本项目在 2015 年出版的 BIM 工程师培训辅导教材和考试管理办法进行了修订。现将修订后的《建筑信息化 BIM 技术系列岗位职业技术考试管理办法》公开发布，2019 年 2 月 1 日起开始施行。

特此通知，请各有关人员遵照执行！

附件：建筑信息化 BIM 技术系列岗位专业技能考试管理办法　全文

二〇一九年一月十五日

附件：

建筑信息化 BIM 技术系列岗位职业技术考试管理办法

根据中共中央办公厅、国务院办公厅《关于促进建筑业持续健康发展的意见》（国发办［2017］19 号）、住建部《2016—2020 年建筑业信息化发展纲要》（建质函［2016］183 号）和《关于推进建筑信息模型应用的指导意见》（建质函［2015］159 号），国务院《国家中长期人才发展规划纲要（2010—2020 年）》《国家中长期教育改革和发展规划纲要（2010—2020 年）》，教育部等六部委联合印发的《关于进一步加强职业教育工作的若干意见》等文件精神，北京绿色建筑产业联盟结合全国建设工程领域建筑信息化人才需求现状，参考建设行业企事业单位用工需要和工作岗位设置等特点，制定 BIM 技术专业技能系列岗位的职业标准、教学体系和考评体系，组织开展岗位专业技能培训与考试的技术支持工作。参加考试并成绩合格的人员，由北京绿色建筑产业联盟及有关认证机构颁发相关岗位技术与技能证书。为促进考试管理工作的规范化、制度化和科学化，特制定本办法。

一、岗位名称划分

1. BIM 技术综合类岗位：

BIM 建模技术，BIM 项目管理，BIM 战略规划，BIM 系统开发，BIM 数据管理。

2. BIM 技术专业类岗位：

BIM 工程师（造价），BIM 工程师（成本管控），BIM 工程师（装饰），BIM 工程师（电力），BIM 工程师（装配式），BIM 工程师（机电），BIM 工程师（路桥），BIM 工程师（轨道交通），BIM 工程师（工程设计），BIM 工程师（铁路）。

二、考核目的

1. 为国家建设行业信息技术（BIM）发展选拔和储备合格的专业技术人才，提高建筑业从业人员信息技术的应用水平，推动技术创新，满足建筑业转型升级需求。

2. 充分利用现代信息化技术，提高建筑业企业生产效率、节约成本、保证质量，高效应对在工程项目策划与设计、施工管理、材料采购、运营维护等全生命周期内进行信息共享、传递、协同、决策等任务。

三、考核对象

1. 凡中华人民共和国公民，遵守国家法律、法规，恪守职业道德的。土木工程类、工程经济类、工程管理类、环境艺术类、经济管理类、信息管理与信息系统、计算机科学与技术等有关专业，具有中专以上学历，从事工程设计、施工管理、物业管理工作的社会企事业单位技术人员和管理人员，高职院校的在校大学生及老师，涉及 BIM 技术有关业务，均可以报名参加 BIM 技术系列岗位专业技能考试。

2. 参加 BIM 技术专业技能和职业技术考试的人员，除符合上述基本条件外，还需具备下列条件之一：

（1）在校大学生已经选修过 BIM 技术有关岗位的专业基础知识、操作实务相关课程的；或参加过 BIM 技术有关岗位的专业基础知识、操作实务的网络培训；或面授培训，或实习实训达到 140 学时的。

（2）建筑业企业、房地产企业、工程咨询企业、物业运营企业等单位有关从业人员，参加过 BIM 技术基础理论与实践相结合的系统培训和实习达到 140 学时，具有 BIM 技术系列岗位专业技能的。

四、考核规则

1. 考试方式

（1）网络考试：不设定统一考试日期，灵活自主参加考试，凡是参加远程考试的有关人员，均可在指定的远程考试平台上参加在线考试，卷面分数为 100 分，合格分数为 80 分。

（2）大学生选修学科考试：不设定统一考试日期，凡在校大学生选修 BIM 技术相关专业岗位课程的有关人员，由各院校根据教学计划合理安排学科考试时间，组织大学生集中考试。卷面分数为 100 分，合格分数为 60 分。

（3）集中考试：设定固定的集中统一考试日期和报名日期，凡是参加培训学校、教学点、考点考站、联络办事处、报名点等机构进行现场面授培训学习的有关人员，均需凭准考证在有监考人员的考试现场参加集中统一考试，卷面分数为 100 分，合格分数为 60 分。

2. 集中统一考试

（1）集中统一报名计划时间：（以报名网站公示时间为准）

夏季：每年 4 月 20 日 10：00 至 5 月 20 日 18：00。

冬季：每年 9 月 20 日 10：00 至 10 月 20 日 18：00。

各参加考试的有关人员，已经选择参加培训机构组织的 BIM 技术培训班学习的，直接选择所在培训机构报名，由培训机构统一代报名。网址：www.bjgba.com（建筑信息化 BIM 技术人才培养工程综合服务平台）

（2）集中统一考试计划时间：（以报名网站公示时间为准）

夏季：每年 6 月下旬（具体以每次考试时间安排通知为准）。

冬季：每年 12 月下旬（具体以每次考试时间安排通知为准）。

考试地点：准考证列明的考试地点对应机位号进行作答。

3. 非集中考试

各高等院校、职业院校、培训学校、考点考站、联络办事处、教学点、报名点、网教平台等组织大学生选修学科考试的，应于确定的报名和考试时间前 20 天，向北京绿色建筑产业联盟测评认证中心 BIM 技术系列岗位专业技能考评项目运营办公室提报有关统计报表。

4. 考试内容及答题

（1）内容：基于 BIM 技术专业技能系列岗位专业技能培训与考试指导用书中，关于 BIM 技术工作岗位应掌握、熟悉、了解的方法、流程、技巧、标准等相关知识内容进行命题。

（2）答题：考试全程采用 BIM 技术系列岗位专业技能考试软件计算机在线答题，系统自动组卷。

（3）题型：客观题（单项选择题、多项选择题），主观题（案例分析题、软件操作题）。

（4）考试命题深度：易 30％，中 40％，难 30％。

5. 各岗位考试科目

序号	BIM 技术系列岗位专业技能考核	考核科目			
		科目一	科目二	科目三	科目四
1	BIM 建模技术岗位	《BIM 技术概论》	《BIM 建模应用技术》	《BIM 建模软件操作》	
2	BIM 项目管理岗位	《BIM 技术概论》	《BIM 建模应用技术》	《BIM 应用与项目管理》	《BIM 应用案例分析》
3	BIM 战略规划岗位	《BIM 技术概论》	《BIM 应用案例分析》	《BIM 技术论文答辩》	
4	BIM 技术造价管理岗位	《BIM 造价专业基础知识》	《BIM 造价专业操作实务》		
5	BIM 工程师（装饰）岗位	《BIM 装饰专业基础知识》	《BIM 装饰专业操作实务》		
6	BIM 工程师（电力）岗位	《BIM 电力专业基础知识与操作实务》	《BIM 电力建模软件操作》		
7	BIM 系统开发岗位	《BIM 系统开发专业基础知识》	《BIM 系统开发专业操作实务》		
8	BIM 数据管理岗位	《BIM 数据管理业基础知识》	《BIM 数据管理专业操作实务》		

6. 答题时长及交卷

客观题试卷答题时长 120 分钟，主观题试卷答题时长 180 分钟，考试开始 60 分钟内禁止交卷。

7. 准考条件及成绩发布

（1）凡参加集中统一考试的有关人员应于考试时间前 10 天内，在www.bjgba.com（建筑信息化 BIM 技术人才培养工程综合服务平台）打印准考证，凭个人身份证原件和准考证等证件，提前 10 分钟进入考试现场。

（2）考试结束后 60 天内发布成绩，在www.bjgba.com 平台查询成绩。

（3）考试未全科目通过的人员，凡是达到合格标准的科目，成绩保留到下一个考试周期，补考时仅参加成绩不合格科目考试，考试成绩两个考试周期有效。

五、技术支持与证书颁发

1. 技术支持：北京绿色建筑产业联盟内设 BIM 技术系列岗位专业技能考评项目运营办公室，负责构建教学体系和考评体系等工作；负责组织开展编写培训教材、考试大纲、题库建设、教学方案设计等工作；负责组织培训及考试的技术支持工作和运营管理工作；负责组织优秀人才评估、激励、推荐和专家聘任等工作。

2. 证书颁发及人才数据库管理

凡是通过 BIM 技术系列岗位专业技能考试，成绩合格的有关人员可以获得《职业技术证书》，证书代表持证人的学习过程和考试成绩合格证明，以及岗位专业技能水平，并纳入信息化人才数据库。

六、考试费收费标准

BIM 建模技术，BIM 项目管理，BIM 系统开发，BIM 数据管理，BIM 战略规划，BIM 工程师（造价），BIM 工程师（成本管控），BIM 工程师（装饰），BIM 工程师（电力），BIM 工程师（装配式），BIM 工程师（机电），BIM 工程师（路桥），BIM 工程师（轨道交通），BIM 工程师（工程设计），BIM 工程师（铁路）考试收费标准：480 元/人（费用包括：报名注册、平台数据维护、命题与阅卷、证书发放、考试场地租赁、考务服务等考试服务产生的全部费用）。

七、优秀人才激励机制

1. 凡取得 BIM 技术系列岗位相关证书的人员，均可以参加 BIM 工程师“年度优秀工作者”评选活动，对工作成绩突出的优秀人才，将在表彰颁奖大会上公开颁奖表彰，并由评委会颁发“年度优秀工作者”荣誉证书。

2. 凡主持或参与的建设工程项目，用 BIM 技术进行规划设计、施工管理、运营维护等工作，均可参加“工程项目 BIM 应用商业价值竞赛”BVB 奖（Business Value of BIM）评选活动，对于产生良好经济效益的项目案例，将在颁奖大会上公开颁奖，并由评委会颁发“工程项目 BIM 应用商业价值竞赛”BVB 奖获奖证书及奖金，其中包括特等奖、一等奖、二等奖、三等奖、鼓励奖等奖项。

八、其他

1. 本办法根据实际情况，每两年修订一次，同步在www.bjgba.com 平台进行公示。本办法由 BIM 技术系列岗位专业技能人才考评项目运营办公室负责解释。

2. 凡参与 BIM 技术系列岗位专业技能考试的人员、BIM 技术培训机构、考试服务与管理、市场传推广、命题判卷、指导教材编写等工作的有关人员，均适用于执行本办法。

3. 本办法自 2019 年 2 月 1 日起执行，原考试管理办法同时废止。

北京绿色建筑产业联盟

（BIM 技术系列岗位专业技能人才考评项目运营办公室）

二〇一九年一月